Atlas der Grossen Kometen

1. Auflage

Oculum-Verlag, Spardorfer Straße 67, 91054 Erlangen
www.oculum.de, astronomie@oculum.de

ISBN 978-3-938469-70-5

Titelbild: Komet Hale-Bopp am 8.3.1997. Fotografiert mit einer Schmidtkamera bei f/1,9, 450mm Brennweite.
Fünf Minuten Belichtung auf Kodak Pro Gold. Gerald Rhemann

Ronald Stoyan

Atlas der Grossen Kometen

Die 30 größten Kometen in Wissenschaft, Kultur und Kunst

für Renate

Komet Hyakutake 1996. *Kent Wood*

Vorwort

Zu allen Zeiten haben Kometen, jene eigenartigen geschweiften Himmelsobjekte, die ohne Vorwarnung für wenige Wochen oder Monate am Himmel auftauchen, die Menschen beeindruckt. Die alten Griechen nannten sie κομήτης, was »langhaarige« oder »Haarsterne« bedeutet. In anderen Sprachen sind sie als »Besensterne« (engl. broom stars) oder »Schwanzsterne« (ndl. staartster) bekannt. Mit dem deutschen Wort »Schweifstern« umreißt dies die Vielgestaltigkeit ihres Anblicks.

Die menschliche Auseinandersetzung mit diesen Himmelskörpern ist durchsetzt von Irrungen und Wirrungen, großen Ideen und amüsanten Anekdoten. Glauben und Aberglauben, Kunst und Wissenschaft sind von den großen Kometen-Erscheinungen geprägt worden. Sie spiegeln die Entwicklung der Menschheit und ihre Suche nach Erklärungen für die Erscheinungen des Himmels.

In diesem Buch wird die Geschichte dieser Entwicklung anhand der 30 größten Kometen von der frühen Neuzeit bis zum 21. Jahrhundert erzählt. Bei der Auswahl dieser Ereignisse standen nicht nur astronomische Gesichtspunkte im Vordergrund – Ziel war es, jene Kometen zu beschreiben, die die Menschheit in den vergangenen Jahrhunderten am meisten beeindruckt haben.

Das Erscheinen dieses Buchs wäre ohne die Hilfe zahlreicher Menschen nicht möglich gewesen. Insbesondere drei Personen haben maßgeblichen Anteil: Großer Dank gebührt Hans Gaab, Experte für die Astronomiegeschichte Nürnbergs, der umfangreiches Material, Bücher und Kopien zur Verfügung stellte. Besonders wertvoll war seine Hilfe bei den Kapiteln zu Altertum, Mittelalter und der Frühen Neuzeit.

Maik Meyer, Rekord-Entdecker von Kometen mit der Sonnensonde SOHO und Koautor bei der mehrbändigen Buchreihe »Cometography«, der weltweit umfangreichsten Dokumentation zu Kometen, half ganz wesentlich bei den Entdeckungsdaten und der Entdeckungsstatistik. Burkhard Leitner, interstellarum-Kometenexperte, lieferte die Karten der einzelnen Kometen-Erscheinungen.

Dieser Bildband wäre in dieser opulenten Ausführung nicht entstanden ohne die großartige Unterstützung zahlreicher Kometen-Fotografen. Dazu zählen Stefan Binnewies, Karl Brandl, Rudolf Dobesberger, Dirk Ewers, Philipp Keller, Michael Kobusch, Bernd Koch, Bernd Liebscher, Jürgen Linder, Norbert Mrozek, Christoph Ries, Gerald Rhemann, Jim Shuder, Wolfgang Sorgenfrey, Peter Stättmayer, David Thomas und Uwe Wohlrab. Für ihre Unterstätzung bei der Besorgung von Bildvorlagen bedanken möchte ich mich außerdem bei Prof. Helmut Meusinger (Landessternwarte Tautenburg), Dr. Holger Mandel (Landessternwarte Heidelberg), Uwe Reichert und Axel Quetz (Redaktion Sterne und Weltraum) sowie Rainer Mannoff und Wolfgang Sorgenfrey.

Dr. Harald Krüger und meinem Redaktionskollegen Daniel Fischer danke ich für die kritische Durchsicht der Kapitel zur heutigen Interpretation von Kometen. Dr. Michael Wenzel prüfte die Abschnitte zur Kunstgeschichte. Nicht zuletzt bedanken möchte ich mich für die Korrektur des Manuskripts durch Dr. Winfried Neumann, Susanne Schwab, Angela Hensel und meine Frau Renate, die mich in den über fünf Jahren der Recherche fortwährend unterstützt hat.

Erlangen, im Oktober 2013
Ronald Stoyan

Inhaltsverzeichnis

Vorwort 5

Benutzungshinweise 8

Einführung

Kometenglauben und Kometenfurcht 10

Kometen in der bildenden Kunst 17

Kometen in Belletristik und Lyrik 26

Kometen in der Wissenschaft 28

Kometenwissen heute 37

Große Kometen der Antike 42

Große Kometen des Mittelalters 45

Große Kometen

Großer Komet 1471 49

Halley 1531 51

Großer Komet 1556 54

Großer Komet 1577 58

Halley 1607 63

Großer Komet 1618 66

Großer Komet 1664 72

Kirch 1680 78

Halley 1682 90

Großer Komet 1744 96

Halley 1759 101

Messier 1769 105

Flaugergues 1811 110

Halley 1835 116

Großer Märzkomet 1843 120

Donati 1858 125
Tebbutt 1861 132
Großer Septemberkomet 1882 136
Großer Januarkomet 1910 142
Halley 1910 145
Arend-Roland 1956 152
Ikeya-Seki 1965 156
Bennett 1970 162
Kohoutek 1973/74 166
West 1976 170
Halley 1986 176
Shoemaker-Levy 9 1994 184
Hyakutake 1996 188
Hale-Bopp 1997 196
McNaught 2007 208

Anhang

Glossar 218
Quellen 219
Bildnachweis 222

Benutzungshinweise

Texte

30 Kometen-Erscheinungen wurden für die ausführliche Darstellung in diesem Buch ausgewählt. Es handelt sich mit einer Ausnahme um das einmalige Auftreten dieser Himmelskörper, denn Komet Halley kommt gleich sieben Mal vor: Jeder seiner Auftritte zwischen 1532 und 1986 ist einzeln beschrieben.

Der Text zu jedem Kometen ist in drei Teile gegliedert:

- Bahn und Sichtbarkeit: In diesem Abschnitt wird die scheinbare Bahn des Kometen aus Sicht der Erde beschrieben. Die wechselnde Position des Kometen vor dem Hintergrund der Sternbilder und die Sichtbarkeitsbedingungen für einen irdischen Beobachter werden nachvollzogen. Außerdem sind Besonderheiten der tatsächlichen Bahn im All vermerkt.
- Entdeckung und Beobachtung: Die Umstände und das Datum der Entdeckung des Kometen sowie die nachfolgenden Beobachtungsberichte werden nach verschiedenen Autoren zitiert und zusammengefasst. Hier sind auch Angaben zu Helligkeit und Schweiflänge zu finden, die größtenteils auf Schätzungen visueller Beobachter beruhen. Da sich in den meisten Fällen keine objektiven Größen mehr berechnen lassen, können sich solche Angaben auch widersprechen. Generell sind die Angaben umso kritischer zu sehen, je länger die Beobachtungen zurückliegen. Eine Auflistung der verwendeten Quellen ist im Anhang zu finden.
- Hintergrund und Öffentlichkeit: Dieser Abschnitt beschäftigt sich mit den wissenschaftlichen Erkenntnissen, welche mit dem jeweiligen Kometen verbunden sind, sowie seiner Wirkung auf die allgemeine Bevölkerung.

Fachbegriffe wurden möglichst sparsam verwendet, lassen sich jedoch nicht völlig vermeiden. Ein Glossar der wichtigsten Begriffe ist im Anhang zu finden.

Daten

Zu jedem Kometen fasst ein Kasten die wichtigsten astronomischen Daten zusammen:

- Bezeichnung: heute gültige offizielle Bezeichnung des Kometen
- Alte Bezeichnung: historisch gebräuchliche Bezeichnungen des Kometen
- Entdeckungsdatum: nach heutigem Wissen erste Sichtung des Kometen (bis 1580 julianischer Kalender, ab 1581 gregorianischer Kalender)
- Entdecker: nach heutigem Wissen erster Beobachter des Kometen
- Periheldatum: Datum der größten Annäherung an die Sonne (bis 1580 julianischer Kalender, ab 1581 gregorianischer Kalender)
- Periheldistanz: Distanz der größten Annäherung an die Sonne in Abständen Sonne-Erde (Astronomische Einheit, 1AE = 149 Millionen Kilometer)
- Erdnähe: Datum der größten Annäherung an die Erde (bis 1580 julianischer Kalender, ab 1581 gregorianischer Kalender)
- Erdentfernung: Distanz der größten Annäherung an die Erde in Abständen Sonne-Erde
- Maximalhelligkeit: nach heutigen Berechnungen größte Helligkeit des Kometen
- Maximale Schweiflänge: größte beobachtete Schweiflänge des Kometen
- Länge des Perihels: Winkel zwischen der ekliptikalen Länge des Perihels und dem Frühlingspunkt der Ekliptik
- Länge des aufsteigenden Knotens: Winkel zwischen der ekliptikalen Länge des aufsteigenden Bahnknotens von Kometenbahn und Ekliptik mit dem Frühlingspunkt
- Bahnneigung: Neigung der Kometenbahn gegen die Ekliptik
- Exzentrizität: Abweichung der Kometenbahn von der Kreisform, 0 = rund, > 0 < 1 Ellipse, 1 = Parabel, > 1 Hyperbel

Karten

Jede Kometen-Erscheinung ist mit einer Sternkarte dokumentiert. Diese zeigt den Lauf des Schweifsterns am Sternhimmel. Die Kometenposition und die Schweifrichtung sind in festen Intervallen verzeichnet. Außerdem ist das Datum zu Beginn jeden Kalendermonats eingetragen.

In den Karten markiert ist außerdem die Position des Kometen bei seiner Entdeckung (e), dem Perihel (P), der Erdnähe (E) sowie der letzten Beobachtung (f). Die Position der Sonne ist zum Perihelzeitpunkt eingetragen.

Bei einigen Kometen konnte nicht die gesamte Bahn am Himmel zwischen Entdeckung und letztmaliger Beobachtung wiedergegeben werden. In diesen Fällen konzentriert sich die Darstellung auf ein Zeitfenster um Perihel und Erdnähe.

Die Datumsangaben beziehen sich bis 1580 auf den julianischen Kalender, ab 1581 auf den gregorianischen Kalender.

Einführung

Kometenglauben und Kometenfurcht

Antike Vorstellungen

Der Sternhimmel zeigt uns im jahreszeitlichen Wechsel immer dieselben Muster aus Sternbildern. Mond und Planeten ziehen in regelmäßigen Bahnen, deren Gesetzmäßigkeiten schon früh registriert und vorhergesagt werden konnten. Kometen dagegen kommen und gehen. Anders als die Planeten erscheinen sie plötzlich und nicht vorhersagbar. Sie sind immer nur für eine kurze Zeitspanne von einigen Wochen oder Monaten am Himmel zu sehen und können sich in kurzer Zeit weit bewegen. Sie sind also ein chaotisches, störendes Element am Nachthimmel, das die Ordnung der gewohnten Bewegungen durchbricht.

Nach dem römischen Philosophen Seneca hatten bereits die Babylonier vor ca. 5000 Jahren Kometen als eigenständige Phänomene erkannt. Sie sahen in ihnen Feuererscheinungen oder Planeten. Pythagoras ging im 6. Jahrhundert v. Chr. davon aus, dass es nur einen einzigen Kometen gäbe, der wie ein Planet wiederkehre und auch zur Planetensphäre gehöre, er bestünde aus dem geheimnisvollen fünften Element (der »Quintessenz«). Hippokrates von Chios stimmte dem zu: Nach ihm formte sich der Schweif durch das Abziehen von Feuchtigkeit von der Erde, er reflektiere lediglich das Sonnenlicht. Erscheine der Komet im feuchten Norden, bilde sich ein heller Schweif, im trockenen Süden dagegen nicht. Die griechischen Philosophen Demokrit und Anaxagoras dachten, dass Kometen bei der Konjunktion von Planeten entstünden. Heraklides Ponticus meinte dagegen, Kometen seien hohe, das Sonnenlicht reflektierende Wolken.

Der griechische Astrologe Epigenes unterschied im 2. Jahrhundert v. Chr. zwei Typen: niedrige, die aus Wirbeln in der Luft entstünden, und solche, deren Ausdünstungen sich entzündeten. Apollonius von Myndos glaubte dagegen, Kometen wären Planeten, die weit entfernt aus dem Universum kämen, und nur in ihrem nahen Teil der Bahn sichtbar würden. Er nahm ebenfalls an, dass es sehr viele gäbe.

Mit den vielen konkurrierenden, sich widersprechenden Theorien räumte Aristoteles weitgehend auf. Seine Kometenlehre, die um das Jahr 350 v. Chr. entstand, galt für 2000 Jahre als der Weisheit letzter Schluss. Aristoteles propagierte ein endliches Weltbild. In den innersten vier Sphären lag die Erde, umgeben von Wasser, Luft und Feuer. Über diesen lagen die Sphären von Mond, Sonne und Planeten. Darüber spannte sich der unveränderliche Fixsternhimmel.

Kometen waren nach Aristoteles Teil der unteren Sphären und galten damit nicht als Teil des Himmels, sondern glichen den Wetter-Erscheinungen (»Meteore«). Sie entstünden durch Ausdünstungen der Erde, die von der Sonne erwärmt aufstiegen und sich mit verdunstender Feuchtigkeit verbänden. Erreichten sie die vierte Sphäre, entzündeten sie sich durch Reibung, und würden auf einer kreisförmigen Bahn von der Erde weg getragen. Besonders leicht entzündliche Kometen würden zu Sternschnuppen.

Da Kometen die Feuchtigkeit von der Erde abzögen, folgten auf ihr Erscheinen Stürme und Dürren. Aristoteles meinte, die meisten Kometen würden in der Milchstraße erscheinen, da diese günstig für irdische Ausdünstungen sei, nahe der Ekliptik verhinderten dagegen Sonne und Planeten ihre Bildung.

Während die meisten Autoren des Altertums und Mittelalters Aristoteles folgten, gab es auch Widerspruch. Seneca stellte sich in den »Quaestiones Naturales« gegen die aristotelische Meinung. Er verwarf auch Apollonius' Planetennatur, da Kometen abseits der

Helle Kometen haben zu allen Zeiten und in allen Kulturen Angst und Schrecken ausgelöst. Darstellungen um 1707/1710. *Anonym (li.), Christoph Weigel (re.)*

Ekliptik auftauchten und nicht dann am hellsten seien, wenn sie der Erde am nächsten stünden. Er sah Kometen aber gleichzeitig als dauerhafte Körper auf geschlossenen Bahnen, und empfahl langfristige Beobachtungen, um deren Wiederkehr zu erkennen.

Während des Mittelalters festigten sich die Lehren Aristoteles' noch, da sie von der Kirche übernommen und als Lehrmeinung von maßgeblichen Theologen wie Albertus Magnus vorgegeben wurden. Dazu trug auch die Übersetzung des griechischen Textes der »Meteorologica« in das Lateinische um 1156 bei. Darauf Bezug nehmend meinte Robert Grosseteste im 13. Jahrhundert, Kometen seien verdampfendes Feuer, angezogen von den Planeten wie ein Magnet. Konrad von Megenburg lehrte um 1350, dass Kometen nicht nur Feuchtigkeit aus der Erde, sondern auch den Menschen Blut entzögen, die dadurch austrocknen und »hitzig« werden. Johannes von Legnano sprach davon, dass Kometen die Menschen cholerisch machten.

Kometen-Astrologie des Altertums

War schon bei den Babyloniern Astronomie von der Astrologie nicht zu trennen, so galt dies erst recht für die Interpretation von Kometen im Altertum. Schon Seneca meinte: »Wenn eine seltene und ungewöhnlich gestaltete Feuererscheinung sich zeigt, so möchte jeder wissen worum es sich handelt. Man vergisst alles andere und fragt nur nach dem Neuankömmling, ungewiss ob man ihn bestaunen oder fürchten soll. Schon treten Propheten auf, die ihn überall als unheilvolles Vorzeichen bekanntmachen, und ihnen folgt der Wissensdrang und der Wunsch zu erforschen, ob es sich um ein Schicksalszeichen oder bloß um ein Gestirn handelt.«

Weit verbreitet war der Glaube, Kometen seien von der Erde in den Himmel aufsteigende Seelen der Menschen, jedoch würden nur solche mit Macht und Einfluss so hell strahlen, dass man sie von der Erde aus sehen könne. Ein Beispiel ist der Komet, der nach dem Tod Caesars erschien. Shakespeare verarbeitete dies zu den berühmten Worten »Kometen scheinen nicht, wenn Bettler sterben«.

Plinius d. Ä. gab in seiner »Historia Naturalis« eine ausführliche Anleitung zur astrologischen Interpretation von Kometen. Nach seiner Darstellung entstünden sie generell im Norden in der Milchstraße. Einige Kometen bewegten sich. Ihre Bedeutung könne man ablesen an dem Sternbild, in dem sie stehen, ihrer Schweifrichtung und der Form. Zehn verschiedene Kometentypen seien danach zu unterscheiden (in der Übersetzung von Wittstein):

- Pogonias: Bartsterne, weil unten an ihnen eine einem langen Barte ähnliche Mähne herabhängt
- Acontias: Pfeilsterne heißen sie, weil sie gleich einem Geschosse dahineilen, und ihre Vorbedeutungen sehr schnell eintreffen
- Xiphias: Schwertsterne. Diese sind unter allen Sternen die blassesten, glänzen wie ein Schwert und werfen keine Strahlen
- Disceus: Scheibensterne, welche, wie der Name schon sagt, scheibenförmig sind, haben eine hellgelbe Farbe, und werfen nur wenige Strahlen
- Pitheus: hat die Gestalt eines Fasses und in der Höhlung ein rauchiges Licht
- Ceratias: Hornstern, gleicht einem Horne
- Lampadias: Fackelstern, sieht brennenden Fackeln ähnlich
- Hippeus: Ross-Stern, Pferdemähnen, die sich in schnellster Bewegung im Kreise um ihn drehen
- Argenteus: weißer Komet, mit silberfarbigem Schweife, und so glänzend, dass man ihn kaum ansehen kann; dabei zeigt sich in ihm ein Bild der Gottheit in menschlicher Gestalt
- Hircus: andere sind rauh wie Wolle und mit einer Wolke umgeben

Auch für den aztekischen Herrscher Montezuma galt ein Komet als negatives Zeichen. Im Fall eines Kometen von 1519/20 soll er seinen Sturz vorhergesagt haben. *Diego Duran*

Das maßgebliche astrologische Werk waren sicherlich die von Claudius Ptolemäus verfassten vier Bände des »Tetrabiblos«. Sie stellen eine Zusammenfassung der griechischen Astrologie dar, ergänzt um Ptolemäus' eigene astrologischen Erkenntnisse. Danach ließen sich alle Himmelserscheinungen – also nicht nur Kometen – nach ihrer Farbe den Planeten zuordnen: Ein

Die Chinesische Kometenlehre

Auch in China hatten Kometen-Erscheinungen eine große astrologische Wichtigkeit, denn Himmelsphänomene sollten allgemein das Schicksal des Landes ankündigen. Die chinesischen Kaiser unterhielten deshalb Hofastronomen bzw. -astrologen, die ständig den Himmel beobachteten und die Zeichen in Ratschläge für den Kaiser deuteten.

Da der traditionelle chinesische Sternhimmel 283 Sternbilder kennt, die sehr viel kleiner als ihre westlichen Pendants sind, ist eine gute Rekonstruktion des Laufes der Kometen möglich. Die Positionen der Kometen wurden außerdem nach 28 Mondhäusern angegeben, deren Grenzen an Referenzsternen festgemacht wurden. Die chinesischen Kometenbeobachtungen gelten deshalb bis in die frühe Neuzeit als verlässlichste Quelle für historische Kometen-Erscheinungen. Die chinesischen Kometennotizen von vor 213 v. Chr. wurden weitgehend vernichtet.

Auch in China unterschied man die astrologische Bedeutung nach der Form des Kometen. 29 verschiedene Typen von »Besensternen« sind in einer Quelle aufgelistet, die auf das Jahr 168 v. Chr. datiert wird, deren Inhalt aber wahrscheinlich aus dem 4. Jahrhundert v. Chr. stammt. Jede Form ist mit bestimmten Auswirkungen verbunden, z. B. Krieg, Seuchen, Missernte, Hungersnot, Meuterei. Nur zwei Formen sind positiv besetzt und versprechen die Rückkehr des Heeres und eine gute Ernte.

Für die Schwere der Folgen ist die Länge des Schweifes und das Mondhaus entscheidend. Chinesische Astronomen stellten spätestens im 7. Jahrhundert fest, dass Kometenschweife immer von der Sonne weg gerichtet sind und die Kometen selbst nichtleuchtende Körper sind. Das in China gesammelte Wissen über Kometen war bis ins 14. Jahrhundert dem europäischen überlegen, jedoch immer mit astrologischer Konnotation versehen. Dies hat sich in der chinesischen Alltagskultur bis heute erhalten: Ein angeblich Unglück bringender Mensch – diese Eigenschaft wird oft ungeliebten Schwiegertöchtern zugeschrieben – wird demnach als »Komet« bezeichnet.

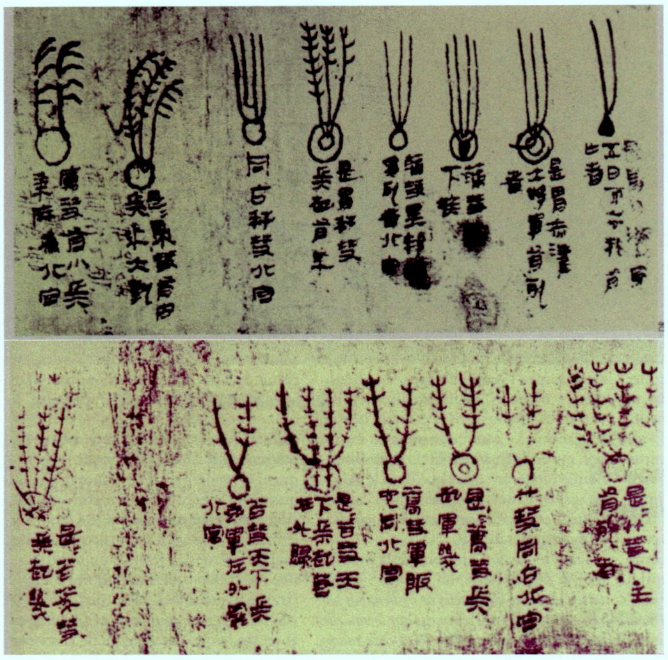

Die Schweiftypen erlaubten in der chinesischen Kometenlehre Rückschlüsse auf die Wirkung des Kometen. Die meisten Schweifformen waren negativ besetzt.

dunkler Ton stehe für Saturn, weiß für Jupiter, rot für Mars, gelb für Venus und variierende Farben für Merkur. Die astrologische Deutung entspricht dann den jeweiligen Planeten.

Kometen wurden meist als ähnlich zu Merkur und Mars gesetzt: Demnach bedeuteten sie Kriege, heißes Wetter, Aufruhr. Die betroffenen Gegenden auf der Erde ließen sich nach dem Tierkreiszeichen, in dem sie auftauchten, und den Zeichen in Richtung des Schweifes bestimmen. Auch die Form des Kopfes und Schweifes sollte die Art des Unglücks voraussagen. Die Dauer ihres Auftretens und die Nähe zur Sonne sollten außerdem den Beginn und die Dauer der Ereignisse anzeigen. Im Osten erscheinende Kometen führten demnach zu raschen Ereignissen, im Westen auftauchende zu langsamen.

Kometen als Unheilsbringer

Parallel mit der astrologischen Interpretation entwickelte sich im Altertum die Vorstellung, Kometen seien ein Zeichen für negative Änderungen. Zum einen wurden sie als Prodigium gesehen, eine Störung der Ordnung, die von der Allgemeinheit wieder hergestellt werden musste. Ein Komet konnte jedoch auch ein Omen für eine bestimmte Person oder ein Ereignis sein. Dann war ein Eingreifen erforderlich, um das Unheil abzuwenden.

Schon Plinius glaubte, dass Kometen Schreckenszeichen wären, die schwer zu »entsühnen« seien: »Man glaubt, ihr Einfluss hänge davon ab, nach welcher Gegend sie hineilen, welches Sternes Kräfte sie annehmen, welchen Dingen sie ähnlich sehen und an welchen Orten sie

Das Kometen-Ei

Ein besonders skurrile Blüte des Kometenglaubens rief sogar die Pariser Akademie der Wissenschaften auf den Plan: In Rom am 11. November, nach anderen Berichten am 2. Dezember 1680, soll eine Henne, die nie zuvor ein Ei gelegt hatte, unter »großem Geschrey« ein Ei gelegt haben, das eine kometenartige Zeichnung aufwies – just zu der Zeit, als sich der Große Komet von 1680 am Himmel ausbreitete.
Dass sich das »Wunder« ausgerechnet am Sitz des Papstes zutrug, sahen vor allem die protestantischen Flugblattautoren als mahnendes Zeichen an die Katholiken, dem alten Glauben abzuschwören. Es wurde deshalb begierig aufgenommen und vielfach abgebildet. Selbst in Paris nahm man zu dieser Groteske Stellung und legte wissenschaftlich dar, dass es sich keinesfalls um ein Abbild des Kometen handele – Hühner als Kometenpropheten gingen den Herren in Frankreich dann doch zu weit. Indes wiederholte sich der Vorgang bereits zwei Jahre später, als eine Henne in Marburg zur Wiederkehr des Halleyschen Kometen ebenfalls ein Kometen-Ei legte.

Zeitgenössische Darstellung des »Kometen-Eis« und seiner Urheberin.

sich zeigen. Haben sie die Gestalt von Flöten, so sollen sie auf Tonkunst deuten; auf unzüchtige Sitten aber, wenn sie in den Schamteilen der Tierbilder stehen; auf Verstand und Gelehrsamkeit, wenn sie eine 3- oder 4-seitige gleichwinklige Figur mit den naheliegenden Fixsternen bilden; auf Giftmischerei, wenn sie im Kopfe der nördlichen oder südlichen Schlange stehen.«

Die Hofastrologen der Herrschenden suchten jedoch auch nach positiven Anzeichen von Kometen. Denn nicht immer war klar, ob Kometen einen Teil oder eine Störung der göttlichen Ordnung darstellten. Seneca wandte sich in den Naturales Quaestiones gegen die Interpretation der Kometen als Prodigien. Er sah sie dennoch als Teil der göttlichen Ordnung, die von Menschen nicht verstanden werden könne.

Auch in den meisten anderen Kulturen der Welt galt das Auftreten eines Kometen als negatives Zeichen. Unabhängig voneinander wurden die Himmelserscheinungen in Zusammenhang mit Dürre, Feinden, Krankheit und Tod gebracht.

So bekamen die australischen Ureinwohner beim Erscheinen eines Kometen Angst. Er galt als schlechtes Zeichen, das Tod, böse Geister und bösen Zauber hervorrufen könne. Die neuseeländischen Maori nannten Kometen »Auahi-roa« oder »Auahi-turoa«, was so viel wie »langer Rauch« bedeutet. Auch bei den Azteken, die ihn »citlalinpopoca«, »rauchender Stern« nannten, galten Kometen als Anzeichen für Unheil. Angeblich soll ein Komet 1517 oder 1519 vor dem Einfall der Spanier aufgetreten sein. Er wurde jedoch erst im Nachhinein als Vorzeichen des Untergangs der Azteken-Kultur gedeutet.

Christliche Kometenfurcht

Fußend auf der astrologischen Tradition sowie dem Prodigienglauben des Altertums, entwickelte sich im ausgehenden Mittelalter eine christlich geprägte Kometeninterpretation. Ausgehend von Bibelstellen wurden Kometen als Zeichen Gottes für das bevorstehende Ende der Welt interpretiert. Im Lukasevangelium heißt es: »Und es werden geschehen große Erdbeben hin und wieder, teure Zeit und Pestilenz, auch werden Schrecknisse und große Zeichen vom Himmel geschehen.« (Lukas 21,11) Auch in der Offenbarung des Johannes gibt es Andeutungen auf Kometen bei der Beschreibung des Weltendes: »Und es fiel ein großer Stern vom Himmel, der brannte wie eine Fackel...« (Offenbarung 8,10)

Im 16. Jahrhundert begann, gefördert durch die Erfindung des Buchdrucks und die zunehmende Alphabetisierung der Gesellschaft, der Höhenflug der christlichen Kometenliteratur. Auf Flugblättern wurde die Kunde von neuen Kometen am Himmel verbreitet, und meist gleich eine auf den Glauben zielende Interpretation mitgeliefert. Diese Nachrichten fielen in einer aufgewühlten, veränderungsreichen Zeit, die von der Reformation und der Entdeckung Amerikas geprägt war, auf fruchtbaren Boden. Sie reflektierten auch die steigende Neugier

Diese deutsche Münze zum Großen Kometen von 1618 stellt die christliche Auffassung der Kometen als Warn- und Bußzeichen dar.

Die astrologischen Kometentypen

Schon Plinius hatte eine bis weit in die Neuzeit wirkende Systematik entwickelt. Nach Girolamo Cardanus gab es verschiedene Typen, aus deren Aussehen man auf die Folgen auf der Erde folgern konnte (Übersetzung nach Hentges):

- Vera: Einer ist sehr lang und dünn, begleitet die Sonne, ist schrecklich und ist eine Mischung der Naturen von Saturn und Merkur, und er zerstört die Früchte und die Saaten und tötet Adelige und Fürsten.
- Coenaculum: Ein andrer ist sehr groß, lang und breit, von der Natur des Mondes und bedeutet allgemeine Übel.
- Pertica: Ein dritter ist groß und sehr lang (wie der erste), aber weniger breit (als der zweite). Jene beiden Sterne haben ihren Schweif von der Sonne abgekehrt, aber der dritte hat einen dicken, dichten und gerundeten Schweif und bedeutet Wassermangel und Unfruchtbarkeit. Wenn er außerdem mit Saturn in Verbindung ist, so erfolgt Sterben im Volk und unter alten Leuten; wenn mit Jupiter, unter Regenten und hohen Priestern; mit Mars große Kriege und starkes Töten; mit Sonne berühmte Herrscher treffend; mit Venus große Dürre und Unfruchtbarkeit; mit Merkur Sterben unter den Weisen, geheime Werke; mit Mond Sterben im Volk. Er ist von der Natur des Mars mit Sonne oder Merkur.
- Miles: Der vierte hat einen großen Glanz wie der Mond und pflegt den ganzen Tierkreis zu durchlaufen und er bedeutet Sekten- und Parteienbildung. Er ist von der Natur der Venus und bedeutet auch große Dürre und Unfruchtbarkeit und bezieht sich auf das weibliche Geschlecht und das jugendliche Alter.
- Asconas: Der fünfte ist unansehnlich, von der Farbe des Himmels, mit langem Schweif und von der Natur des Merkur. Er bedeutet Krieg, Tod hervorragender Männer, heftige Krankheiten, ebenso Verrätereien und Gewaltsamkeiten, schlechte Zeiten, Froskription und ähnliches.
- Aurora: Der sechste ist rot und hat einen langen roten Schweif, aber nicht so groß wie der fünfte (Asconas) und ist von der Natur des Mars und bedeutet Hitze und Dürre, Hungersnot, Krieg, Feuersbrünste und am meisten in den heißen Zonen.
- Argentum: Der siebente ist wie reines Silber, blitzend, so sehr, daß er vom Auge nur mit Mühe angesehen werden kann. Er ist von der Natur des Jupiter und bedeutet Veränderungen in den Regierungen und im öffentlichen Leben, welche gut sind, jedoch mit vielen Verwirrungen verbunden, und seiner Größe entsprechend bedeutet er Reichtum an Früchten und Lebensmitteln, mäßige Winde und gesunde Beschaffenheit der Luft.
- Nigra: Der achte ist von der Natur des Saturn und von seiner Farbe und bedeutet Pest und Totschlag und viele Todesfälle.
- Rosa: Der neunte ist auch groß und ähnlich gestaltet wie ein Mensch, und seine Farbe eine Mischung von der des sechsten (Aurora) und der des siebenten (Argentum). Er bedeutet den Tod der Edlen und Mächtigen, Veränderungen zum Besseren und ist von der Natur der Sonne. Und wenn Kometen erscheinen bei einer großen Sonnenfinsternis, so bedeuten sie ganz besonders seltsame Folgen.

Motive der astrologischen (oben) und christlichen (unten) Kometenfurcht. Während die Astrologie im Kometen selbst die Ursache für Unheil sah, war er nach christlicher Auffassung zusammen mit anderen Himmelszeichen eines der Warnsymbole für die nahende Apokalypse. *S. Lubinietsky (o.), Anonym (u.)*

an Himmelserscheinungen nach dem »Dunkel« des Mittelalters. Grundlage der Kometenflugblätter war aber noch das heliozentrische aristotelisch-ptolemäische System, in dem ein Komet als kurzfristige Störung der festgefügten himmlischen Sphären als besonderes Zeichen interpretiert wurde.

Gedruckt wurden die Flugblätter zumeist in den großen evangelischen Orten wie Nürnberg, Augsburg, Leipzig, Frankfurt/Main. Die Autoren, vielfach Pfarrer, lebten teilweise von der Verbreitung der Schriften, da sich mit vergleichsweise geringem Aufwand gute Verdienstmöglichkeiten boten. In den meisten Fällen leitete ein Bibelspruch den Beobachtungsbericht ein, dem eine Deutung der Erscheinung folgte. Charakteristisch war der abschließende Aufruf zur Buße, der vor allem von evangelischen Autoren propagiert wurde, denn Martin Luther sah Kometen als »Werke des Teufels«. Aber auch die katholische Seite instrumentalisierte die Kometenangst.

Die Flugblätter bedienten wie der heutige Sensationsjournalismus die Gefühle der Leser. So wurde zum einen die Angst vor den negativen Folgen eines Kometen geschürt, gleichzeitig aber auch die Lust auf Unterhaltung gestillt. Schließlich befriedigte die Deutung des Unerklärlichen die Neugier. Meist wurden dazu die aristotelischen Ideen und einige modernere Erklärungen mitgegeben. Je nach Bedarf fand aber auch eine Vermischung mit astrologischen Interpretationen statt, solange sie ins Weltbild des Autors passten.

Kometen wurden in den Flugblättern als »Strafrute« oder »Zornfackel« beschrieben, sie seien ein Fanal Gottes an die Menschen und erforderten Buße und Umkehr. David Herlitz, einer der aktivsten Flugblattautoren, schrieb 1619: »Also ist dieser Comet gleich ein offenes Patent, das der liebe Gott am Himmel hat außgebreitet oder angehefftet, in welchem Er die Ruthe und Drawung seines Grimmes uns offenbahret, das Er alle, die nicht wahre Busse thun werden, zerschmettern und ins Fewer werffen wolle.« Auch andere Zeichen am Himmel wie Feuerkugeln, Haloerscheinungen und Polarlichter wurden ähnlich gedeutet. Kometen-Erscheinungen blieben aber das stärkste Zeichen, da sie allen Menschen zeitgleich erscheinen und für einige Tage oder Wochen sichtbar sind. Neben Flugblättern wurden auch Kometenpredigten und Kometenläuten durchgeführt, um den Zorn Gottes abzuwenden.

Der Höhepunkt der auf Deutschland fokussierten christlichen Kometenangst wurde zum Dreißigjährigen Krieg erreicht. Drei helle Kometen standen im Jahr seines Beginns 1618 am Himmel. Sie wurden zunächst als Zeichen für den Untergang der jeweiligen gegnerischen Seite angesehen, erst nach dem Krieg galten sie als Ankündigung für den Krieg insgesamt.

In der 2. Hälfte des 17. Jahrhunderts wurden Kometen als Vorzeichen neuen Übels stark beachtet. Nach 1577 und 1618 fanden besonders die großen Kometen von 1664 und 1680 starken Widerhall. Dabei spielten die unruhigen Zeiten eine große Rolle, so behauptete man, die Gefahr durch die anrückenden Türken werde durch Kometen angezeigt, in Flugblättern wurden Kometen oft in Form eines Krummsäbels dargestellt. 1680 stand der Große Komet während der Belagerung Wiens über der Stadt, wechselweise galt er als Zeichen für den Untergang der Osmanen oder die drohende Kriegsgefahr, die durch Buße und Umkehr abgewendet werden könne. Auch sehr eigentümliche Ereignisse wie das Erscheinen eines Hühnereis, das ein Kometenabbild zeige, wurden im Sinn der christlichen Interpretation gesehen.

Das Ende der Prodigienliteratur kam erst im 18. Jahrhundert durch die Forschungsergebnisse der Astronomen, die die rätselhaften Kometen mehr und mehr entschlüsselten. Spätestens nach der vorhergesagten Wiederkehr des Halleyschen Kometen 1759 war sie weitgehend erloschen.

Neuzeitliche astrologische Interpretationen

Basierend auf Ptolemäus' »Tetrabiblos« erreichte auch die Kometenastrologie in der frühen Neuzeit einen Höhepunkt. Weit verbreitet war die Ansicht, Kometen bedeuteten eine Veränderung, die abhängig sei von dem Sternzeichen in dem sie entdeckt wurden und durch die sie liefen. Die Interpretation erfolgte damit analog zu den Planeten. Die Zuordnung geschah durch ihre Farbe oder nach dem Stern, in dessen Nähe sie entdeckt wurden. Besonders populär waren rote Kometen, die mit Mars gleichsetzte, oder dunkel und gelblich erscheinende Schweifsterne, die mit Saturn im Bunde seien. Die jeweilige Kometen-Erscheinung habe besonderen Einfluss auf die Länder, die von den betreffenden Tierkreiszeichen beherrscht würden.

In die astrologische Deutung flossen ein:

- magnitudo: je heller ein Komet, desto größer seine Wirkung
- color: Hinweis auf den bestimmenden Planeten
- splendor: je größer der Glanz, desto größer die Wirkung
- forma: die Form des Kometen nach Plinius
- diuturnitas: die Sichtbarkeitsdauer sei entscheidend für die Wirkungsdauer, dafür wurden verschiedene Umrechungsfaktoren gegeben
- situs caudae: der Schweif zeige mit seiner Richtung besonders betroffene Gebiete an (z.B. nach Norden: nördliche Länder sind betroffen)
- locus: das Sternzeichen, in dem der Komet erschien. Erdzeichen führten zu Trockenheit, Wasserzeichen zu Überschwemmungen, Luftzeichen bedeuteten Aufruhr und Feuerzeichen Krieg
- motus: die Richtung und Geschwindigkeit des Kometen zeigten betroffene Regionen an
- habitus ad solem: die Stellung des Kometen zur Sonne zeige den Beginn der Wirkung an: bei östlich der Sonne postierten Kometen komme diese schnell, bei westlich der Sonne stehenden Kometen langsam
- situs orbi: die Projektion der Kometenbahn auf die Erde zeige die betroffene Region

Kepler, der neben seinen bahnbrechenden astronomischen Erkenntnissen auch als Astrologe praktizierte, fasste die Vielzahl der zu beachtenden Faktoren zusammen: »Stillstand oder Schnelligkeit, Landung des Schwanzes, Farbe, Helligkeit oder Dunkelheit, ordentlichen oder unordentlichen Lauf, wie auch aus welchem himmlischen Haus oder Zeichen er ausläuft, wohin er sich lenkt, an welchem Ort er verlöschen, was für Constellationes zu Anfang und zu Ende gewesen, wie lang er gestanden, welchem Ort er übers Haupt gegangen und mit welcher Örter oder Nativitäten Horizonte er seinen Weg vereinigt und was dergleichen mehr.« Kepler sah Kometen nicht streng deterministisch, aber durchaus als Störung der himmlischen Harmonie an. Kometen seien von Gott gesandt. Generell gelte, dass »Kometen, Kriege, Pestilenz, Teuerung, Erdbeben, Trockenheit oder dagegen großes Gewässer gemeiniglich miteinander kommen«.

Die astrologische Sichtweise stand im Widerspruch und offenem Widerstand zu den christlichen Lehren, nach denen allein Gott das Schicksal vorherbestimmen könne und nicht Erscheinungen am Himmel, und das Handeln der Menschen einen Einfluss auf ihr Schicksal hätten. In der Astrologie haben Kometen heute kaum eine Bedeutung. Das Astrologie-Portal astrowiki.de stellt fest: »Die Bedeutung von Kometen als faszinierendes Himmelsschauspiel ist wahrscheinlich größer als ihre astrologische Relevanz.«

Manche Astrologen sehen Kometen aber auch heute noch als Zeichen von Veränderungen auf persönlicher und politischer Ebene. So wurde der Komet Kohoutek 1974 mit dem Staatsstreich in Chile in Verbindung gebracht, was die Entdeckung des Kometen im Sternzeichen Schütze angezeigt hätte. Auch für Portugal sei sein Einfluss negativ gewesen, weil das »Nationalzeichen« der Fische zusammen mit der Stellung des Kometen den Verlust der Kolonien bestimmt hätte. 1986 wurde Komet Halley mit der Tschernobyl-Katastrophe in Verbindung gebracht. Bei Hale-Bopp 1997 zogen Astrologen Parallelen zu Klon-Schaf Dolly.

Moderne Verschwörungstheorien

Auch nach dem Abebben der astrologischen Bedeutung und des Prodigienglaubens gibt es immer wieder gewagte Behauptungen, die im Zusammenhang mit Kometen stehen. So gab es 1773 eine Massenpanik in Paris, nachdem Gerüchte die Runde machten, dass der Astronom Jérôme Lalande in einem Vortrag den Einschlag eines Kometen vorhergesagt hätte. Zu Panik und Selbstmorden kam es 1910, als der Schweif des Halleyschen Kometen die Erde passierte und dort zuvor entdeckte Cyan-Verbindungen als tödlich für Menschen interpretiert wurden. Noch in trauriger Erinnerung ist der Selbstmord der Mitglieder der Heavens-Gate-Sekte, die den Kometen Hale-Bopp als göttliches Vehikel auf dem Weg ins Jenseits interpretierten, nachdem amerikanische Verschwörungsfanatiker behauptet hatten, dem Kometen folge ein auf Fotos dokumentiertes saturnartiges Raumschiff – es handelte sich aber lediglich um einen Beugungseffekt der verwendeten Optik.

Kometen in der bildenden Kunst

Im Unterschied zur öffentlichen Wahrnehmung, von der Erscheinungen heller Kometen über alle Epochen besonders stark aufgenommen wurden, kommen Kometen als Motive in der bildenden Kunst nur vereinzelt vor. Dieser scheinbare Widerspruch beruht auf der klaren Eingrenzung ihrer Rolle als Unheilsbote und Prodigium, auf die Kometen bis in die frühe Neuzeit festgelegt waren. Ihre Bedeutung als negatives Zeichen war so stark, dass sie nicht in anderem Kontext abgebildet werden konnten.

Bereits in der Antike wurden Kometen als ikonologisch auf die Astrologie festgelegtes Motiv nicht in der Kunst verwendet. Die wenigen bildlichen Wiedergaben von Kometen waren stilisierte Abbildungen auf Münzen, die zum Tod Julius Caesars geprägt wurden. Auch andere Herrscher ließen Münzen mit Kometenmotiven herstellen.

Mittelalter

Im Mittelalter blieb der Komet aufgrund seiner negativen Konnotation aus der Kunst ausgeschlossen. Insbesondere für die Symbolisierung des Sterns von Bethlehem konnten Kometen nicht verwendet werden. In manchen Quellen werden einige Darstellungen des Sterns von Bethlehem fälschlicherweise als Komet angesprochen, obwohl diese Interpretationen nicht belegt werden können. Dazu zählt eine der Elfenbeintafeln am Bischofsstuhl des Maximian in Ravenna, datiert auf die Jahre 540–545. Dort ist über der Geburtsszene Christi die starke Stilisierung des Sterns zu erkennen. Er ähnelt eher einer Blume als einem Kometen. Da der »Schweif« ein auch auf anderen Tafeln vorkommendes Ornament ist und die Konnotation des Kometenmotivs der beabsichtigten Bedeutung entgegensteht, kann mit ziemlicher Sicherheit davon ausgegangen werden, dass hier kein Komet abgebildet ist.

Ähnlich verhält es sich mit dem Mosaikzyklus von Pietro Cavallini (1250–1330) in St. Maria in Trastevere, der auf 1291 datiert wird. Hier ist der Stern mit drei auf das Christuskind gerichteten Strahlen dargestellt. Damit ist aber wahrscheinlich ein Symbol der Dreifaltigkeit abgebildet. Da Strahlen um Sterne in der mittelalterlichen Malerei nicht als physische Merkmale zu sehen sind, sondern ikonographische Bedeutung haben, ist in ihnen kein Kometenabbild zu sehen.

Anders verhält es sich mit der berühmten Darstellung des Halleyschen Kometen auf dem Teppich von Bayeux. Der 70m lange

◀ Römischer Denar mit der Abbildung des Kaisers Augustus und der Darstellung des Kometen von 44 v. Chr., die Göttlichkeit der Julier-Familie symbolisierend.

▼ Der Teppich von Bayeux (Ausschnitt) mit der Darstellung des Halleyschen Kometen 1066 (rechts). Dagegen ist der Stern auf dem Stuhl des Maximian in Ravenna kein Komet (links).

und 50cm breite Teppich, geschaffen um 1077, greift das Geschehen um die Schlacht von Hastings 1066 auf, als Wilhelm der Eroberer von der Normandie aus dem angelsächsischen König Harold den englischen Königsthron entriss. Auf dem Übergang von der 32. zur 33. Szene ist der Komet als stark stilisiertes Zeichen abgebildet, den Untergang König Harolds anzeigend. Beobachter, möglicherweise Gefolgsleute Harolds, deuten mit Fingern auf den Kometen. Die Inschrift darüber lautet »Isti mirant stella« (sie bewundern den Stern). Bemerkenswert ist die Darstellung des Kometen, der zwischen dem hellen Kopf und dem Schweif eine Lücke aufweist. Ist hier einer der für den Halleyschen Kometen typischen Schweifabrisse abgebildet?

Die erste nicht rein stilisierte Darstellung eines Kometen findet sich im berühmten Fresko »Anbetung der Könige« von Giotto di Bondone (1266–1337), das Teil der Ausmalung der Arena-Kapelle (Cappella degli Scrovegni) in Padua ist. Es wird um 1303–1306 datiert. Giotto gilt zu Recht als Erneuerer der Malerei. Er zeigte erstmals den Stern von Bethlehem als Kometen. Der Schweifstern ist mit naturalistischen Zügen dargestellt, womöglich auf eigene Beobachtungen Giottos des Halleyschen Kometen 1301 zurückgehend. Diese Darstellung stand im Widerspruch mit der biblischen Interpretation als »guter Stern«, da Kometen als böses Omen galten. Eine Nachahmung dieser Szene, ebenfalls mit einem Kometenmotiv, befindet sich in St. Franziskus in Assisi. Hier wurde um 1315 ebenfalls die Geburts- bzw. Anbetungsszene wiedergegeben.

Halleyscher Komet 1456, Abbildung aus der Luzerner Chronik, Tempera-Miniatur, 1507/13. *Diebold Schilling*

Frühe Neuzeit

Eines der wenigen weiteren Werke sakraler Kunst, die einen Kometenbezug aufweisen, ist das Ölgemälde »Geburt Christi« von Hans Baldung Grien (1484–1545). Es zeigt einen stilisierten kleinen Kometen über dem Strohdach des Geburtsstalls. Der Schweif deutet auf den Kopf des Jesuskinds. Diese Darstellung entstand wohl unter dem Eindruck des Großen Kometen von 1471. In dieselbe Zeit fällt das Ölgemälde »Flucht aus Ägypten« in der Schottenkirche in Wien, ausgeführt von einem unbekannten Meister. Hier erfolgte eine noch naturnähere Darstellung, die möglicherweise ebenfalls auf den Großen Kometen von 1471 zurückgeht.

Im Gegensatz dazu stand die profane Kunstdarstellung von Kometen. Eines der berühmtesten Werke ist Albrecht Dürers (1471–1528) Kupferstich »Melencolia I« von 1514. Dürer nahm starken Bezug auf die zu jener Zeit allgegenwärtige astrologische Interpretation. Nach dieser galt die Melancholie als Eigenschaft Saturns. Der Komet im Hintergrund zeigt die Verbindung zu diesem Planeten exemplarisch. Er wirkt deshalb eher bleich und steht über dem Meer, das die von Saturn regierten Wasserzeichen symbolisiert. Seine Stellung unter dem Regenbogen verweist jedoch auf die Überlegenheit des Christentums über die Astrologie. Auch Dürer bildete den Kometen nur stilisiert ab.

Um dieselbe Zeit entstanden zwischen 1507 bis 1513 die Tempera-Miniaturen der Luzerner Chronik, geschaffen von Diebold Schilling (ca. 1460–1515). Auf die Schedelsche Weltchronik zurückgreifend, die den Kometen von 1471 abbildete, jedoch in volkstümlicherer Art, wurden vier verschiedene Motive mit Kometen gezeigt. Sie gehen auf Kometen-Erscheinungen der Jahre 1400 (das Motiv zeigt den Kreuzzug gegen die Türken 1394 sowie den Ausbruch der Pest), 1456 (abgebildet ist das Erdbeben von Neapel und ein Blutregen über Rom, dazu werden Missgeburten im Vordergrund gezeigt), 1471 (das Motiv ist hier Dürre und Krieg, ein Leichenzug ist abgebildet) und 1506 (dargestellt sind Hochwasser, Erdrutsche und verdorbenes Getreide) zurück. Die Kometendarstellung ist stilisiert, aber gleichzeitig sehr phantasievoll. Die Schweife sind immer auf die Erde gerichtet, was die Verbindung zu den abgebildeten Szenen verdeutlichen soll. Alle bringen Kometen mit negativen Ereignissen in Zusammenhang. In Diebolds Zeichnungen erkennt man eine Wiedergabe des Volksglaubens und einen Vorläufer der späteren Kometen-Flugblätter.

Diese kamen mit dem Buchdruck ab dem Ende des 15. Jahrhunderts auf. Helle Kometen-Erscheinungen wurden in der Art einer Sensationsmeldung bekannt gemacht und astrologisch oder christlich gedeutet. Die Kometen wurden darauf mehr oder weniger stark stilisiert oder verzerrt als Schwert oder »Zuchtrute Gottes« dargestellt, um die Botschaft zu transportieren. Kometen er-

► Die Anbetung der Könige, Fresko in der Arena-Kapelle in Padua, 1303/06. *Giotto di Bondone*

Der Komet von 1680 über Rotterdam, Ölgemälde, 1681. *Lieve Verschuier*

langten darüber hinaus als typisches Motiv auf apokalyptischen Darstellungen und in der Vanitas-Ikonologie Beliebtheit. Sie sind deshalb vom 15. bis 18. Jahrhundert auch kaum in anderer Bedeutung in der Kunst zu finden und waren weiterhin nicht als Motiv für den Stern von Bethlehem im sakralen Umfeld geeignet. Die Flugblätter hielten sich bis Mitte des 18. Jahrhunderts. Dabei nahm die abgebildete Genauigkeit der Kometenphysiologie zu, während gleichzeitig die Stilisierung abnahm.

Komet. Ölgemälde, ca. 1711. *Donato Creti*

Aufklärung und Romantik

Ab der zweiten Hälfte des 17. Jahrhunderts begann parallel zur wissenschaftlichen Entschleierung die Befreiung des Kometenmotivs von seiner astrologischen Bedeutung. Auf dem Ölgemälde des Großen Kometen 1680 über Rotterdam von Lieve Verschuier (1634–1686) steht nicht mehr der Symbolgehalt im Vordergrund, sondern der Eindruck der himmlischen Erscheinung selbst. Die Neugier auf den Kometen dominiert die Furcht. Die Betrachter im Vordergrund haben Jakobsstäbe in der Hand, die der astronomischen Positionsbestimmung dienten – ein symbolhafter Hinweis auf den Kometen als wissenschaftlich erforschbaren Himmelskörper. Das Bild von Verschuier ist aber keine exakte Wiedergabe, sondern eine Aufsummierung von Merkmalen, die der Komet zu verschiedenen Zeitpunkten zeigte. Sie wurden nachträglich zum Gemälde zusammengefügt.

Im 1711 entstandenen Ölbild eines Kometen von Donato Creti (1671–1749) ist noch ein Rest der Kometenangst in der Frauengestalt im Vordergrund erkennbar. Sonst herrscht eher gelöste Stimmung. Dieses Werk lässt sich keinem bestimmten Schweifstern zuordnen.

Ab dem 18. Jahrhundert kann das Auftreten des Kometenmotivs in Karikaturen beobachtet werden. Kommerzielle Zeichner benutzten diese Form vor allem, um politische Vorgänge auf die Schippe zu nehmen. Diese Bilder wurden in eigenen Läden verkauft und auf Festen und Zusammenkünften gezeigt. Dabei dienten Kometen zunächst nur als Symbol für politischen Kontext, vor allem im Zusammenhang mit Napoleon, dem man ironisch die klassische Kometendeutung unterschob, nach der der Komet seinen Untergang voraussagte. Der Große Komet von 1811 diente aber auch selbst als Motiv, einige Karikaturisten machten sich damit lustig

▲ Melencolia I. Gravur, 1514. *Albrecht Dürer*

▲ Donatis Komet am 5.10.1858.
Aquarell, 1858.
William Turner of Oxford

◄ Donatis Komet. Aquarell, 1858.
Unbekannter Künstler

▲ Pegwell Bay, 5.10.1858. Ölgemälde, 1858.
William Dyce

▶ Donatis Komet über Dartmoor (Ausschnitt). Aquarell, 1859.
Samuel Palmer

Drei typische Karikaturen aus dem »Kometen-verrückten« 19. Jahrhundert.
Anonym (ol.), Honoré Daumier (or.), Thomas Rowlandson (u.)

über die Kometenhysterie. Für die Kometen von 1843 und 1858 setzte sich die Darstellung in Karikaturen fort, nahm allerdings gleichzeitig mit dem Auftauchen vielfach kopierter eher romantischer Wiedergaben ab. Die ironischen Postkarten zum »Weltuntergang« anlässlich des Halleyschen Kometen 1910 ließen diese Tradition jedoch wieder aufleben.

Donatis Komet 1858, der zu den schönsten Schweifsternen der Geschichte gezählt wird und lange sichtbar war, wurde als beliebtes Motiv von der (englischen) Romantik aufgenommen. In William Turners (1775–1851) Aquarell steht der Komet ganz im Zentrum der Darstellung, der Vordergrund tritt nur noch als Rahmen in Erscheinung. In Samuel Palmers (1805–1881) Aquarell des Kometen, das 1859 entstand, wird der Komet in einer besonders romantischen Szenerie über den Hügeln von Dartmoor gezeigt. Palmer fertigte die Skizze für seine Darstellung am 5. Oktober 1858 an, die Position gegenüber dem Stern Arktur ist im Unterschied zum eher stilistischen Sternhimmel Turners recht genau wiedergegeben.

William Dyce (1806–1864) stellte den Donatischen Kometen in seinem Ölgemälde über dem südenglischen Pegwell Beach dar. Die nahezu fotorealistische Wiedergabe in prä-raffaelitischer Manier zeigt die Verbindung des Vordergrunds (gebückte, einzelne Menschen) gegenüber dem mächtigen Hintergrund (verwitterndes Kliff) als Metapher für die Fährnisse des Lebens. Der blasse Komet über der Szenerie dient als Symbol für die himmlischen außerirdischen Kräfte, die vom Menschen unbeeinflussbar das Schicksal lenken.

Moderne

Ab dem Beginn des 20. Jahrhunderts strebten die Darstellungen von Kometen immer weiter auseinander. Je weniger das Kometenmotiv auf bestimmte astrologische oder auch romantische Bedeutungen festgelegt war, desto freier konnte es verwendet werden. Die Gemälde wurden somit immer individualistischer.

Eine mit Donatis Komet 1858 vergleichbare Welle von Kometenbildern löste der Halleysche Komet 1910 aus, ein Motiv, das bei den frühen Expressionisten auf fruchtbaren Boden fiel. Wassily Kandinsky (1866–1944) stellte in seinem Bild »Komet« einen hellen gelben Schweif über eine weihnachtlich anmutende Szenerie, während der Armenier Martiros Sarjan (1880–1972) eine orientalisch-magisch angehauchte Landschaft kreierte, in der sich das Motiv spiegelt. Der ukrainische Maler Georgij Narbut (1886–1920) zeigte dagegen eher eine kalte Jugendstil-Landschaft, in der der helle Schweifstern beinahe bedrohlich wirkt, während das Motiv bei Walter Ophey (1881–1930) ganz in einzelne Lichtpunkte aufgelöst ist.

▲ Komet. Aquarell und Goldbronze, 1900. *Wassily Kandinsky*

► Komet. Ölgemälde, 1910. *Walter Ophey*

▼ Komet. 1907. *Martiros Sarjan*

▼ Landschaft mit Komet. 1910. *Georgij Narbut*

Kometen in Belletristik und Lyrik

Wie auch in der Kunst, so ist das Kometenmotiv in der Literatur lange an die negative astrologische Bedeutung gebunden gewesen. Erst mit der Aufklärung wurde es möglich, Kometen metaphorisch in anderen Zusammenhängen zu verwenden. Seit der zweiten Hälfte des 19. Jahrhunderts sind Kometen ein zentrales Motiv der Science-Fiction.

Frühe Neuzeit

»When beggars die there are no comets seen / the heavens themselves blaze forth the death of princes«: Der berühmte Vers aus dem zweiten Akt von Shakespeares Tragödie »Julius Caesar« entstand um 1599. Shakespeare komprimiert darin die literarische Rolle der Schweifsterne in einem Satz, den er Calpurnia, Caesars Frau in den Mund legt. Die Aussage steht ganz im Zeichen der antiken astrologischen Interpretation.

Auch im deutschen Sprachraum verhält es sich bis weit in das 18. Jahrhundert hinein nicht anders. Unter vielen ähnlichen Gedichten berühmt geworden ist der »Kometenspiegel« von Thomas Hartmann, notiert in Halle 1606, der in Vermischung der christlichen Kometenangst mit der astrologischen Interpretation aufzählt, was den Menschen angesichts eines Schweifsterns droht:

»Es zeugen vns alle Cometen zwar / Sehr viel vnglücks, Trübsal, noth und fahr / Vnd hat niemahls eines Cometen schein / Pflegen ohne böse bedeutung zu sein / Achterley vnglück ins gemein entstehet / Wann in der Lufft brennt ein Comet:

1) Viel Fieber, Krankheit, Pestilentz und Todt,
2) Schwere Zeit, Mangel und groß Hungersnoth,
3) Große Hitz, Dürre zeit vnd vnfruchtbarkeit,
4) Krieg, Raub, Brandt, Mord, Auffruhr, Neid, Haß vnd Streit,
5) Frost, Kälte, Sturmwind, Wetter vnd Wassersnoth,
6) Viel hoher Leute vntergang und Todt,
7) Fewers noth und Erdbidem an manchen End,
8) Große Verenderung der Regiment.

So wir aber Buße thun von Hertzen, So wendet Gott auch vnglück und Schmertzen.«

Aufklärung und Romantik

Um die Mitte des 18. Jahrhunderts wandelte sich parallel mit der wissenschaftlichen Entschleierung der Kometen auch der literarische Blickwinkel. Die Autoren der Aufklärung entdeckten die Kometen als beispielhaftes Motiv. Zunächst mussten sie aber von den astrologischen Verstrickungen befreit werden. Der französische Philosoph Pierre Louis Moreau de Maupertuis schrieb 1742, dass »diese Sterne, nachdem sie lange Zeit der Schrecken der Welt gewesen waren, plötzlich in solchen Misskredit gefallen sind, dass sie nicht mehr als einen Schnupfen hervorrufen können.«

Typisch für diese Zeit ist die »Kometenode« von Abraham Gotthelf Kästner (1719–1800). Das Lehrgedicht in 15 Strophen, aus Anlass des Großen Kometen von 1744 entstanden, sollte den Leser auf den neuesten Stand der Wissenschaft bringen – Kästner war ein glühender Anhänger Newtons. Gleichzeitig wandte es sich gegen die christliche Interpretation als Bußzeichen und die astrologische Bedeutung als Unheilsbringer. In Stil und Inhalt war es an ein gebildetes Publikum gerichtet.

August Wilhelm Iffland (1759–1814) beschäftigte sich in der Posse »Der Komet« ebenfalls mit der überkommenen Kometenangst. In komischer Weise versucht hier ein Scharlatan, sich unter Hinweis auf den angeblich durch einen Kometen drohenden Weltuntergang materielle und persönliche Vorteile zu verschaffen, bis sein Betrug schließlich in einer beschämenden und lächerlichen Szene aufgeklärt wird.

Von Iffland inspiriert wurde der fränkische Poet Jean Paul (1763–1825). In seiner ebenfalls mit der Komik spielenden Geschichte »Der Komet oder Nikolaus Marggraf« (1812) ist es allerdings der Protagonist, dessen Unstetigkeit einem Kometen gleicht. Der Autor zog den Vergleich mit den astronomischen Eigenschaften der Schweifsterne: »Seine Ähnlichkeit mit einem Kometen, der bekanntlich sich im Himmel unmäßig bald vergrößert, bald verkleinert – sich ebenso stark bald erhitzt, bald erkältet – der auf seiner Bahn oft geradezu der Bahn der Wandelsterne zuwiderläuft, ja imstande ist, von Mitternacht nach Mittag zu gehen.« Pate gestanden haben mag wohl Komet Flaugergues von 1811.

Dieser wurde auch in Leo Tolstois (1828–1910) berühmtem Roman »Krieg und Frieden« verewigt. Hier sieht ihn Pierre, eine der beiden Hauptfiguren: »Über den schmutzigen, halbdunklen Straßen, über den schwarzen Dächern der Häuser wölbte sich der dunkle Sternhimmel. (...) Fast in der Mitte dieses Himmels, gerade über dem Pretschinskij-Boulevard, stand der riesengroße helle Komet von 1812, von allen Seiten von Sternen umgeben und umstreut, von denen er sich jedoch durch seinen nahen Stand zur Erde, durch sein weißes Licht und seinen langen, nach oben gerichteten Schweif deutlich abhob, jener Komet, der, wie man sagte, alles nur mögliche Unheil und das Ende der Welt ankündigte.« Auf Pierre wirkt der Anblick jedoch »erstarkend und erblühend«: »freudig blickte er zu diesem hellen Gestirn empor«. Bei der Jahreszahl irrte der russische Schriftsteller aber, denn Komet Flaugergues war Anfang 1812 schon nicht mehr gut mit bloßem Auge zu sehen gewesen.

Science-Fiction

Edgar Allan Poe (1809–1849) lebte zu kurz, um die hellsten Kometen des 19. Jahrhunderts zu erleben. In der »Unterhaltung von Eiros und Charmion« (1839) ließ sich der amerikanische Autor von der Endzeitstimmung der Adventisten in den 1830er Jahren in den USA inspirieren. Darin diskutieren zwei Tote über das Ende der Welt, ausgelöst durch einen Kometen, der die Atmosphäre der Erde vergiftet.

Jules Verne (1828–1905) benutzte in der »Reise durch die Sonnenwelt« einen Kometen als Vehikel für seine Protagonisten. Der Schweif, die Erde streifend, reißt verschiedene Menschen mit sich und führt sie auf eine Tour durch das Sonnensystem. Jules Vernes Komet »Gallia« besteht merkwürdigerweise aus Metallen – einem großen Anteil Gold – und besitzt aktive Vulkane. Die Weltalltouristen landen unbeschadet bei der Rückkehr des Kometen zur Erde mit zwei Luftballons.

In H. G. Wells (1866–1946) Roman »Im Jahre des Kometen« sorgt der Schweif eines Kometen für die Verwandlung der Menschheit in eine utopische friedliebende Gesellschaft ohne Eigentum. Verblüffend sind die prophetischen Fähigkeiten des Autors, der sowohl den nahenden Ersten Weltkrieg andeutet, als auch die Passage der Erde durch den Schweif des Halleyschen Kometen 1910. Ein ähnliches Thema griff der deutsche Autor Hannes Stein auf, als er 2013 in seinem Buch »Der Komet« eine Welt ohne die Katastrophen des 20. Jahrhunderts beschrieb.

Heute sind vor allem die apokalyptischen Szenarien eines Kometeneinschlags populär. Dies reflektieren u.a. die zahlreichen Kinofilme zu diesem Thema, etwa die amerikanischen Blockbuster »Deep Impact« und »Armageddon« (beide 1998).

Georg Heym: Umbra Vitae

Das vielleicht bekannteste deutschsprachige Gedicht, in dem das Motiv des Kometen eine entscheidende Rolle spielt, stammt von Georg Heym (1887–1912). Es entstand zur Wiederkehr des Halleyschen Kometen im Jahr 1911, und wurde posthum 1912 veröffentlicht. Heym ertrank in der eisbedeckten Havel bei Berlin im Januar 1912.
Die elf Strophen in strenger Form verbinden die Weltangst des Expressionismus mit der Kometenangst des Mittelalters. Heym greift mit den Motiven von Krankheit, Tod und Unfruchtbarkeit die klassischen Interpretationen der Kometenastrologie des Mittelalters und der frühen Neuzeit auf. Der Komet als Leitmotiv wird mit diesen ursächlich in Zusammenhang gebracht. Ebenfalls enthalten sind Anklänge an die in der Bibel erwähnten Zeichen der Ankündigung für das Weltende.
Das Gedicht reflektiert die mit dem Auftritt des Halleyschen Kometen 1910 verbundene Endzeitstimmung. Nachdem im Schweif des Kometen, den die Erde durchquerte, Blausäure entdeckt wurde, kam es tatsächlich zu einer weltweiten Panik mit Selbstmorden.

Die Menschen stehen vorwärts in den Straßen
Und sehen auf die großen Himmelszeichen,
Wo die Kometen mit den Feuernasen
Um die gezackten Türme drohend schleichen

Und alle Dächer sind voll Sternedeuter,
Die in den Himmel stecken große Röhren.
Und Zaubrer, wachsend aus den Bodenlöchern,
In Dunkel schräg, die einen Stern beschwören,

Krankheit und Mißwachs durch die Tore kriechen
In schwarzen Tüchern. Und die Betten tragen
Das Wälzen und das Jammern vieler Siechen,
Und welche rennen mit den Totenschragen.

Selbstmörder gehen nachts in großen Horden,
Die suchen vor sich ihr verlornes Wesen,
Gebückt in Süd und West, und Ost und Norden,
Den Staub zerlegend mit den Armen-Besen.

Sie sind wie Staub, der hält noch eine Weile,
Die Haare fallen schon auf ihren Wegen,
Sie springen, daß sie sterben nun in Eile,
Und sind mit totem Haupt im Feld gelegen.

Noch manchmal zappelnd. Und der Felder Tiere
Stehn um sie blind, und stoßen mit dem Horne
In ihren Bauch. Sie strecken alle viere
Begraben unter Salbei und dem Dorne.

Das Jahr ist tot und leer von seinen Winden,
Das wie ein Mantel hängt voll Wassertriefen,
Und ewig Wetter, die sich klagend winden
Aus Tiefen wolkig wieder zu den Tiefen.

Die Meere aber stocken. In den Wogen
Die Schiffe hängen modernd und verdrossen,
Zerstreut, und keine Strömung wird gezogen
Und aller Himmel Höfe sind verschlossen.

Die Bäume wechseln nicht die Zeiten
Und bleiben ewig tot in ihrem Ende
Und über die verfallnen Wege spreiten
Sie hölzern ihre langen Finger-Hände.

Wer stirbt, der setzt sich auf, sich zu erheben,
Und eben hat er noch ein Wort gesprochen.
Auf einmal ist er fort. Wo ist sein Leben?
Und seine Augen sind wie Glas zerbrochen.

Schatten sind viele. Trübe und verborgen.
Und Träume, die an stummen Türen schleifen,
Und der erwacht. bedrückt von andern Morgen,
Muß schweren Schlaf von grauen Lidern streifen.

Kometen in der Wissenschaft

15. und 16. Jahrhundert

Jahrhundertelang war über die Natur der Kometen nicht nachgedacht worden. Zu fest verankert war die aristotelische Lehre. Erst zu Beginn der Neuzeit stellte man wieder die zentrale Frage: Sind Kometen meteorologische oder astronomische Phänomene? Sind sie unterhalb (sublunar) oder oberhalb (supralunar) des Mondes angesiedelt?

Diese Fragen sollten durch die Bestimmung der Entfernung der Kometen beantwortet werden können. Das Prinzip der Entfernungsbestimmung beruhte auf der Parallaxe, also der scheinbaren räumlichen Verschiebung der Kometenposition vor einem weit entfernten Hintergrund (Sternhimmel) aufgrund verschiedener Blickwinkel auf den Kometen. Stünden Kometen näher als der Mond, wie die aristotelische Lehre ausgab, müsste ein Komet von zwei verschiedenen Standorten betrachtet eine andere Position am Himmel einnehmen. Ebenso sollte sich eine Parallaxe bei der Beobachtung von einem festen Standort nach einigen Stunden zeigen, wenn der Komet vor dem sich um die Erde drehenden Firmament nahe am Beobachter stünde.

Vor der Erfindung des Teleskops um 1610 versuchte man mit dem bloßen Auge die Position des Kometen relativ zu den Sternen zu bestimmen. Als Hilfsmittel dienten im Mittelalter das Torquetum und der Jakobsstab. In der frühen Neuzeit bediente man sich Quadranten, die umso genauere Positionsbestimmungen erlaubten, je größer sie waren. Auch Astrolabien und Armillarsphären wurden verwendet.

Der italienische Geograph Paolo Toscanelli (1397–1482), berühmt geworden für seine (falsche) Karte des Atlantischen Ozeans, die Kolumbus eine kürzere Route nach Indien via Westen vorgaukelte, war einer der ersten Positionsbestimmer von Kometen. Er verfolgte sechs Kometen zwischen 1433 und 1472 und notierte deren Wanderung über den Himmel. Seine Notizen wurden aber erst im 19. Jahrhundert wiederentdeckt.

Der österreichische Astronom Georg von Peuerbach (1423–1461) unternahm als erster den Versuch einer Parallaxenbestimmung eines Kometen an Halley 1456. Durch die Verschiebung der Kometenposition relativ zu den Sternen in wenigen Stunden Abstand kam er zu dem Ergebnis, dass die Parallaxe kleiner ist als die des Mondes und der Komet somit der supralunaren Sphäre angehört. Die von Peuerbach verwendete Methode ist aufgrund der nicht berücksichtigten Eigenbewegung des Kometen sehr ungenau, die tatsächliche Parallaxe war mit den damaligen Mitteln für die meisten Kometen nicht bestimmbar.

Der im fränkischen Königsberg geborene Mathematiker und Astronom Johannes Müller alias Regiomontanus (1436–1476), ein Schüler von Peuerbach, verfeinerte die Methoden der Parallaxenbestimmung an Kometen. Er vernachlässigte jedoch ebenfalls die Eigenbewegung der Kometen und konnte somit nur ungenaue Angaben machen, was die Frage nach der sub- oder supralunaren Stellung weiterhin offen ließ.

Peter Bienewitz alias Apian (1495–1552) fand 1531 nach Positionsbestimmungen an Halleys Kometen und nachfolgenden weiteren Schweifsternen, dass der Kometenschweif immer von der Sonne weggerichtet ist. Apian wurde berühmt für das »Astronomicum Caesareum«, ein monumentales Werk zur Astronomie, das er selbst verlegt und gedruckt hatte.

Der italienische Astronom und Astrologe Girolamo Cardanus (1501–1576) verglich die Eigengeschwindigkeit von Halley 1531 oder eines anderen Kometen 1532 mit dem Mond und fand sie geringer. Er ordnete deshalb die Kometen in der supralunaren Sphäre ein. Cardanus glaubte, dass Kometen die Form einer Linse besäßen und von der Sonne angestrahlt würden, der Schweif entstehe durch die optische Wirkung der Linse. Cardanus wurde bekannt durch sein Horoskop von Jesus, für das ihn die Inquisition 1570 inhaftierte.

Der für seine genauen Positionsbestimmungen bekannte dänische Astronom Tycho Brahe (1546–1601) verfolgte den Kometen von 1577 und erzielte die bis dahin längste und genaueste Positionsbestimmungsreihe. Es gelang ihm, die Parallaxe des Kometen in drei Stunden Abstand sowie außerdem mit Thaddaeus Hagecius in Prag und Cornelius Gemma in Löwen zu bestimmen. Er erhielt einen Winkel von maximal 15' und folgerte, dass der Komet mindestens 230 Erdradien entfernt sein müsse. Tycho, der die kopernikanische Lehre ablehnte und an ein geozentrisch-heliozentrisches Mischweltbild glaubte, nahm eine ovale heliozentrische Bahn des Kometen an. Wie viele Zeitgenossen glaubte er aber auch an ihre astrologische Bedeutung.

Der schwäbische Theologe und Mathematiker Michael Mästlin (1550–1631), ein Schüler von Apians Sohn Philipp (1531–1589), verfolgte ebenfalls den Großen Kometen von 1577 und konnte keine wahrnehmbare Parallaxe bestimmen. Er sah ihn daher als Himmelsobjekt und errechnete eine kreisförmige heliozentrische Bahn. Somit verdichteten sich zum Ende des 16. Jahrhunderts die Hinweise, dass Kometen wie die Planeten oberhalb des Mondes stehen.

17. Jahrhundert

Bisher war man weitgehend von geraden oder kreisförmigen Kometenbahnen ausgegangen. Doch im Lauf des 17. Jahrhunderts erkannte man, dass dieser Ansatz die Bewegung der Kometen am Himmel nicht beschreiben konnte. Hilfreich war dabei das neu erfundene Teleskop. Dessen mangelhafte optische Qualität ließ jedoch zunächst kaum detailliertere Aussagen über das Aussehen der Kometen zu.

Johannes Kepler (1571–1630), der das Verständnis der Bahnbewegungen der Planeten revolutionierte, tat sich mit der Erklärung der Kometenbahnen schwer. Er beobachtete den Halleyschen Kometen 1607 und war wenig später einer der ersten, der teleskopische Kometenbeobachtungen vornahm. Zu den Kometen von 1618 veröffentlichte er sein Traktat »De Cometis libelli«, in dem er von geraden Kometenbahnen ausging – im Gegensatz zur elliptischen Keplerbahn der Planeten. Seine Überlegungen basierten auf eigenen, unzureichenden Positionsbestimmungen, während ihm bei der Entschlüsselung der Planetenbewegung Tycho Brahes genaue Positionsbestimmungen geholfen hatten.

Kepler war in der Interpretation der Kometennatur noch sehr dem alten Denken verhaftet. Er glaubte, Kometen entstünden spontan aus dem »Äther« und würden von einem Geist begleitet, der mit ihnen entstünde und vergänge. Richtig erkannte er hingegen, dass der Schweif durch Kometenpartikel entsteht, die von der Sonne weggetragen werden, das Sonnenlicht wird an ihnen reflektiert. Die Schweifkrümmung erklärte Kepler aufgrund der Brechung der Sonnenstrahlen. Kepler gab aber auch zahlreiche astrologische Vorstellungen von Kometen wieder, so war er davon überzeugt, dass die Berührung der Erde durch einen Kometenschweif zu giftigen Dämpfen führen würde.

Auch Galileo Galilei (1564–1642) konnte sich auf die Kometen keinen rechten Reim machen. Er meinte, dass sich Kometen rechtwinklig von der Erdoberfläche weg bewegten – was jedoch auf der Tatsache beruhte, dass die meisten Kometen erst zum oder nach dem Perihel entdeckt wurden, so dass sie nur auf einem Teilstück ihrer Bahn beobachtet wurden. Galilei selbst stellte keine eigene Theorie zur Erklärung der Kometen auf, war aber fleißig dabei, die seiner Zeitgenossen anzugreifen.

Der Danziger Bierbrauer und Astronom Johannes Hevelius (1611–1687) beschäftigte sich in seinem Monumentalwerk »Cometographia« 1668 grundlegend mit den Kometen und führte die bis dahin existenten Theorien zu einem Gesamtbild zusammen. In sein Werk flossen eigene Beobachtungen zwischen 1652 und 1665 ein, es enthielt darüber hinaus auch einen Katalog historischer Kometen von der Bibel bis 1665. Hevelius nahm wie Kepler zunächst eine rechtwinklige Bewegung an, stellte aber später fest, dass es sich um gekrümmte Bahnen handeln müsse, und dass sich die Kometen am schnellsten in Sonnennähe bewegten. Er nahm Parabeln oder Hyperbeln als mögliche Bahnformen an.

Hevelius vertrat die Ansicht, Kometen selbst seien scheibenförmig und rechtwinklig zur Sonne ausgerichtet. Sie entstünden in den Atmosphären von Jupiter und Saturn als deren Ausdünstungen – eine Parallele zur damals allgemeinen Meinung, dass solche Ausdünstungen auf vielen Himmelskörpern zu finden seien, z. B. die Flecken auf der

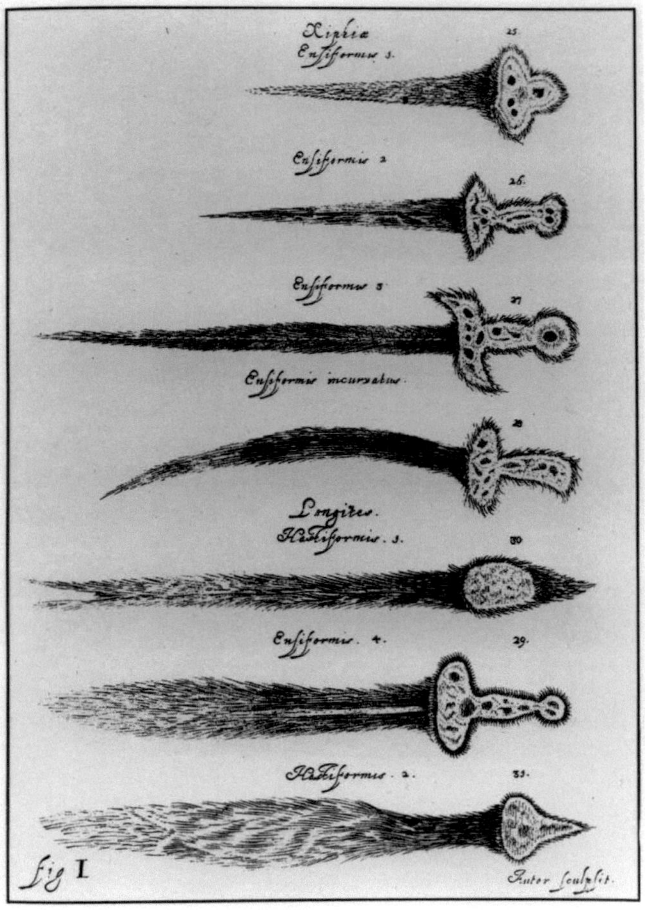

Titelblatt (oben) und Beispielseite der »Cometographia«, dem einflussreichsten Monumentalwerk zur Kometenastronomie im 17. Jahrhundert. *Johannes Hevelius*

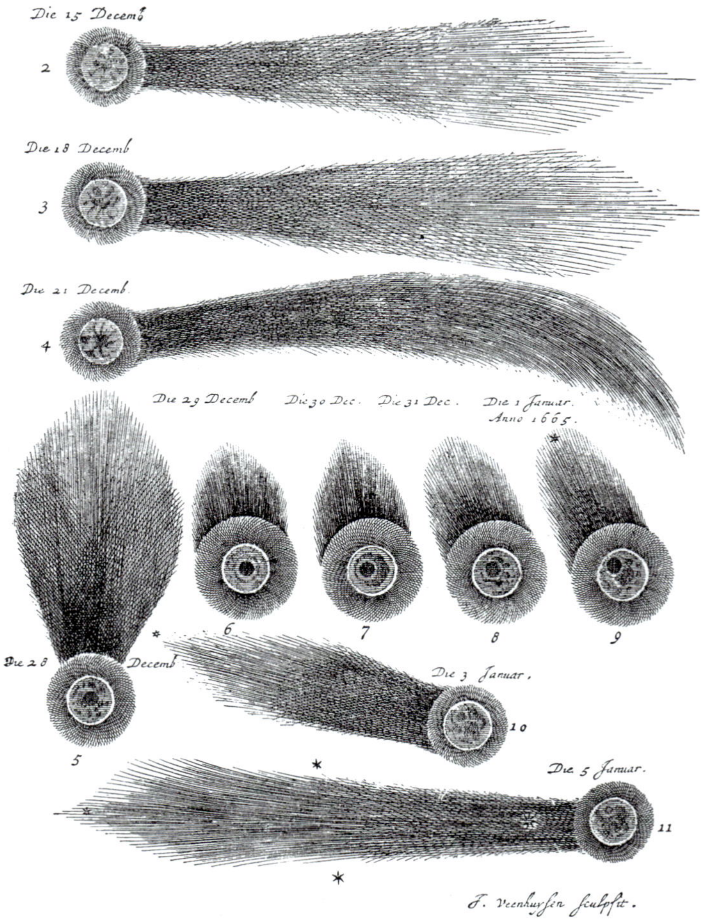

Titelblatt (oben) und Beispielseite aus dem »Theatrum Cometicum«, dem zweiten Monumentalwerk der Kometen-Astronomie des 17. Jahrhunderts. *Stanislaus Lubinietzky*

Sonne. Hevelius schloss auf Jupiter und Saturn aufgrund der Farbe der Kometen. Der Schweif bilde sich durch vom Kern des Kometen ausgestoßene Partikel, die die Sonne vom Kopf wegbewege.

Parallel zu Hevelius erschien das Meisterwerk eines anderen Polen. Lubinietzky war Historiker und zeichnete in seinem »Theatrum cometicum« von 1666/68 auf über 800 Seiten die Geschichte von 415 Kometen-Erscheinungen vom Altertum bis 1665 nach. Zahleiche Abbildungen und Karten machten sein Buch zu einem vielzitierten Werk.

Einen erheblichen Fortschritt für die Kometenforschung brachte der Große Komet von 1680. Der deutsche Astronom Gottfried Kirch (1639–1710) entdeckte ihn per Zufall mit dem Teleskop, es war die erste Kometenentdeckung auf diese Weise. Der Plauener Theologe Georg Samuel Dörffel (1643–1688) zeigte am Kometen von 1680, dass die Bahn durch eine Parabel mit der Sonne im Brennpunkt beschrieben werden konnte. Seine Annahme basierte aber nur auf wenigen Positionsbestimmungen, sie war keine genaue Bahnbestimmung. Dies leistete Isaac Newton (1643–1727). Er glaubte zunächst, dass der Komet von 1680 vor und nach dem Perihel aus zwei verschiedenen Körpern bestünde, die jeweils auf geradlinigen Bahnen zögen. Er verwarf diese Idee jedoch Jahre später in seiner »Principia«, als er seine Methode zur Bahnberechnung entwickelte. Mit dieser halbgrafischen Methode gelang es ihm, aus zeitlich auseinander liegenden Beobachtungen die Bahnform und Geschwindigkeit des Kometen zu errechnen. Newton erkannte die Gravitation der Sonne als Ursache der Kometenbewegung. Er sah Kometen als feste Körper, die aufgrund der Erwärmung durch die Sonne Dämpfe aussonderten, die Krümmung des Schweifes erklärte er mit der Eigenbewegung des Kometen.

Edmond Halley (1656–1742) griff die Methode Newtons auf und berechnete die Bahnen von 24 Kometen zwischen 1337 und 1698. Er entdeckte dabei, dass die Kometen von 1531, 1607 und 1682 auf ähnlichen elliptischen Bahnen liefen und somit die wiederkehrende Erscheinung ein und desselben Körpers sein mussten. Die Unterschiede der zwischen den Erscheinungen nicht gleich langen Periode erklärte Halley richtig durch gravitative Störungen Jupiters. Halley erweiterte die Reihe der zusammenpassenden Kometen-Erscheinungen später auf die Kometen von 1456, 1380 und 1305. Die letzten beiden sind jedoch falsch, denn der Halleysche Komet war schon 1378 erschienen, wurde aber kaum beobachtet.

Halley sagte 1705 eine Wiederkehr dieses Kometen für 1758 voraus, verschob den Termin aber später aufgrund von Bahnstörungen Jupiters auf den Jahreswechsel zu 1759. Er behauptete außerdem eine weitere Übereinstimmung der Kometen von 1532 und 1661. Auch für den Kometen von 1680 bestimmte er eine Umlaufszeit von 575 Jahren und identifizierte ihn mit Kometen-Erscheinungen von 1106,

Edmond Halley revolutionierte mit seiner epochalen Identifikation der Kometenerscheinungen von 1531, 1607 und 1682 und der Voraussage für 1758 die Kometenforschung.

Das Kometarium

Die Menschen des 18. Jahrhunderts waren fasziniert von der Fähigkeit, Kometenbahnen zu berechnen und Kometen-Erscheinungen vorherzusagen. Den Lauf eines Kometen um die Sonne visualisierten so genannte Kometarien. Dabei handelte es sich um eine mechanische Vorrichtung, die die Bewegung eines Kometen um die Sonne demonstrierte, insbesondere die schnellere Bewegung im Perihel. Das zweite Keplersche Gesetz wurde so direkt sichtbar. Eine erste Ausführung wird dem französisch-englischen Wissenschaftler John Theophilus Desaguliers um 1730 zugeschrieben, jedoch zeigte diese Vorrichtung die Bahn des Planeten Merkur. Erste auf Kometen bezogene Geräte baute Benjamin Martin um 1740. Zwischen 1750 und 1850 folgten mehrere Ausführungen vor allem englischer Hersteller. Heute gelten erhaltene Kometarien als seltene Sammlerstücke.

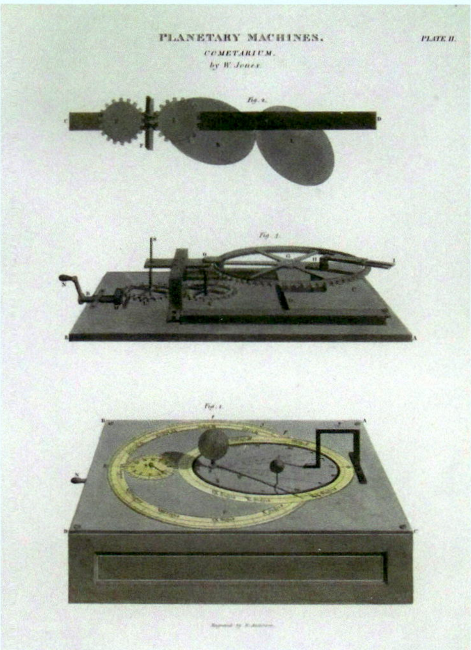

531 und 44 v. Chr. Während Halley beim heute nach ihm benannten Kometen ins Schwarze traf, hat sich die zweite Identifikation jedoch als nicht zutreffend erwiesen.

18. Jahrhundert

Die gelungene Vorhersage der Wiederkehr des Halleyschen Kometen zerstörte weitgehend die Irrationalität im Umgang mit diesen Himmelskörpern. Kometen galten nun als Teil der vorhersagbaren Himmelsmechanik und als einer der bestechendsten Beweise der Newtonschen Physik. Im 18. Jahrhundert machten sich die Astronomen erstmals auf die gezielte Suche nach diesen Himmelskörpern.

Der Schweizer Mathematiker Leonhard Euler (1707–1783) verfeinerte die Methoden der Bahnberechnung durch die nach ihm benannte Euler-Näherung. Damit war es nun auch bei nur drei zeitlich kurz aufeinander folgenden Positionswerten möglich, die Bahn des Kometen hinreichend genau zu bestimmen, um ihn später wiederzufinden.

Der Franzose Charles Messier (1730–1817) war der erste Astronom, der gezielt nach Kometen suchte. Der französische König gab ihm den Spitznamen »Kometenfrettchen«. Auslöser für diese Leidenschaft war die ihm aufgetragene Suche nach Komet Halley ab 1757. Der gegenüber dem ursprünglichen Datum Halleys frühe Termin war aufgrund der falschen Annahme angegeben worden, die Periode von Halleys Komet würde abnehmen. Bei der teleskopischen Suche stieß Messier auf den Kometen ähnelnde Nebelflecke am Himmel. Die Verwechslung des Krebsnebels, heute als M 1 bekannt, mit einem schwachen Kometen gab den Anstoß zur Erstellung des Messier-Katalogs, der die hellsten Sternhaufen, Nebel und Galaxien auflistete und heute große Popularität besitzt. Messier fand den Halleyschen Kometen erst im Januar 1759, nachdem er am 24. Dezember 1758 bereits vom sächsischen »Bauernastronomen« Johann Georg Palitzsch (1723–1788) gesichtet worden war. Er ließ sich davon jedoch nicht entmutigen und entdeckte in der Folge 12 Kometen, darunter den Großen Kometen von 1769, der ihm internationalen Ruhm einbrachte.

Heinrich Wilhelm Olbers (1758–1840) publizierte 1797 eine praxisgerechte Methode zur Bahnberechnung, die nach wie vor benutzt wird. 1801 stellte Carl Friedrich Gauss (1777–1855) eine weitere Methode vor.

Der falsche Kometenentdecker

Kometenentdecker wurden im 18. Jahrhundert geehrt und beschenkt. Charles Messier durfte dem französischen König Ludwig XV. höchstpersönlich seine Karte des Kometen überreichen und erhielt nach der Entdeckung des Großen Kometen von 1769 eine Erhöhung seiner Bezüge. Es war ihm sogar möglich, als Bürgerlichem eine Adelige zu heiraten. Es ist daher nicht verwunderlich, dass Nachahmer auf den Plan traten – auch solche, die gar keinen Kometen entdeckt hatten.

Jean Auguste d'Angos (1744–1833), Mitglied der französischen Akademie der Wissenschaften, behauptete gegenüber Messier eine Kometenentdeckung von Malta aus am 15. April 1784. Messier konnte diese aber nicht bestätigen. D'Angos meldete weitere angebliche Entdeckungen in den Jahren 1793 und 1798. Letzteren Kometen wollte er sogar im Transit vor der Sonne entdeckt haben.

Die Behauptungen und angeblich berechneten Bahnen wurden später als plumpe Fälschungen entlarvt. Sie basierten auf fehlerhaften Übernahmen von Daten anderer Kometen, wohl zur bewussten Täuschung. Die Aufmerksamkeit für echte und unechte Kometenentdecker war damals in Frankreich so groß, dass sich das Wort »Angosiaden« für eine vorgetäuschte Behauptung einbürgerte.

19. Jahrhundert

Durch die Verfeinerung der Methoden der Himmelsmechanik gelang die Identifikation von Meteoroiden als Überreste von Kometen. Ab der Mitte des Jahrhunderts erfolgte eine Hinwendung zur Erforschung des Aufbaus der Kometen. Als neue quantitative Technologien lösten Fotografie und Spektroskopie die visuelle Beobachtung ab.

Jean Louis Pons (1761–1831) war mit 30 bestätigten Kometenentdeckungen zwischen 1807 und 1831 der erfolgreichste Kometenentdecker des 19. Jahrhunderts. Auf sein Konto gingen drei Viertel aller Entdeckungen in dieser Zeit, zwischen dem 7. August 1826 und 3. August 1827 hatte er allein fünf Kometen gefunden. Dabei war Pons kein studierter Astronom, sondern als Türwächter der Marseiller Sternwarte mit der Astronomie in Berührung gekommen.

Typen von Kometenschweifen (rechts) und Kometenköpfen (unten) anhand prominenter Beispiele des 19. Jahrhunderts. Rechts: Die Kometen Donati, Coggia, Großer Septemberkomet, Olbers und Sawerthal. Unten: Halley, Encke, Biela, Großer Septemberkomet.

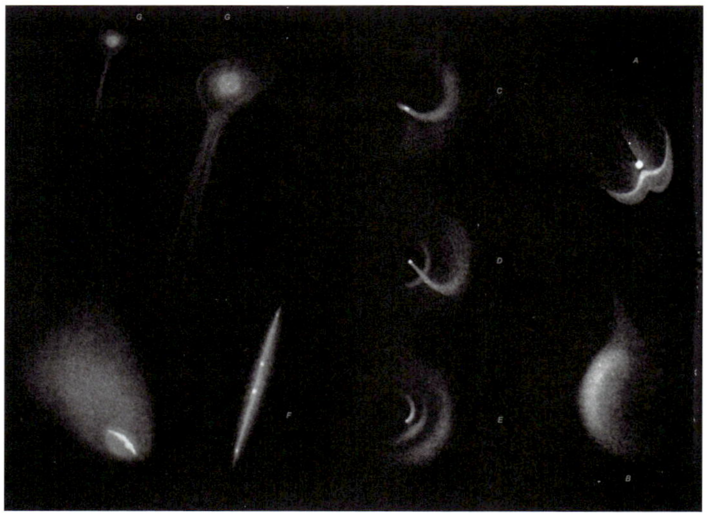

Der Leiter der Berliner Sternwarte, Johann Encke (1791–1865), berechnete die Bahn des von Pons 1805 entdeckten und 1818 wiedergefundenen Kometen und fand eine periodische Umlaufszeit von 3,3 Jahren, indem er auch die Störungen der Planeten berücksichtigte. Er sagte die erneute Sichtbarkeit des Kometen für 1822 voraus. Heute trägt dieser berühmte kurzperiodische Komet seinen Namen. Encke entdeckte

Komet Biela

Das 19. Jahrhundert war nicht nur geprägt von außergewöhnlich vielen beeindruckenden hellen Kometen, es fanden auch sehr mysteriöse Ereignisse statt. Eines davon rankt sich um den verschollenen Kometen Biela, der noch im 20. Jahrhundert eine Kometenentdeckung auslöste.
Der Komet wurde von Jacques Montaigne am 8. März 1772 gefunden. Bessel stellte 1805 die Periodizität von 4,7 Jahren fest. Dieser Wert wurde später auf 6,7 Jahre revidiert. Die nächste Beobachtung erfolgte jedoch erst 1826 durch den in österreichischen Diensten stehenden Hauptmann Wilhelm von Biela, der den Kometen unabhängig von Montaignes Beobachtungen und Bessels Bahnberechnungen entdeckte.
Der nun als Komet Biela bekannte Schweifstern wurde bei den Erscheinungen 1832 und 1845 beobachtet. Ende 1845 konnten zahlreiche Astronomen das Auseinanderbrechen in zunächst zwei Teile verfolgen. 1852 wurden die zwei Kometenteile wieder gesehen, danach gab es bis heute jedoch keine Beobachtungen des Kometen mehr. Er blieb verschollen – ob er zerbrach oder durch Störungen eine andere Bahn einschlug, blieb ungeklärt.
Am 27. November 1872 kam es zu einem großen Meteorschauer der Überreste des Kometen (»Bieliden«) mit über 1000 Meteoren pro Stunde. Und auch fast 100 Jahre später sorgte Bielas verschollener Komet für Furore: Der tschechische Astronom Lubos Kohoutek suchte 1973 mit dem großen Hamburger Schmidt-Teleskop nach den Kometenresten, wobei er zunächst auf einige neue Kleinplaneten und in deren Folge dann auf den berühmt-berüchtigten Kometen Kohoutek stieß.

bei weiteren Beobachtungen »seines« Kometen, dass eine weitere, nicht durch Planetenstörungen erklärbare Störung für eine Verschiebung des Perihels sorgte. Er erklärte es mit der Existenz des »Äthers«, eines im 19. Jahrhundert viel diskutierten hypothetischen Mediums zwischen den Planeten.

Friedrich Wilhelm Bessel (1784–1846) war der fähigste Bahnberechner des 19. Jahrhunderts. Er stellte ebenfalls die Perihelverkürzung von Kometenbahnen fest und erklärte sie durch Vorgänge auf den Kometen selbst, was später als richtig anerkannt wurde.

Der italienische Astronom Giovanni Schiaparelli (1835–1910), bekannt geworden durch die »Entdeckung« der Marskanäle, fand heraus, dass die Bahnen von Meteoroidenströmen denen von Kometen ähneln. Er verknüpfte die Perseiden mit dem Kometen Swift-Tuttle von 1862, ihm gelang später auch die Identifikation der Leoniden als Material von Komet Tempel-Tuttle 1866.

Giovanni Batista Donati (1826–1873) und William Huggins (1824–1910) gewannen die ersten Kometenspektren der Kometen Tempel 1864 und Tempel-Tuttle 1866. Sie entdeckten dabei drei helle Linien, die Huggins als Kohlenstoffverbindungen erkannte, deren genaue Natur jedoch erst später entschlüsselt wurde (es handelte sich um die zur Fluoreszenz angeregten Moleküle CN, C_3, C_2). Sie waren ein erster Hinweis auf die Bestandteile von Kometen und ein erster Nachweis, dass Kometen nicht nur Sonnenlicht reflektieren, sondern auch selbst leuchten.

Fjodor A. Bredichin (1831–1904) postulierte drei Schweiftypen in Kometen, je nach der Auswirkung der von der Sonne weggerichteten Kraft und der Masse ihrer Teilchen: Typ I ordnete er Wasserstoffgas zu, Typ II verknüpfte er mit Wasserstoffverbindungen, Typ III mit schwereren gasförmigen Bestandteilen. Er bezog die Schweiftypen jedoch nur auf Gase und nahm deren Ladung als Ursache der Herausbildung verschiedener Schweife an.

Barnards Kometen-Such-Automat

Edward Emerson Barnard (1857–1923) war einer der besten visuellen Beobachter seiner Zeit und ein Pionier der Astrofotografie. Wie so viele der großen Astronomen des 19. Jahrhunderts hatte er seine Laufbahn als Amateurastronom begonnen. Schon als Amateur hatte er ab 1881 Kometen entdeckt. Insgesamt gelangen ihm 16 Funde, darunter die erste fotografische Kometenentdeckung 1892 des inzwischen verschollenen Kometen D/1892 T1.
Am 8. März 1891 schlug Barnard den »San Fransisco Examiner« auf und las zu seinem Erstaunen einen Artikel über eine von ihm selbst angeblich erfundene Kometen-Entdeckungs-Maschine. Diese würde den Himmel in Streifen scannen und dabei Spektren aller Objekte im Feld aufnehmen. Nur wenn ein Kometenspektrum mit seinen typischen Linien eingefangen würde, gelange Licht in eine Apparatur, die wiederum einen Alarm in Barnards Schlafzimmer auslösen würde. Barnard versuchte umgehend die Falschmeldung zu berichtigen, doch die Presse war bereits davon unterrichtet worden, dass er die Erfindung abstreiten würde. Zahlreiche Astronomen aus aller Welt, darunter bekannte Kometenentdecker wie Lewis Swift, erkundigten sich beim zunehmend ungehaltenen Barnard nach dem Mechanismus der Maschine. Barnard kämpfte zwei Jahre, um diese Behauptungen richtig zu stellen, erst dann veröffentlichte der »Examiner« eine Entschuldigung. Wer der mysteriöse Urheber der Zeitungsente war, blieb ungeklärt, Barnard verdächtigte jedoch stets seinen Kollegen James Edward Keeler.

20. Jahrhundert

In dem Maße, in dem sich die Qualität von Fotografie und Spektroskopie verbesserten, wandte sich die Forschung der Physik und Chemie der Kometen zu. Die Identifizierung weiterer Bestandteile von Kometen war möglich. In der zweiten Hälfte des Jahrhunderts traten die Erklärungsmodelle für die in Kometen ablaufenden Prozesse und die Frage nach der Herkunft der Kometen in den Vordergrund.

Nicholas Bobrovnikoff (1896–1988) lieferte 1931 anhand der 1910 gesammelten Ergebnisse am Halleyschen Kometen die erste detaillierte chemische Analyse eines Kometen. Er wies anhand umfangreicher Auswertungen von Beobachtungen die Moleküle CN, CO+, N_2+, C_2, Na und CH nach.

Ernst Öpik (1893–1985) schlug 1932 vor, dass Kometen aus einer Wolke am Rand des Sonnensystems stammten, die sich über Milliarden Jahre durch Störungen vorbeiziehender Sterne gebildet habe. Aus dieser Wolke würden ab und zu Körper auf kleinere Perihelabstände gezogen. Jan Oort (1900–1992) griff 1950 diese Idee auf und postulierte die nach ihm benannte Wolke aus 190 Milliarden Kometenkernen zwischen 10.000 und 50.000 Astronomischen Einheiten Abstand von der Sonne.

Fred Whipple (1906–2004) schlug 1950 das Eis-Konglomerat-Modell vor, besser bekannt unter dem Schlagwort »schmutziger Schneeball«. Kometen bestünden demnach aus festen Eiskernen mit eingelagertem Staub. Whipple fand 1981 auch eine Methode, die Rotation von Kometenkernen zu bestimmen.

Kenneth Edgeworth (1880–1972) und Gerard Kuiper (1905–1973) skizzierten einen zweiten Gürtel von Kometen zwischen 30 und 50 Astronomischen Einheiten. Kuiper leitete dessen Existenz aus Störungen von Neptun theoretisch ab.

Ludwig Biermann (1907–1986) postulierte 1951 die Existenz eines geladenen Teilchenstroms (»Sonnenwind«), der in Gasschweifen von Kometen für die beobachteten Beschleunigungen sowie Abweichungen der Schweifrichtung von der antisolaren Richtung verantwortlich ist. Kometenschweife, insbesondere die gasförmigen Teile, sind also Zeiger für die Richtung und Geschwindigkeit des Sonnenwinds.

Gegen Ende des Jahrhunderts gelang mit dem Satelliten Solwind die erste Kometenentdeckung aus dem Erdorbit (1979). Mit dem Spacewatch-Programm wurde zum ersten Mal ein Komet durch ein automatisches Überwachungssystem entdeckt (125P/Spacewatch). Von den sowjetischen Sonden Vega 1 und 2 und vor allem von der europäischen Raumsonde Giotto wurden während der Passage an Komet Halley 1986 in nur 600km Entfernung erstmals direkte Aufnahmen eines Kometenkerns gewonnen.

21. Jahrhundert

Seit der Jahrtausendwende steht die Erforschung der Kometen vom Weltraum aus im Vordergrund. Raumsonden brechen zu Kometen auf, beobachten sie aus der Nähe und werden bald auf ihnen landen.

Die Sonde Deep Impact schoss 2005 einen künstlichen Impaktor auf den Kometen 9P/Tempel. Der Einschlag wurde von der Muttersonde aus direkt beobachtet. Für das Jahr 2014 ist die erste Landung auf einem Kometen (67P/Churyumov-Gerasimenko) durch die Landeeinheit Philae an Bord der Sonde Rosetta vorgesehen.

Kometenforschung findet heute hauptsächlich vom Weltraum aus statt. Während Giotto 1986 das erste direkte Bild eines Kometenkerns lieferte (links), wird Rosetta 2014 sogar auf einem Kometen landen (unten).

Überblick der Kometenmissionen (nach Leitner/Pilz)

Name	Zielkomet	Land/Organisation	Start	Termin der Annäherung	Distanz der Annäherung
ISEE-3/ICE	21P/Giacobini-Zinner 1P/Halley	USA/NASA	12.8.1978	11.9.1985 28.3.1986	7800km 31000000km
Vega 1 Vega 2	1P/Halley	UdSSR, Österreich, Bundesrepublik Deutschland, Frankreich	15.12.1984 21.12.1984	6.3.1986 9.3.1986	8890km 8030km
Sakigake	1P/Halley	Japan	8.1.1985	11.3.1986	7000000km
Giotto	1P/Halley 26P/Grigg-Skjellerup	ESA	2.7.1985	14.3.1986 10.7.1992	596km 200km
Susei	1P/Halley	Japan	18.8.1985	8.3.1986	151000km
Deep Space 1	19P/Borelly	USA/NASA	24.10.1986	22.9.2001	2200km
Stardust	81P/Wild 9P/Tempel	USA/NASA	7.2.1999	2.1.2004 14.2.2011	240km 181km
Deep Impact EPOXI	9P/Tempel 103P/Hartley	USA/NASA	12.1.2005	2.7.2005 11.10.2010	500km 700km
Rosetta	67P/Churyumov-Gerasimenko	ESA	2.3.2004	November 2014	Landung

Kometenentdecker

Nicht zuletzt weil das kosmische Objekt den Namen seines Entdeckers trägt, faszinierte die Suche nach Kometen immer wieder besonders geduldige Menschen.

In China wurde 2000 Jahre lang eine systematische Suche nach Kometen mit dem bloßen Auge betrieben. Die Entdecker, Hofastronomen des chinesischen Kaisers, blieben jedoch weitgehend unbekannt. In Europa wurden Kometen bis ins 17. Jahrhundert erst dann entdeckt, wenn sie allgemein sichtbar waren. Auch hier sind deshalb kaum einzelne Entdecker festzumachen. Das änderte sich erst im 18. Jahrhundert vor allem durch die Suche nach dem Halleyschen Kometen bei seiner Wiederkehr 1758/59.

Die erste teleskopische Entdeckung gelang Kirch 1680, fotografisch wurde ein Komet erstmals 1892 durch Barnard entdeckt. Zählt man die bis heute entdeckten Kometen zusammen, gehen die ersten vier Plätze einer Liste der größten Kometenentdecker an moderne Suchmaschinen, die automatisch den Himmel nach Schweifsternen absuchen. Als erster Mensch aus Fleisch und Blut folgt der Australier Robert McNaught mit 82 Entdeckungen – diese erfolgten jedoch alle fotografisch.

Visuell werden heute nur noch sehr wenige Kometen entdeckt, da die Suchmaschinen und fotografisch arbeitenden Astronomen – fast ausschließlich Amateure – wesentlich schwächere Objekte erreichen können. Meistens sind es Zufallsfunde wie beim deutschen Astronomen Sebastian Hönig, der 2002 einen Kometen visuell mit einem 10-Zoll-Teleskop fand. Weltweit sind seit 2000 jedoch nur zwölf Kometen auf visuellem Weg entdeckt worden. Derzeit führend ist der Amerikaner Don Machholz.

Zählt man die visuellen und fotografischen Kometenentdeckungen durch Amateure zusammen, so wurden in den letzten Jahren zwei bis acht Kometen pro Jahr entdeckt. Diese Zahl verschweigt aber, dass eine Großzahl der vom Weltraum-Sonnenobservatorium SOHO gefundenen Kometen auf fleißige Amateure zurückgeht, die die aus dem Weltraum in Echtzeit übertragenen Bilder auswerten und somit weit über 1000 neue Kometen ausfindig machen konnten.

Die erfolgreichsten Kometensuchprogramme (Stand 19.8.2013)

SOHO	1979
LINEAR	215
Catalina Sky Survey	107
Siding Spring Sky Survey	101
Spacewatch	57
Mount Lemmon Survey	57
NEAT	54
LONEOS	42
STEREO	41
PanSTARRs	38

Die erfolgreichsten Kometenentdecker mit mindestens zehn Entdeckungen (nach Maik Meyer)						
Entdecker	gesamt	davon allein	davon visuell	davon fotografisch/CCD	erste Entdeckung	letzte Entdeckung
Robert H. McNaught	82	70	0	82	C/1978 G2	C/2013 E1
Carolyn & Eugene Shoemaker	32	13	0	32	C/1933 R1	P/1994 J3
Jean-Louis Pons	26	22	26	0	C/1801 N1	C/1827 P1
Andrea Boattini	24	22	0	24	C/2007 W1	C/2013 J5
Rik E. Hill	24	20	0	24	P/2004 V5	C/2012 E1
Alex R. Gibbs	23	23	0	23	C/2006 U7	P/2012 K3
David H. Levy	22	6	9	13	C/1984 V1	P/2006 T1
William R. Brooks	21	18	21	0	C/1883 D1	C/1911 O1
Eric J. Christensen	20	18	0	20	P/2003 K2	C/2013 K1
William A. Bradfield	18	18	18	0	C/1972 E1	C/2004 F4
Gordon J. Garradd	17	16	0	17	C/2006 L1	C/2010 H1
Edward E. Barnard	16	13	15	1	C/1881 S1	P/1892 T1
Brian A. Skiff	16	11	0	16	D/1977 C1	C/2007 H2
Jean Mueller	15	14	0	15	P/1987 U2	P/1998 U2
Malcolm Hartley	13	4	0	13	P/1982 C1	C/1999 T1
Antonin Mrkos	13	8	11	2	C/1947 Y1	P/1991 F1
Lewis Swift	13	8	13	0	P/1862 O1	C/1899 E1
Michel Giacobini	12	10	12	0	P/1896 R2	P/1907 L1
Eleanor F. Helin	12	2	0	12	C/1977 H1	P/1993 K2
Minoru Honda	12	5	12	0	C/1940 S1	C/1968 Q2
Charles Messier	12	11	12	0	C/1760 B1	C/1798 G1
Kenneth S. Russell	12	5	0	12	P/1979 M2	C/1996 P2
Wilhelm L. Tempel	12	10	12	0	C/1859 G1	C/1877 T1
Donald E. Machholz	11	9	11	0	C/1978 R3	C/2010 F4
Leslie C. Peltier	10	3	10	0	C/1925 V1	C/1954 M2
James V. Scotti	10	10	0	10	P/2000 Y3	P/2013 A3
August Winnecke	10	6	10	0	C/1854 Y1	C/1877 G1

Kometenwissen heute

Kometen sind Kleinkörper des Sonnensystems. Derzeit sind etwa 5000 einzelne Kometen bekannt. Jedoch werden in den von wenig Sonnenlicht beschienenen äußeren Bereichen des Sonnensystems bis zu eine Billion Kometen vermutet. Sie sind jedoch zu weit von der Erde entfernt, um direkt beobachtet werden zu können. Kometen werden heute meistens erst dann entdeckt, wenn sie in das innere Sonnensystem innerhalb der Jupiterbahn eintreten.

Bahnen

Die Kometen umkreisen wie alle anderen Körper den gemeinsamen Schwerpunkt des Sonnensystems innerhalb der Sonne auf Keplerbahnen. Die Bahnen sind in der Regel stark elliptisch. In Sonnennähe sind die Kometen gemäß dem zweiten Keplerschen Gesetz am schnellsten. Auch Hyperbel-Bahnen sind möglich, sie

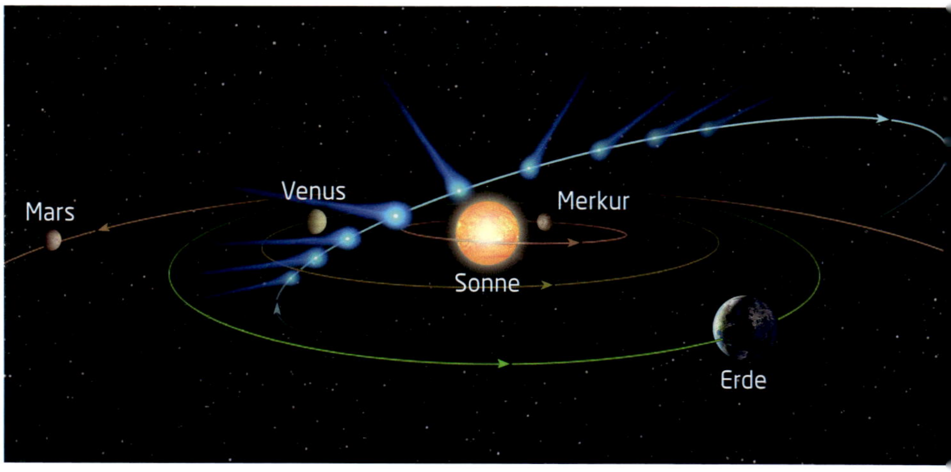

Nähert sich ein Komet der Sonne an, entwickelt sich sein Schweif. Dieser zeigt in Gegenrichtung der Sonne.

Nomenklatur der Kometenbezeichnungen

In der modernen, international anerkannten einheitlichen Nomenklatur besitzt jeder Komet unabhängig von seinem populären Eigennamen einen Zahlencode, der ihn eindeutig identifiziert. Dieser Zahlencode wird nach einem festen Schema vergeben. Er besteht aus einem Buchstaben als Präfix, einer Jahreszahl sowie einer Buchstaben-Zahlen-Kombination bei langperiodischen Kometen (Umlaufszeit > 200 Jahre) sowie dem Präfix und einem Namen bei kurzperiodischen Kometen.
Das Präfix bezeichnet den Status des Kometen: P steht für kurzperiodische Kometen, C für langperiodische Kometen, D bezeichnet verschollene oder zerstörte Objekte, beim Präfix X ist die Bahn unbestimmt, während A Kleinplaneten, also nicht ausgasende Kleinkörper bezeichnet. Für letztere gilt eine eigene Nomenklatur.
Kurzperiodische Kometen erhalten nach dem zweiten beobachteten Umlauf den Namen des Entdeckers bzw. ersten Bahnberechners sowie eine Nummer in der Reihenfolge der Entdeckung in der Form Nr. P/Entdecker. Der Halleysche Komet heißt deshalb offiziell 1P/Halley.
Langperiodische Kometen folgen dem ausführlichen Code. Die Jahreszahl bezeichnet das Jahr der Entdeckung. Der folgende Buchstabe nennt den Halbmonat eines Jahres, in dem der Komet entdeckt wurde. A steht also für den Zeitraum vom 1. bis 15. Januar. Da I ausgelassen wird, bezeichnet Y den letzten Halbmonat zwischen dem 16. und 31. Dezember. Die folgende Zahl gibt schließlich an, an welcher Stelle der Komet nach der Reihenfolge der Entdeckungen im jeweiligen Halbmonat steht. Schließlich wird in Klammern nach dem Code noch der Entdecker des Kometen genannt.
Bevor diese moderne Nomenklatur ab 1995 eingeführt wurde, war ein anderes System gültig. Nach der Entdeckung erhielt der Komet zunächst eine provisorische Bezeichnung, die sich aus dem Jahr der Entdeckung und einem kleinen Buchstaben nach der Reihenfolge der Entdeckung zusammensetzte. Wurden mehr als 26 Kometen pro Jahr gefunden, wurde die Buchstabenreihenfolge mit 1, 2 etc. ergänzt. Nach erfolgter Bahnberechnung bekam der Komet eine endgültige Bezeichnung, die aus dem Jahr des Perihels und einer römischen Ziffer in der Reihenfolge des Periheldurchgangs bestand.
Komet Bennett erhält nach diesen Systemen folgende Bezeichnungen:

- moderne Nomenklatur: C/1969 Y1 (Bennett)
  = langperiodischer Komet, entdeckt in der zweiten Dezemberhälfte 1969
- alte provisorische Bezeichnung: 1969i
  = entdeckt als 9. Komet im Jahr 1969
- alte endgültige Bezeichnung: 1970 II
  = 2. Komet mit Periheldurchgang im Jahr 1970

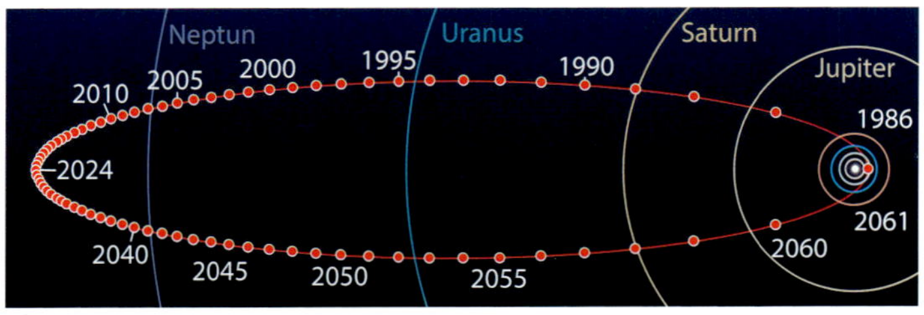

Der Orbit des Halleyschen Kometen als typisches Beispiel einer Kometenbahn.

führen aus dem Sonnensystem hinaus. Nur ca. 4% aller Kometen weisen eine solche Bahn auf, die wahrscheinlich durch gravitative Störungen des kleinen Kometenkörpers durch die massereicheren Planeten entstanden ist. Kometen aus anderen Sonnensystemen sind nicht nachweisbar.

Etwas weniger als 500 Kometen kehren innerhalb von 200 Jahren wieder. Sie werden als kurzperiodische Kometen bezeichnet. Die meisten von ihnen dürften ursprünglich aus dem äußeren Sonnensystem stammen, wurden jedoch durch die Schwerkraft der großen Planeten »eingefangen« und auf Bahnen mit kurzen Umlaufzeiten gezwungen. Sie haben meist schon viele Umläufe hinter sich. Das berühmteste Beispiel ist der Halleysche Komet, der eine Umlaufzeit von ca. 75 Jahren besitzt.

Je nachdem welcher Planet den Kometen einfing, haben sich sogenannte Kometenfamilien gebildet. Die Kometen einer solchen Familie besitzen eine ähnliche Entfernung, wenn sie am weitesten von der Sonne entfernt sind (Aphel). Die Halley- oder Neptunfamilie besitzt ca. 60 Kometen, die Jupiterfamilie sogar 400. Nur einige wenige Kometen haben Bahnen, die sie immer im inneren Sonnensystem halten. Die sogenannten Zentauren bewegen sich dagegen immer zwischen Jupiter und Neptun.

Langperiodische Kometen besitzen Umlaufzeiten von wenigstens 200 Jahren, meist jedoch deutlich mehr. Die Wahrscheinlichkeit ist dann groß, dass sie »frisch« aus dem äußeren Sonnensystem kommen und erst wenige Male die Reise zur Sonne angetreten haben. Kommen sie dieser sehr nahe, spricht man von Sonnenstreifern (engl. Sungrazer). Durch die Gezeitenwirkung der Sonne ist es möglich, dass sich ein Komet bei seinem Vorbeiflug an der Sonne teilt oder zerbricht. Manche Kometen stürzen auch direkt in die Sonne. In großen Zeitskalen gerechnet enden die meisten Kometen auf diese Weise, oder sie verlassen das Sonnensystem, brechen auseinander oder schlagen auf einem der Planeten auf.

Die langperiodischen Kometen stammen vermutlich aus der Oortschen Wolke, einem nicht direkt nachweisbaren Reservoir von Kleinkörpern am Rand des Sonnensystems, 10.000- bis 50.000-fach so weit von der Sonne entfernt wie die Erde. Die Auslenkung auf eine Bahn in das innere Sonnensystem wird durch gravitative Bahnstörungen verursacht. Dabei können auch außerhalb des Sonnensystems vorbeiziehende Sterne eine Rolle spielen. In der Oortschen Wolke werden mindestens eine Milliarde Kometen vermutet.

Daneben gibt es noch den Kuiper-Gürtel, der mit 30- bis 50-fachem Sonnenabstand im Vergleich der Erde sehr viel näher ist. Hier werden ca. 100 Millionen Kometen vermutet.

Kern

Die Kerne der Kometen sind verglichen mit anderen Körpern des Sonnensystems ziemlich klein. Sie reichen von 50m bis zu einigen

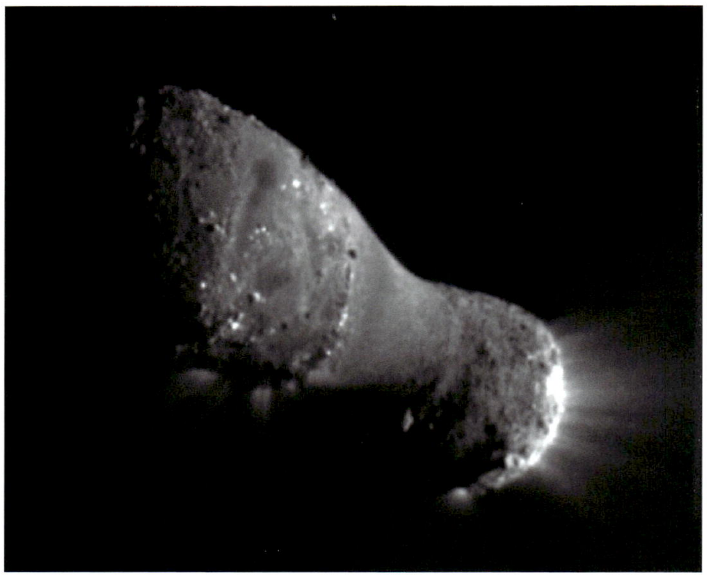

Der eigentliche Kern eines Kometen ist nur wenige Kilometer groß. Er besteht aus gefrorenem losen Material. Es verdampft unter Einwirkung der Sonnenstrahlung, der Komet gast aus. Dies geschieht nur an einigen Stellen der Oberfläche.

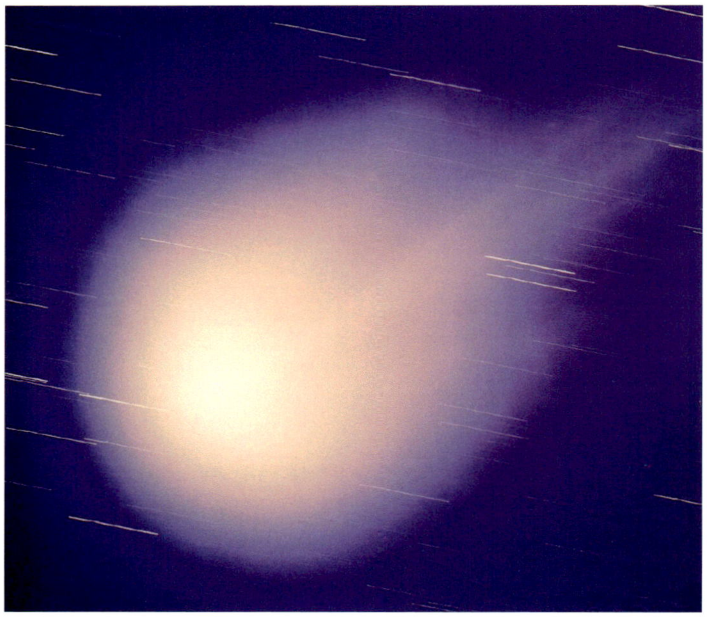

Die innere Hülle aus Staub und Gas um den Kern wird als Koma bezeichnet. Sie kann einige zehntausend Kilometer Durchmesser erreichen.

Dutzend Kilometern. Größen zwischen einem und fünf Kilometern kommen offenbar besonders oft vor. Es gibt aber auch größere Brocken: Komet Halley weist in etwa 15km × 8km × 8km auf. Er ist nicht rund, sondern kartoffelförmig – eine Eigenschaft, die auch viele andere Kometen besitzen. Die Masse typischer Kometen liegt zwischen einer Million und einer Milliarde Tonnen – nicht allzu viel im kosmischen Maßstab.

Es gibt mehrere Modelle, die die Zusammensetzung und den Aufbau eines Kometenkerns beschreiben. Dazu gehört das Eis-Konglomerat-Modell von Fred Whipple, das unter der Bezeichnung »schmutziger Schneeball« bekannt geworden ist. Andere Modelle sind das Aggregat-, Geröllhaufen- und Eis-Kleber-Modell. Heute geht man im Allgemeinen von einem höheren Staubanteil als Whipple aus. Der Staub wird durch das Eis zusammengehalten. Es wäre also richtiger, von einem »eisigen Schmutzball« zu sprechen.

Kometen sind dunkler als Asphalt, sie reflektieren nur ca. 3% des einfallenden Sonnenlichts. Sie besitzen gleichzeitig eine sehr geringe Dichte und sind leichter als Wasser. Zur Masse tragen vor allem Staubteilchen bei, deren Größe zwischen einem Mikrometer und einem Zentimeter beträgt. Es handelt sich vor allem um Silikate, aber auch Kohlenstoff-, Wasserstoff-, Stickstoff- und Sauerstoff-Verbindungen. Bemerkenswert ist das Vorkommen langkettiger Moleküle dieser Stoffe, die in der Chemie als organisch bezeichnet werden; so konnte in Kometen z. B. Glycin (Aminoessigsäure, $C_2H_5NO_2$) nachgewiesen werden. Solche Moleküle sind die Bausteine des Lebens auf Wasserstoff-Kohlenstoffbasis, so wie wir es kennen. Da »frische« Kometen aus der Oortschen Wolke nahezu unverfälschte, weil von chemischen und geologischen Prozessen weitgehend unbeeinträchtigte, aber gleichzeitig sehr alte Körper darstellen, geht man davon aus, dass bereits die Urmaterie des Sonnensystems diese Aminosäuren enthielt. Möglicherweise haben erst Kometen diese Verbindungen auf die Erde gebracht und so die Entstehung von Leben auf unserem Planeten ermöglicht.

Die den Staub zusammenhaltende Eiskomponente besteht zu 80% aus Wassereis, 15% trägt Kohlenmonoxid bei, 4% Kohlendioxid. Daneben kommen Methan, Ammoniak und Stickstoff in Eisform vor.

Koma

In großer Sonnenentfernung ist die Kometenmaterie fest gefroren. Der Komet ist inaktiv, er besteht nur aus seinem Kern und unterscheidet sich damit nur wenig von einem Kleinplaneten.

Den Unterschied bringt die Annäherung an die Sonne: Einzelne Eiskomponenten beginnen unter der zunehmenden Sonneneinstrahlung zu verdampfen (sublimieren). Es entwickelt sich eine Gashülle um den Kometenkern, die sogenannte Koma (von lat. coma, »Haar«). Ab einer Sonnenentfernung von 11 Astronomischen Einheiten (1,6 Milliarden Kilometer) beginnen Cyanide zu sublimieren. Bei 6,5 Astronomischen Einheiten kommen Kohlenmonoxid, ab 6-facher Sonnenentfernung Ammoniak dazu. OH-Radikale,

Der Schweif eines Kometen kann viele Millionen Kilometer messen. Er besteht aus Gasmolekülen (hier blau) und Staubteilchen, die sich vom Kernbereich des Kometen entfernen. *Gerald Rhemann*

Das 2. Keplersche Gesetz

Die Verbindungslinie zwischen einem Planeten und der Sonne überstreicht in der gleichen Zeit gleich große Flächen – diese fundamentale Aussage gilt auch für alle anderen Körper des Sonnensystems. Sie lässt sich besonders gut bei der Annäherung eines Kometen an die Sonne nachvollziehen: Je näher der Komet der Sonne kommt, umso schneller wird seine Bewegung. Die Geschwindigkeit gipfelt zum Zeitpunkt der größten Sonnennähe, dem Perihel. Entfernt sich der Komet wieder von der Sonne, nimmt auch seine Geschwindigkeit ab. Sie ist also proportional zu seiner Entfernung von der Sonne.

Die »Zutaten« für einen großen Kometen

Jedes Jahr kommen einige Dutzend Kometen in Sonnen- und Erdnähe. Die meisten von ihnen bleiben jedoch Objekte für Amateur- und Profiastronomen, die nur mit Teleskopen zugänglich sind. Etwa im Jahresabstand ist ein Komet zu sehen, der mit einem Fernglas beobachtet werden kann. Für das bloße Auge gelangt nur alle zwei bis drei Jahre ein Komet in Reichweite. Helle Kometen, die auf Anhieb am Nachthimmel zu erkennen sind, sind dagegen höchstens einmal im Jahrzehnt zu sehen.
Es müssen sich einige Umstände glücklich verbinden, damit es zu einer großen Kometen-Erscheinung kommt:

- Die Bahn sollte sowohl eine kleine Erdnähe als auch eine kleine Sonnennähe beschreiben. Meistens tritt jedoch nur eines von beidem ein.
- Günstig ist es, wenn der Komet nahe dem Perihel unter dunklem Himmel zu sehen ist – da er dann aber auch in der Nähe der Sonne steht, ist der Komet meist in der Dämmerung zu finden.
- Eine lang anhaltende Sichtbarkeit erhöht die Aufmerksamkeit erheblich – oft ist die Phase der größten Brillanz jedoch nur wenige Wochen oder sogar Tage lang. Besonders bequem ist es dabei, wenn der Komet abends zu beobachten ist – manchen hellen Kometen haben nur vereinzelte Frühaufsteher zu Gesicht bekommen.
- Wenn der Komet selbst einen großen Kern aufweist und viel frisches Material mitbringt, ist eine hohe Helligkeit zu erwarten. Eine starke Staubproduktion – diese ist von Komet zu Komet unterschiedlich – lässt vor allem den Staubschweif hervortreten, der am meisten zur Helligkeit beiträgt. Diese kann auch ein Ausbruch des Kometen, also die plötzliche vermehrte Freisetzung von Material, stark ansteigen lassen.
- Die Entdeckung des Kometen muss mit ausreichender Frist vor dessen hellster Phase erfolgen. Vor allem im Zeitalter vor dem Internet konnte sich sonst kaum die Kunde von der Erscheinung am Himmel rechtzeitig verbreiten. Der Entdeckungszeitpunkt bestimmt auch die mediale Aufmerksamkeit, die jedoch auch noch von anderen Faktoren abhängig ist – ob etwa ein Komet ins »Sommerloch« fällt oder zu Weihnachten erwartet wird. Nicht zuletzt spielt das Wetter eine große Rolle.

Die Menschen selbst haben jedoch eine der wesentlichsten Zutaten für eine beeindruckende Kometen-Erscheinung weitgehend zerstört: einen dunklen Nachthimmel. So mag auch der größte Komet heute vielen Menschen entgehen, weil er von der Lichtverschmutzung der Städte verschluckt wird. Fred Whipple bemerkte dazu: »Ich bin mir nicht sicher, ob es jemals einen Kometen gab, der hell genug war um von New York Downtown spektakulär auszusehen.«

molekularer Kohlenstoff (C_2) und Methanol (CH_3OH) sind bei 5 Astronomischen Einheiten volatil, bei 3 Astronomischen Einheiten dann auch der Löwenanteil des Wassereises. Zusammen ergeben die sublimierten Bestandteile eine Gashülle von 10.000 bis 100.000 Kilometern Durchmesser, in einigen Fällen auch deutlich darüber. Eine Hülle aus Wasserstoff kann bis zu 100 Millionen Kilometer Durchmesser erreichen.

Der Anteil des flüchtigen Materials ist von Komet zu Komet unterschiedlich und hängt auch entscheidend von der Umlaufzeit des Kometen und der Struktur seiner Kruste ab. Deren Beschaffenheit hat auch Einfluss auf die Freisetzung des Staubes. Die Staubteilchen werden bei der Sublimation des Eises mitgerissen und freigesetzt. Dies geschieht jedoch wahrscheinlich nur auf eng begrenzten, der Sonne zugewandten Stellen, die einen Bruchteil der Oberfläche ausmachen. Dort bilden sich Fontänen aus Eis und Staub, die als Jets bezeichnet werden. Durch die Rotation des Kometenkerns wirbeln sie wie Rasensprenger um den Kern und verteilen den Staub in der Koma.

Die Sublimation der Eisanteile kühlt den Kometen. Gleichzeitig wird das Gas in der äußeren Koma durch den Sonnenwind, den Strom geladener Teilchen von der Sonne, und ihren Strahlungsdruck weggetrieben.

Schweif

Das charakteristische Merkmal eines Kometen ist sein Schweif. Er bildet sich erst mit dem Eintritt des Kometen in das innere Sonnensystem innerhalb der Marsbahn.

Nach ihrem Spektrum unterscheidet man zwei Schweiftypen: Der erste Typ besteht aus Molekülen, die vom Sonnenwind aus der Koma weggetragen werden. Er wird deshalb auch Plasma- oder Gasschweif genannt. Er ist meistens langgestreckt und schmal und immer direkt von der Sonne weggerichtet. Seine Länge kann bis zu 100 Millionen Kilometern erreichen, das entspricht zwei Dritteln der Entfernung der Sonne von der Erde. Durch die Interaktion mit dem Sonnenwind bildet der Gasschweif das solare Magnetfeld ab. Dabei

Die Helligkeit von Kometen

Die Gesamthelligkeit eines Kometen gibt Aufschluss darüber, wie gut er zu sehen ist. Dabei muss man jedoch zwischen einem dunklen Nachthimmel (ohne Lichtverschmutzung) und den verschiedenen Phasen der Dämmerung unterscheiden:

- $< -8^m$: der Komet ist deutlich am Taghimmel zu sehen. Solche Helligkeitswerte sind auch nur in der Nähe der Sonne möglich.
- -8^m bis -4^m: mit Kenntnis der Position ist der Komet auch am Taghimmel zu sehen, wenn man die Sonne abdeckt. Der Komet ist in der Dämmerung sehr auffällig, am Nachthimmel überwältigend.
- -4^m bis 0^m: der Komet erscheint erst in der dunklen Dämmerung klar mit bloßem Auge. Am Nachthimmel ist der Anblick sehr auffällig.
- 0^m bis 2^m: in der Dämmerung ist der Komet schwierig zu sehen. Am Nachthimmel erscheint er leicht mit bloßem Auge.
- 2^m bis 4^m: der Komet ist in der Dämmerung nicht sichtbar. Am Nachthimmel kann er mit dem bloßen Auge erkannt werden, wenn man die Position kennt.
- 4^m bis 6^m: am Nachthimmel schaffen es nur geübte Beobachter an dunklen Standorten, den Kometen ohne optische Hilfsmittel zu sehen. Im Fernglas erscheint der Komet aber deutlich.
- 6^m bis 8^m: der Komet ist nicht mit bloßem Auge zu sehen. Im Fernglas erscheint er schwach.
- 8^m bis 10^m: Kometen dieser Größenklassen sind nur mit einem kleinen Amateurteleskop zu sehen.
- 10^m bis 12^m: für diese Kometen ist ein großes Amateurteleskop erforderlich.
- $> 12^m$: diese Kometen sind meist nur fotografisch nachweisbar.

Die scheinbare Größe von Kometen

Schwächere Kometen erscheinen mit bloßem Auge meist sternförmig oder wie ein unscharfer Stern. Die Schweiflänge sollte mindestens 1° betragen, um für das bloße Auge gut erkennbar zu sein. Kürzere Schweife sowie die Koma sind üblicherweise nur im Fernglas und Teleskop zu sehen. Der mit diesen Instrumenten sichtbare sternförmige oder sehr kleine Kern ist nicht der eigentliche Kometenkern, sondern der innerste Bereich der Koma. Er wird als Pseudokern (engl. »false nucleus«) bezeichnet. In historischen Berichten wird er jedoch dennoch meist als Kern bezeichnet. Den ersten Blick auf den tatsächlichen Kometenkern ermöglichte erst die Raumsonde Giotto, die 1986 den Halleyschen Kometen passierte.

kann es durch Dichteschwankungen des Feldes oder wechselnde Polarität zu Schweifabrissen kommen: Der vom Kometen weggetriebene Molekülstrom wird unterbrochen, um sich kurz darauf neu auszubilden.

Der zweite Typ von Schweifen besteht aus mikroskopischen Staubteilchen. Sie werden vom Strahlungsdruck der Sonne aus der inneren Koma nach außen getrieben. Dabei spielt die Masse der Teilchen eine Rolle, es kommt zu einer Sortierung, bei der massearme Teilchen eine andere Bahn einschlagen als massereiche. Sie bleiben deshalb gegenüber dem Gasschweif in unterschiedlicher Weise zurück. Dies ist einer der Gründe für die Entstehung der typischen gekrümmten Form der Staubschweife, die somit nicht genau die Gegenrichtung zur Sonne anzeigen.

Staubschweife bilden sich nur bei ausreichender Staubemission aus. Das ist oft nur bei größeren Kometen oder ab dem Perihel der Fall. Wird sehr viel Staub auf einmal freigesetzt, können sich im Schweif Strahlen bilden, die Synchronen genannt werden. Kehren solche Ereignisse wieder, z. B. durch die Rotation des Kometenkerns, bilden sich mehrere solche Strahlen, sogenannte Striae. Auch der Staubschweif kann bis zu 100 Millionen Kilometer lang werden.

Als Gegenschweif bezeichnet man einen scheinbaren dritten Schweiftyp, der entgegen den beiden klassischen Typen auf die Sonne zu und nicht von ihr weggerichtet ist. Es handelt sich jedoch um einen perspektivischen Effekt, der entsteht wenn die Erde in der Kometenbahnebene steht und der Schweif sich scheinbar in die falsche Richtung krümmt.

Die größeren Staubteilchen aus dem Kometenschweif verteilen sich mit der Zeit entlang der Bahn des Kometenkerns (»dust trails«). Kreuzt die Erde eine solche Bahn, ziehen vermehrt Sternschnuppen über den Nachthimmel. Die meisten der jährlich wiederkehrenden Meteorströme konnten bestimmten Kometen zugeordnet werden. Vereinzelt erreicht dabei auch Kometenmaterial in Form von Meteoriten den Erdboden. Es gibt Vermutungen, dass durch diesen Eintrag kometarischen Materials die Grundbausteine des Lebens in Form von kohlenstoffbasierten Makromolekülen erst auf die Erde gelangten

Große Kometen der Antike

Seit Urzeiten werden helle Kometen-Erscheinungen die Menschen beeindruckt haben. Doch lassen sich genauere Rückschlüsse auf einzelne Kometen oder sogar ihre Bahn erst mit detaillierteren schriftlichen Aufzeichnungen ziehen, die seit etwa 500 v. Chr. überliefert sind. Die vollständigsten Kometenberichte stammen aus China, während Berichte aus Europa nur unvollständig einzelne Erscheinungen herausgreifen. Chinesische Astronomen gaben auch Nachricht über die älteste heute nachweisbare Kometen-Erscheinung aus dem Jahr 613 v. Chr. Gut nachvollziehbare Marken setzte der Halleysche Komet, der in den Jahren 240, 164, 87 und 12 v. Chr. beobachtet wurde. Nach der Zeitenwende trat er 66, 141, 218, 295, 374 und 451 n. Chr. auf.

Einer der ältesten in Europa dokumentierten Kometen ist der von Aristoteles im Winter 372/371 v. Chr. beobachtete Große Komet. Der griechische Denker sah ihn in seiner Kindheit, in seinem Werk »Meteorologica« schrieb er später: »sein Licht reichte als großes Band über ein Drittel des Himmels«. Aristoteles brachte den Kometen mit einem Erdbeben und der dadurch ausgelösten Flutwelle in Verbindung – ein frühes Beispiel für die bis in die Neuzeit vorherrschende Interpretation von Kometen als Unheilbringer. Nach Diodorus meinten Augenzeugen, der Komet habe Schatten wie der Mond geworfen. Einige Chronisten berichteten, der Komet sei schließlich »in zwei Planeten zerfallen«. Nach modernen Analysen handelte es sich möglicherweise um einen Sonnenstreifer, der durch die nahe Passage an der Sonne zerbrach. Demnach könnte der Komet von 372 v. Chr. der Mutterkörper der Großen Kometen von 1680 und 1843 gewesen sein.

Ins Jahr 240 v. Chr. datieren die ersten belegten Sichtungen des Kometen Halley aus China und dem Zweistromland. Bei seiner Wiederkehr 164 v. Chr. wurde das Erscheinen des Kometen auf babylonischen Keilschrifttafeln dokumentiert. Berühmt geworden ist der Komet von 135 v. Chr., der zur Geburt des pontischen Königs Mithriades VI. erschien. Er war für etwa 70 Tage sichtbar, Seneca beschrieb ihn nach Augenzeugenberichten als »so ausgedehnt wie die Milchstraße«. Mithriades ließ später Münzen mit Kometenmotiv prägen – ebenfalls eine Tradition, die sich bis in die Neuzeit erhalten hat. Der Schweifstern wurde wegen seines Aussehens mit einer Pferdemähne verglichen und auch »Pferdekomet« genannt.

In die Geschichte eingegangen ist auch der Komet, der nach dem Tod Julius Caesars im Jahr 44 v. Chr. erschien. Der als »Julium Sidus« bezeichnete Schweifstern tauchte während der elftägigen Spiele der Venus Genetrix auf. Die Göttin symbolisierte die Mutter des römischen Volkes und war die Patronin der Julier-Familie, Caesar hatte die Spiele 46 v. Chr. selbst ins Leben gerufen. Viele Zeitgenossen sahen in dem Kometen ein Fanal für den Mord an Caesar und glaubten, er repräsentiere seine Seele, die an den Himmel aufsteige. Shakespeare verlegte in seinem Drama den Auftritt des Kometen vor den Tod Caesars und deutete sein Erscheinen so als Ankündigung seines Todes um. Auch in China wurde der Komet gesehen, die Annalen berichten von bis zu 15° Schweiflänge. Allerdings weisen die chinesischen Beobachtungen zeitliche Diskrepanzen zu den Ereignissen in Rom auf.

Der Auftritt des Halleyschen Kometen 12 v. Chr. galt als Ankündigung des Todes des römischen Feldherrn Marcus Agrippa. In China wurde er über 56 Tage verfolgt. Dem dortigen Kaiser war er Anlass zu »großer Sorge«, denn er sah den Kometen als Vorzeichen eines Angriffs und mahnte seine Beamten zur Wachsamkeit.

Die hellsten Kometen des 1. Jahrhunderts nach Christus sind allesamt als Vorzeichen von Tod und Terror berühmt geworden. Im Juni/Juli 54 stand ein heller Komet nach chinesischen Chronisten etwa einen Monat lang am Himmel. Er galt als Todeszeichen für den römischen Kaiser Claudius, der im Oktober desselben Jahres von Neros Mutter Agrippina mit Pilzen vergiftet wurde.

Noch mehr Berühmtheit erlangte Neros Komet 65 n. Chr. Er war nach Seneca sechs Monate lang in Rom zu sehen, die chinesischen Astronomen verzeichneten ihn an 135 Tagen. In diese Zeit fiel einer der Gewaltexzesse unter dem nunmehrigen Kaiser Nero, der das Ende seiner Herrschaft fürchtete und Teile der römischen Oberklasse umbringen ließ oder in die Verbannung sandte. Tacitus schrieb in seinen Annalen: »Ein Komet erschien, wofür Nero als Sühneopfer immer das Blut eines hervorragenden Mannes zu vergießen pflegte«. Auch die Ermordung seiner Frau Octavia um 62 und der von Nero befohlene Selbstmord Senecas 65 wird mit dem Kometen in Verbindung gebracht – jedoch war womöglich eine zweite Kometen-Erscheinung im Spiel. Seneca bezeichnete die Kometen als »feindliche Fackeln« in seinem Drama über Octavias Verstoßung, er wandte sich jedoch gegen die astrologische Interpretation. Der Legende nach wurde der Schweifstern von Aristoteles und Theophrastus vorhergesagt.

Halleys Auftritt folgte nur ein Jahr später. Er wird mit der Zerstörung Jerusalems durch die Römer in Verbindung gebracht. Der römisch-jüdische Historiker Flavius Josephus beschrieb den Kometen als »Stern ähnlich eines Schwertes«, der drohend über Jerusalem stand. Womöglich ist aber auch eine andere Kometen-Erscheinung der Jahre 70/71 gemeint. 79 n. Chr. trat ein weiterer Komet auf den Plan, der als negatives Zeichen für Kaiser Vespasian gedeutet wurde. Der Überlieferung nach meinte dieser jedoch gewitzt, das haarige Antlitz des Gestirns würde wohl eher zu den persischen Herrschern passen als zu seinem Glatzkopf. Dennoch starb Vespasian im Juni desselben Jahres.

Halleys Erscheinung von 218 n. Chr. wurde von Zeitgenossen als Zeichen des Aufstandes gegen Kaiser Opellius Macrinus gesehen. Der »Komet verursachte schreckliche Aufregung« und war im Mai/Juni für 40 Tage sichtbar. 374 n. Chr. fand die zweitgrößte Erdnähe

Große Kometen seit Christi Geburt. An erster Stelle ist der Stern von Bethlehem abgebildet. Aus dem »Theatrum Cometicum« von *Stanislaus Lubinietzky.*

Der Stern von Bethlehem

Generationen von Theologen und Astronomen haben die berühmten Passagen im zweiten Kapitel des Matthäusevangeliums zu deuten versucht, die von den heiligen drei Königen und der Geburt Jesu handeln. Dort heißt es: »Da Jesus geboren war zu Bethlehem im jüdischen Lande zur Zeit des Königs Herodes, siehe, da kamen Weise vom Morgenland nach Jerusalem und fragten: Wo ist der neugeborene König der Juden? Wir haben seinen Stern gesehen im Morgenland und sind gekommen, ihn anzubeten.« (Matthäus 2,1-2) Nach der Auskunft Herodes' reisten die drei Weisen nach Bethlehem: »Als sie nun den König gehört hatten, zogen sie hin. Und siehe, der Stern, den sie im Morgenland gesehen hatten, ging vor ihnen hin, bis dass er kam und stand oben über, wo das Kindlein war.« (Matthäus 2,9)

Schon 200 Jahre nach diesen Ereignissen wurde ein Komet als infrage kommendes Gestirn genannt. Nach heutigen Erkenntnissen ist der Stern von Bethlehem jedoch wahrscheinlich kein Komet gewesen – was nicht nur deshalb glaubwürdig erscheint, da Kometen damals weithin als Anzeichen drohenden Unheils galten. Johannes Kepler wies im 17. Jahrhundert darauf hin, dass eine dreifache Begegnung der Planeten Jupiter und Saturn im Jahr 7 v. Chr. wahrscheinlicher als Stern von Bethlehem interpretiert werden dürfte. Womöglich handelte es sich aber auch um eine andere enge Planetenbegegnung, bei denen die Planeten dem bloßen Auge als ein »Stern« erschienen, oder eine Nova- oder Supernova-Erscheinung. Seriös lässt sich das aus heutiger Sicht nicht mehr festlegen, mit gewisser Wahrscheinlichkeit handelt es sich auch nicht um ein tatsächliches astronomisches Ereignis, sondern um eine von dem Evangelisten nachträglich eingebaute Legende.

Die zeitlich am nächsten liegende helle Kometen-Erscheinung war der Auftritt des Halleyschen Kometen 12 v. Chr. Jedoch liegt dessen Sichtbarkeit für den heute anerkannten Geburtszeitpunkt von Jesus, der zwischen 7 und 4 v. Chr. angenommen wird, zu früh. Außerdem wurde der Komet nach chinesischen Quellen während des Spätsommers und Herbstes vom 26. August bis 20. Oktober beobachtet, was nicht mit dem überlieferten Geburtsdatum zu Weihnachten übereinstimmt. Ein anderer Komet als Stern von Bethlehem ist unwahrscheinlich, da von den sonst genau beobachtenden chinesischen Astronomen keine Aufzeichnungen vorliegen.

Im Mittelalter und der frühen Neuzeit wurde die vielfach in der Kunst abgebildete Szene der drei Könige mit dem Jesuskind nur in einigen Fällen mit einem Kometen illustriert. Die negative astrologische Konnotation machte eine solche Verbindung unmöglich. Erst nach Überwindung der Kometenangst wurde vermehrt ein Kometenmotiv in die Darstellungen der Anbetungsszene eingeführt. Die vor allem heute beliebte Abbildung des Sterns von Bethlehem als Komet ist daher eher als symbolische Parallele zu sehen.

von Halley in historischer Zeit statt, der Abstand betrug nur 13 Millionen Kilometer. Dennoch sind von dieser Wiederkehr keine europäischen Beobachtungen und auch nur wenige Aufzeichnungen aus China bekannt. Im Jahr 390 n. Chr. stand ein großer Komet am Himmel, dem ebenfalls eine sehr geringe Erdnähe von etwa 14 Millionen Kilometern zugeschrieben wird. Chinesische Quellen berichteten von Schweiflängen bis 100°. Der griechische Historiker Philostorgios beschrieb ihn als »kaum schwächer als Venus« und verglich seine Form mit der eines Schwerts. Dem römischen Historiker Ammianus Marcellinus nach hatte er die Form einer Säule und schien für 30 Tage.

Ein weiterer schwertförmiger Komet sorgte im Jahr 400 für Aufsehen, er erschien »größer als jeder zuvor gesehene«, seine Erdnähe betrug möglicherweise nur 10 Millionen Kilometer. 442 wurde ein heller Komet an über 100 Tagen verfolgt. Sein Perihel lag außerhalb der Erdbahn, er konnte deshalb am Nachthimmel in Opposition zur Sonne gesehen werden. Halleys Komet stand bei seiner Wiederkehr 451 deutlich sichtbar am Morgenhimmel, als an den Katalaunischen Feldern teilweise nachts die große Schlacht stattfand, bei der Attila von den Römern Einhalt geboten wurde. Im Jahr 467 erschien nach dem byzantinischen Chronisten Theophanes ein Komet »in der Form einer Trompete« für 40 Tage und beendete den Reigen der großen Kometen der Antike.

Große Kometen des Mittelalters

Während des Mittelalters gaben die Erscheinungen von Komet Halley den Takt vor: In den Jahren 530, 607, 684, 760, 837, 912, 989, 1066, 1145, 1222, 1301, 1378 und 1456 stand er am Himmel. Viele seiner Auftritte waren sehr hell und wurden in Europa und Asien stark beachtet.

Der Wiederkehr von 530 im Spätsommer ging ein großer Meteorschauer am 9. April desselben Jahres voraus, als die Erde durch die Kometenbahn ging. Es kam so zu einem Ausbruch des Meteorstroms der Eta-Aquariden, die jedes Jahr im April und Mai zu beobachten sind. Die Halley-Erscheinung von 684 wurde in der Schedelschen Weltchronik für »große Regen und Donnerschläge« mit Verletzten und Toten in Italien und Rom verantwortlich gemacht. In China wurde der Komet für 33 Tage gesehen. Neben den chinesischen sind auch koreanische und japanische Beobachtungen überliefert.

Zu Ostern 837 kam Komet Halley in die größte Erdnähe in historischer Zeit. Er stand der Erde näher als 5 Millionen Kilometer, das entspricht der 13-fachen Monddistanz! Der Schweif war bei dieser Wiederkehr wohl über 120° lang, der Komet insgesamt ca. -4^m hell. Er wurde von März bis Mai beobachtet, dabei war der Schweif nacheinander in alle Himmelsrichtungen gerichtet. Der Sage nach deutete Ludwig der Fromme den Kometen als Zeichen der Umkehr zu Gott, obwohl sein Chronist Aginard ihm sagte: »Fürchte nicht die Zeichen des Himmels, denn sie erschrecken nur die Narren«. Nur ein Jahr später erschien im November und Dezember ein weiterer »schrecklicher« Komet, er »erstreckte sich über den gesamten Himmel«.

Im Jahr 905 tauchte ein sehr heller Komet ab dem 18. Mai am Taghimmel auf. Chronisten berichteten von »einem schrecklichen, großen und beeindruckenden Komet, der diejenigen erschreckte, die ihn sahen«. Er stand nach dem Perihel im Mai und Juni am Abendhimmel, sein Schweif erreichte bis 100° Länge. Halleys Wiederkehr von 1066 galt als Omen für die Eroberung Englands durch Wilhelm den Eroberer, der seinen Kontrahenten Harold in der Schlacht bei Hastings am 14. Oktober 1066 besiegte. Der Komet ist auf dem berühmten Teppich von Bayeux wiedergegeben, der die Ereignisse vor und nach der Schlacht darstellt. Der Komet war vom 3. bis 22. April am Morgenhimmel, vom 24. April bis 6. Juni am Abendhimmel sichtbar. Das Perihel hatte bereits am 21. März stattgefunden. Von verschiedenen Quellen wurde ein Ausbruch des Kometen um den 24./25. April berichtet – ein Ereignis, das später als typisch für den Halleyschen Kometen erkannt wurde. Bei der sehr nahen Erd-Passage am 24. April von nur 15 Millionen Kilometern dürfte der Komet eine Helligkeit zwischen -2^m und -4^m erreicht haben.

1106 tauchte am 4. oder 5. Februar ein Komet auf, der schon am Taghimmel zu sehen war. Er stand danach am Abendhimmel, sein Schweif erreichte bis 60° Länge. Vom 16. Februar berichteten europäische Chronisten, dass sich ein Meteor vom Kometen löste und auf die Erde stürzte. Von manchen Autoren wird dieser Komet als identisch mit Ikeya-Seki 1965 angesehen.

1145 stand Komet Halley zunächst am Morgenhimmel, nach der Sonnenkonjunktion Mitte Mai wechselte er an den Abendhimmel. Er wurde zwischen dem 15. April und 6. Juli beobachtet. Diese Wiederkehr zur Zeit der zweiten Kreuzfahrt ist wahrscheinlich im Eadwine-Psalmenbuch aus England abgebildet.

Bei Halleys nächster Wiederkehr 1222 wurde der Komet am 3. September von koreanischen Beobachtern kurz vor der Sonnenkonjunktion entdeckt. Nach ihrem Bericht war er am 9. September am Taghimmel sichtbar. Am Abendhimmel erreichte er bis zu 45° Schweiflänge und eine Helligkeit von ca. 1^m. Angeblich soll Dschingis-Khan beim Auftreten des Kometen im afghanischen Herat viele Menschen umbringen haben lassen, doch wahrscheinlich bezieht sich die Sage auf die Eroberung des weiter östlich liegenden Bamian im Jahr 1220, also deutlich vor dem Auftritt des Kometen.

Der Komet von 1264 gilt bis heute als eine der größten Kometen-Erscheinungen der Geschichte. Er wurde über vier Monate lang gesehen. Nach seiner Entdeckung am Abendhimmel nach dem Perihel erreichte der Schweif im Juli bis 100° Länge. Der französische Mönch Aegidius von Lessines bestimmte erstmals die Position eines Kometen, was die spätere Bahnbestimmung erlaubte. Von seinen Zeitgenossen wurde der Komet jedoch hauptsächlich astrologisch gedeutet.

Komet Halley stand im September 1301 wieder am Himmel. Sein Perihel folgte am 25. Oktober. Für Mitteleuropa war er ab dem 20. September zirkumpolar, dabei heller werdend. Seine Maximalhelligkeit erreichte der Komet mit ca. 1^m am 24. September. Petrus Lacepiera (Peter von Limoges) bestimmte die Position zwischen dem 30. September und 6. Oktober. Bekannt geworden ist diese Wiederkehr durch das berühmte Fresko von Giotto di Bondone in der Scrovegni-Kapelle in Padua, ausgeführt 1302 bis 1305, der ihn als Stern von Bethlehem abbildet. Der deutsche Gelehrte Konrad von Megenburg meinte zu seiner Bedeutung: »Der Komet bedeutet viel Streit und Verräterei und Untreue und den Tod etlicher großer Fürsten und allgemein viel Blutvergießen« (übersetzt nach Tamman/Veron). Gegenüber der großen Aufmerksamkeit zu Anfang des Jahrhunderts wurde Halley 1378 in Europa jedoch kaum beobachtet, obwohl er eine für die Beobachtung günstige nördliche Bahn durchlief. Möglicherweise war schlechtes Wetter der Grund für das Schweigen der Chronisten.

Großen Eindruck hinterließ hingegen der Große Komet von 1402, der von Juni bis September sichtbar war. Er war am Taghimmel für eine Woche zu sehen – bis heute der Rekordwert. Jacobus Angelus beschrieb in seinem »Tractatus de Cometis« den Schweif »in der

Form einer Pyramide«. Eine byzantinische Chronik sprach dagegen von einer Erscheinung, die »wie ein Speer« am Horizont wirkte.

Der Halleysche Komet tauchte schließlich 1456 wieder auf. Chinesische Astronomen entdeckten den Kometen schon am 27. Mai, womöglich war wieder ein Ausbruch die Ursache dafür. Wertvoll erwiesen sich die Positionsbestimmungen von Paolo Toscanelli, der zwischen dem 8. Juni und 8. Juli an fast jedem Tag eine Beobachtung vornahm. In Österreich konnten Georg Peuerbach in Wien und Thomas Ebendorfer in Haselbach einen Schweif von 10° Länge beobachten. Peuerbach versuchte außerdem, die Parallaxe des Kometen zu bestimmen und ermittelte als Entfernung mindestens 1000 deutsche Meilen. Die Anstrengungen Toscanellis und Peuerbachs – obwohl beide noch an die astrologische Deutung des Kometen glaubten – markierten den Beginn der wissenschaftlichen Erforschung von Kometen, und damit das Ende der rein staunend-mythischen Betrachtungsweise von Altertum und Mittelalter.

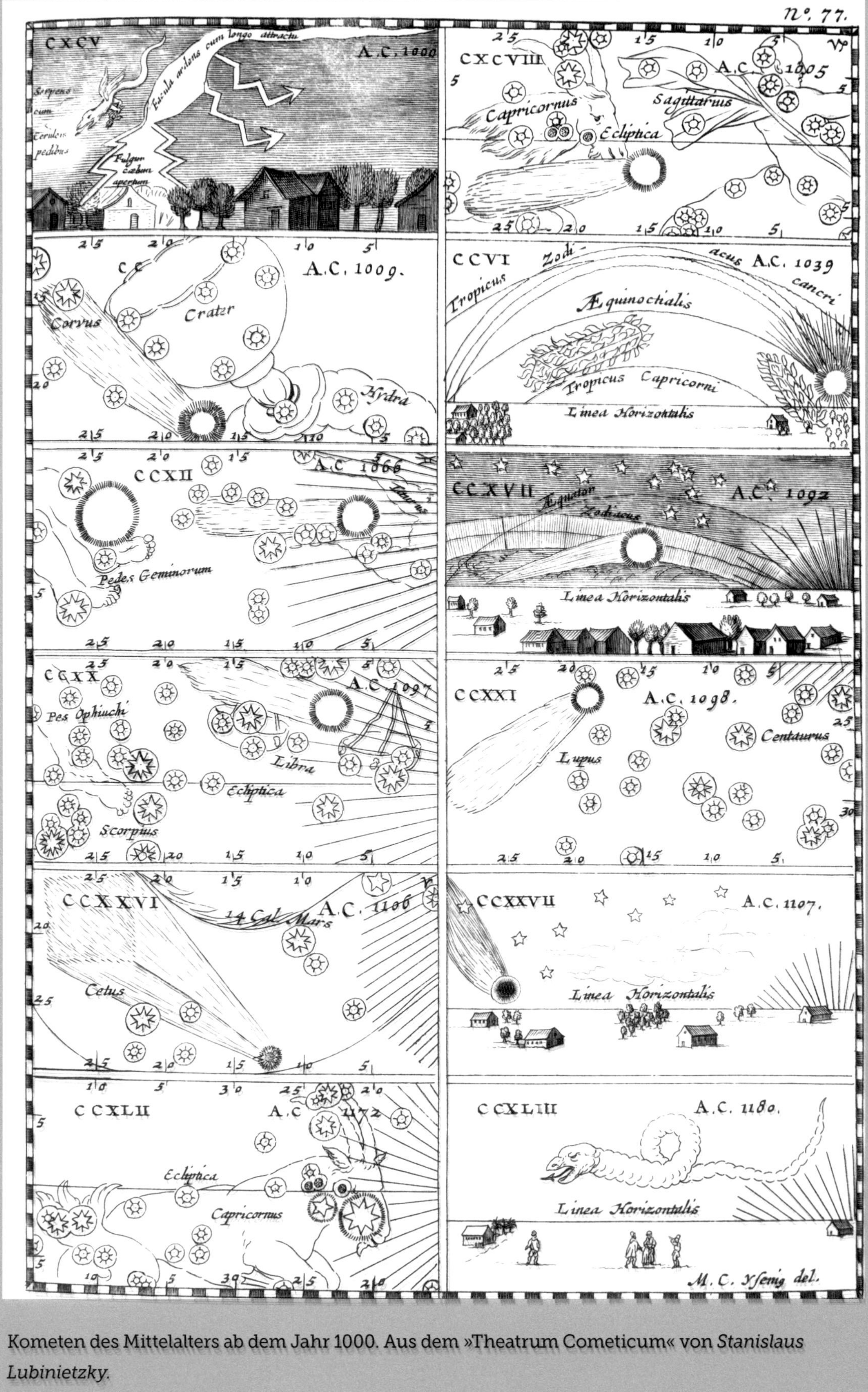

Kometen des Mittelalters ab dem Jahr 1000. Aus dem »Theatrum Cometicum« von *Stanislaus Lubinietzky*.

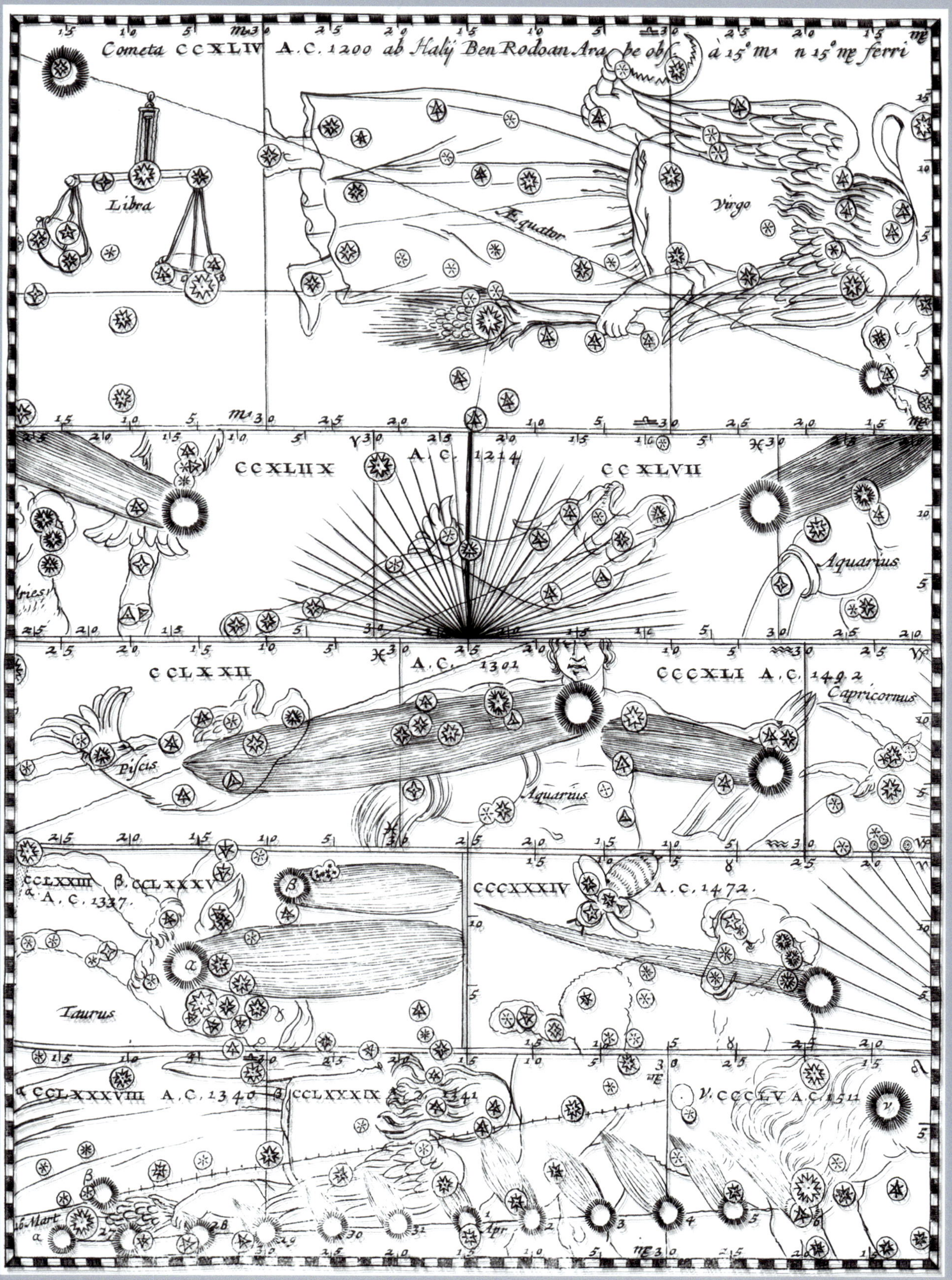

Kometen des Mittelalters ab dem Jahr 1200. Aus dem »Theatrum Cometicum« von *Stanislaus Lubinietzky.*

Große Kometen

Die 30 größten Kometen der Neuzeit

Großer Komet 1471

Kein heller Komet kam der Erde bis heute so nahe: Nur 10 Millionen Kilometer trennten die Menschen an der Wende vom Mittelalter zur Neuzeit im Januar 1472 von einem der hellsten jemals erschienenen Kometen. Doch noch war das alte Weltbild sicher verankert: Viele Astronomen glaubten fest an eine irdische Erscheinung »unterhalb des Mondes«.

Daten	
Nr.:	1
Bezeichnung:	C/1471 Y1
Alte Bezeichnung:	1471 I
Entdeckungsdatum:	25.12.1471
Entdecker:	unbekannt
Periheldatum:	1.3.1472
Periheldistanz:	0,4859AE
Erdnähe:	22.1.1472
Erdentfernung:	0,0696AE
Maximalhelligkeit:	-3^m
Maximale Schweiflänge:	50°
Länge des Perihels:	245,7°
Länge des aufsteigenden Knotens:	292,9°
Bahnneigung:	170,9°
Exzentrizität:	1,00000000

Bahn und Sichtbarkeit

C/1471 Y1 ist unter den hellen Kometen der Neuzeit einzigartig, denn seit 1132 kam kein heller Schweifstern der Erde so nahe. Am 23. Januar 1472 betrug der Abstand nur 10 Millionen Kilometer. Nach ihm erreichten nur der Große Komet von 1556 und Hyakutake 1996 vergleichbare Werte, keiner kam jedoch derart dicht an unseren Heimatplaneten heran.

Die Sichtbarkeitsperiode beschränkte sich auf die Zeit vor dem Perihel am 1. März 1472. Der Komet tauchte zuerst im Sternbild Jungfrau am Morgenhimmel Ende Dezember 1471 auf. Von dort aus wanderte er auf einer nördlich gerichteten Route in den Bärenhüter, an Arktur vorbei in das Sternbild Haar der Berenike.

Ende Januar 1472 erreichte der Komet den Großen Wagen und war für Mitteleuropa während der ganzen Nacht zu sehen. Am 22. passierte er den Himmelsnordpol in 15° Distanz. Am folgenden Tag fand die Erd-

Fridericus ipator ano.1496.religionis gratia media hieme roma veniens magnifice a pontifice susceptus donatusque e.ac cxxij.eqtes creat kal.ianuarij i ponte adriani. Inde tergestu oppidu quu rebellasset p duces subuertit diriptaque magna ciuium cede.

Aumethes turchoz ipator.400.naui classe iter qs triremiu.200.erat 7 eqtu.100.milia euboia adort9.chalcide 30.die expugnat subuertitque magna suoz cede Veeti ide classe nauiu.60.istada turchoz littora mittut.i ea triremes.60.20.onerarie fuerunt anno.1470.

Cometa magn9 p me ses ianuariu i pncipio aui M.cccclxxij circa festu.s.agnetis visus igneo colore rutilas crinib9 logis ni grisque qs in occidetale ferebat plaga.cui9 qde corp9 pmum circa libre pncipiu fuit postea se tatu i septetrione flexit.vt extra zodiacu migrasset pculdubio indicatum sit.durauitque dieb9.80.Veru no du isto d isto luto alter apparuit.cui erat coma ignita qi ari etis signo posita videbat 7 cauda in orietalem plaga porrigebat.que alij pricas.alij asco dicut Mortales grauit afficit seqnti eni ano siccitas i compabilis secuta e 7 pestiletie bellaque crueti ssima pluribus in locis euenere.

Cristiern9 rex

Cristiern9 rex dacie sue cie norwegie gothoru dux holsatie stormarie i oldeburg delmehorst comes vir qde rpiaissim9 7 mltis vtu tib9 ornat9 ano.1474.rom a soluedi voti gratia per vniuersam lombardi am 7 etias

EE iiij

Ausschnitt aus der Kleinen Schedelschen Weltchronik (lateinische Version) mit der Darstellung des Kometen von 1471. *J. Schönsperger* nähe statt. Der Komet bewegte sich zu diesem Zeitpunkt schneller als 1° pro Stunde und wechselte innerhalb von 24 Stunden von den Frühlings- zu den Herbststernbildern. Allerdings störte der Vollmond am 27. Januar den Anblick.

Ende Januar wandte sich der Komet wieder nach Süden. Er war nun ein Objekt des Abendhimmels und zog durch die Herbststernbilder. Dort verschwand er im Walfisch um die Zeit des Perihels. Bald darauf folgte die Passage der Sonne am 11. März. Nach dem Perihel sind keine Beobachtungen überliefert.

Entdeckung und Beobachtungen

Ob der Komet zuerst in China oder Europa gesehen worden ist, lässt sich nicht mehr mit Sicherheit sagen. Vereinzelte Sichtungen hat es wohl bereits um Weihnachten 1471 gegeben. Allgemein wurde der Komet jedoch erst in der zweiten Januarwoche 1472 gesehen.

Koreanische Astronomen gaben um diese Zeit eine Schweiflänge von 4° bis 5°. Sie nahm bis zur dritten Januarwoche schon dramatisch auf 30° zu. Der Kometenkopf leuchtete nach zeitgenössischen Berichten zu diesem Zeitpunkt bereits »so groß wie der Mond«!

Der italienische Gelehrte Paolo Toscanelli verfolgte den Kometen vom 8. bis 31. Januar 1472. Dabei bemerkte er die stark ansteigende und nach dem 23. wieder abfallende scheinbare Geschwindigkeit am Himmel. Johannes Müller, genannt Regiomontanus, beobachtete von Nürnberg aus ab dem 13. Januar bis Ende Februar. Er bemerkte, dass der Schweif immer in Richtung Zwillinge gerichtet gewesen sei – was tatsächlich in etwa der Richtung entgegengesetzt zur Sonne entsprach, die zu dieser Zeit im Schützen stand. Dieser Zusammenhang blieb ihm jedoch verborgen, Regiomontanus glaubte an eine tägliche Drehung des Schweifs, da der Komet für ihn kein Körper des Himmels war, sondern einen irdischen Ursprung hatte.

Am 20. Januar notierte Regiomontanus eine Schweiflänge von ca. 50°. Der Komet muss zu diesem Zeitpunkt einen grandiosen Anblick geboten haben. Chinesische Quellen behaupten sogar, dass er zur Erdnähe am Taghimmel sichtbar gewesen sei. Das ist jedoch eher unwahrscheinlich, bedenkt man, dass das Perihel erst einen Monat später folgte. Mit einer Helligkeit von ca. -3^m war C/1471 Y1 dennoch einer der hellsten Kometen, der jemals außerhalb der Dämmerungszonen beobachtet worden ist.

Hintergrund und Öffentlichkeit

Aufgrund der unsicheren Quellenlage ist es aus heutiger Sicht schwer einzuschätzen, wie hell der Große Komet von 1471 gewesen ist. Die meisten verlässlichen Beobachtungen deuten auf eine helle, jedoch nicht überhelle Erscheinung hin. Danach kann der Komet jedoch nicht am Taghimmel beobachtbar gewesen sein.

Eberhard Schleusinger aus Bamberg nahm den Großen Kometen zum Anlass, eine Entfernungsbestimmung durchzuführen. Er ging dabei von einem Erdumfang von 913 Meilen und einer Entfernung des Mondes vom 33-fachen dieses Wertes aus. Die Entfernung des Kometen bestimmte er aus seiner täglichen Wanderung in Relation zum Stern Spika. Den Wert von 6° rechnete er in 8200 Meilen um – was die aristotelische Ansicht bestätigte, Kometen seien keine Objekte der oberen feurigen Sphären, sondern gehörten zum sublunaren Einflussbereich der Erde. Regiomontanus, durch seine Ephemeridentafeln für Seefahrer berühmt geworden, übernahm Schleusingers Rechnung. Sie wurde nach seinem Tod veröffentlicht und deshalb in vielen Quellen fälschlicherweise ihm zugeschrieben.

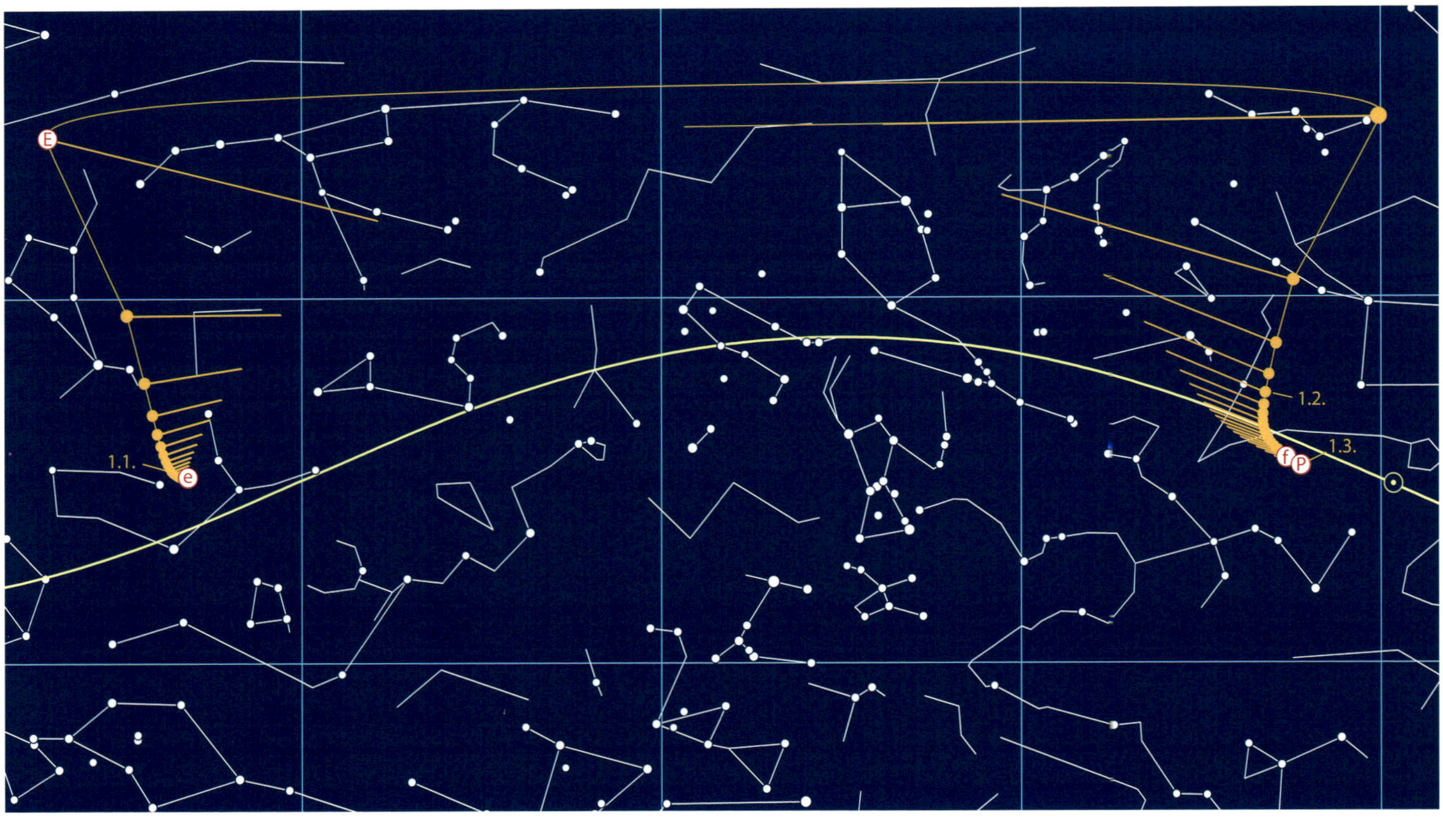

Halley 1531

Reformation und Buchdruck gestalteten Europa um, als der Halleysche Komet 1531 zu seinem ersten Auftritt in der Neuzeit antrat. Während protestantische Geistliche den Kometen als göttliches Zeichen an die Christenheit für die Umkehr zum neuen alten Glauben propagierten, beobachtete in Ingolstadt Peter Apian, dass der Schweif immer geradewegs von der Sonne weggerichtet war.

Daten	
Nr.:	2
Bezeichnung:	1P/1531 P1 Halley
Alte Bezeichnung:	01531 I
Entdeckungsdatum:	5.8.1531
Entdecker:	unbekannt
Periheldatum:	26.8.1531
Periheldistanz:	0,5812AE
Erdnähe:	14.8.1531
Erdentfernung:	0,4414AE
Maximalhelligkeit:	0^m
Maximale Schweiflänge:	15°
Länge des Perihels:	107,0°
Länge des aufsteigenden Knotens:	52,1°
Bahnneigung:	162,9°
Exzentrizität:	0,9674895

Bahn und Sichtbarkeit

Die Wiederkehr Halleys im Jahr 1531 war für Beobachter auf der Nordhemisphäre günstig. Der Komet zog zur Erdnähe nördlich an der Sonne vorbei und war damit für die Augen europäischer Betrachter gut positioniert. Dabei lag die Periode der besten Sichtbarkeit vor dem Perihel.

Ende Juli, als die ersten Sichtungen des Kometen eintrafen, stand er am Morgenhimmel östlich des Fuhrmanns. Seine Bahn führte ihn nach Norden durch ein Gebiet, das erst später zum Sternbild Luchs wurde, unter die Füße des Großen Bären. Am 8. August erreichte er dort seine größte nördliche Deklination. In Mitteleuropa war er damit zirkumpolar, konnte also die ganze Nacht über gesehen werden, wobei die beste Sichtbarkeit nach der Abend- und vor der Morgendämmerung herrschte.

Mitte August passierte der Komet die Sonne, am 16. wurde der Minimalabstand von 23° erreicht. Der Komet stand dabei nördlich des Sternbilds Löwe. Die Sichtbarkeit beschränkte sich nun auf den Abendhimmel. Dabei nahm der Abstand zur Sonne wieder bis auf 36° am 29. August zu. Kurz zuvor fand das Perihel statt.

Im September näherte sich der Komet der Sonne wieder. Er zog südwärts durch die Jungfrau, wo auch die letzten Sichtungen erfolgten.

Entdeckung und Beobachtungen

Der Komet wurde zuerst am 5. August in China gesichtet, als er zwischen den Sternbildern Fuhrmann und Zwillinge stand. Zu diesem Zeitpunkt besaß er bereits einen Schweif von ca. 2° Länge.

Der maßgebliche europäische Beobachter war Peter Apian, der den Kometen von Ingolstadt aus verfolgte. Er notierte die Positionen zwischen dem 13. und 23. August.

Am 13. August hatte sich der Schweif zu einer stattlichen Länge von über 13° entwickelt. Er war nach Norden gerichtet, so dass er in Mitteleuropa um Mitternacht über dem Nordhorizont gesehen werden konnte.

Die größte Helligkeit trat um den 18. August ein. Nach heutigen Berechnungen dürfte der Komet dabei zwischen 0^m und 1^m erreicht haben. In Europa ist die letzte Beobachtung vom 3. September überliefert. Im Fernen Osten konnte man ihn aufgrund des südlicheren Standorts noch bis zum 8. verfolgen.

Hintergrund und Öffentlichkeit

Halleys Komet war der erste von drei hellen Kometen in nur zwei Jahren. Mit bis zu -1^m noch deutlich heller muss C/1532 R1 gewesen sein. Er beschritt eine ähnliche Bahn wie Halley von den Zwillingen über den Löwen in die Jungfrau und war insgesamt zwischen dem 2. September und 26. Dezember 1532 für 119 Tage sichtbar. Bis zu 15° Schweiflänge wurden berichtet. C/1533 M1 zeigte sich im Juli und August 1533 für etwa 80 Tage am Himmel. Seine Helligkeit betrug bis 0^m.

Die erste Wiederkehr des Halleyschen Kometen in der Neuzeit wurde durch den aufkommenden Buchdruck und die Reformation geprägt. In Deutschland, wo beides seinen Ausgang genommen hatte, erschienen erste Traktate und Flugblätter, die über das Auftreten und die Bedeutung informierten. Vor allem von protestantischen Geistlichen wurden die herkömmlichen astrologischen Interpretationen in christlicher Weise umgedeutet, wonach Kometen als »Zuchtruten Gottes«

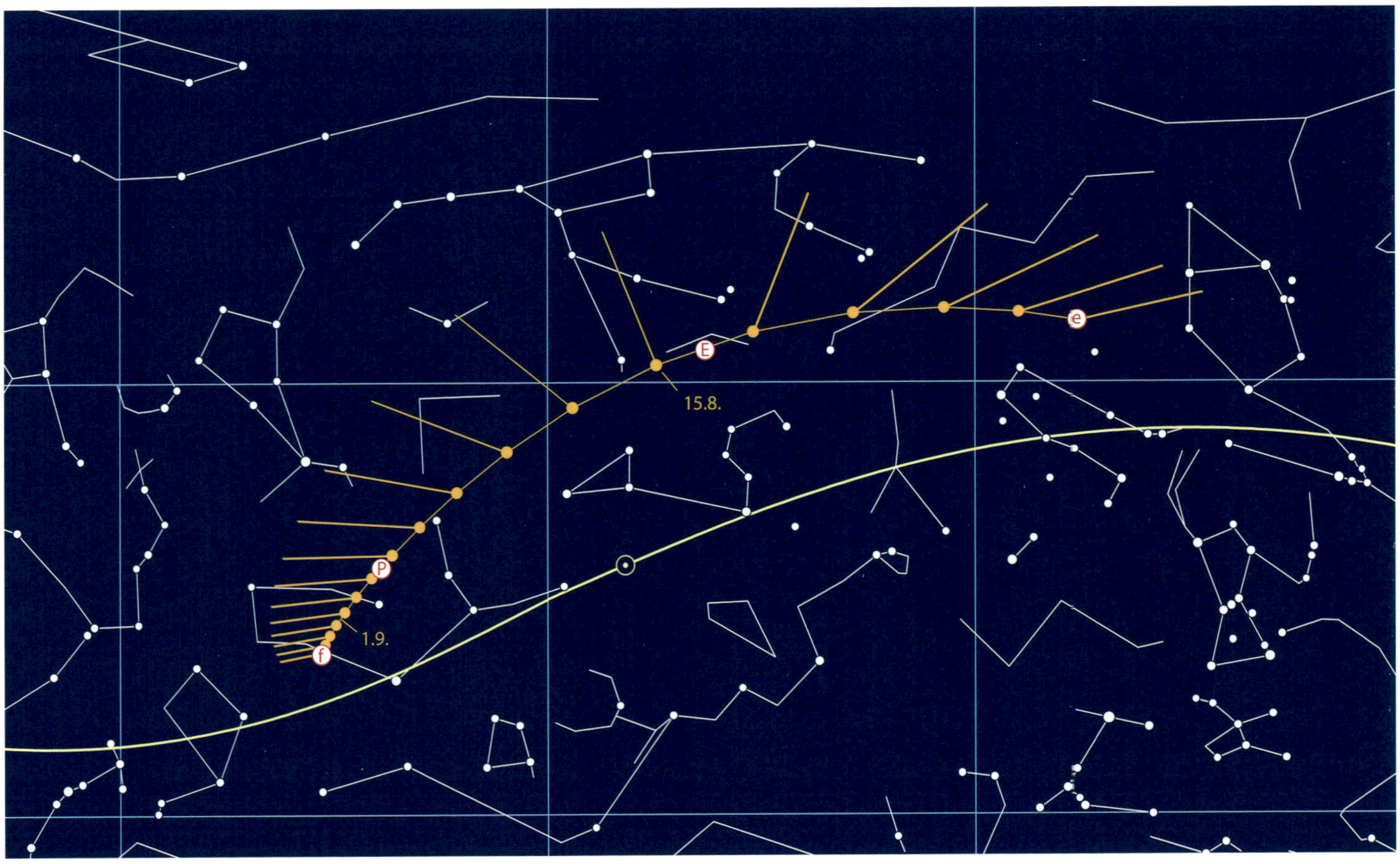

Ankündigungen für eine Zeitenwende seien und die Gläubigen durch Buße und Umkehr zum rechten Glauben führen sollten. Auch Martin Luther sah im Kometen von 1531 ein göttliches Zeichen und notierte am 18. August in einem Brief, der Komet »bedeute nichts Gutes«.

Aber auch die alten astrologischen Lehren florierten: Selbst der Schweizer Reformator Huldrych Zwingli sah in dem Kometen ein Vorzeichen für seinen baldigen Tod, der tatsächlich am 11. November eintrat. Einen Einfluss mag wohl auch ein astrologisches Kometentraktat des Arztes Paracelsus über die negativen Folgen des Kometen gehabt haben, das ausgerechnet Zwingli gewidmet war.

Astronomische Pionierarbeit leistete Peter Bienewitz, genannt Apian, in Ingolstadt. Er verfolgte die Bahn des Kometen am Himmel und bestimmte die Positionen des Kometen über mehrere Wochen. Zwar waren seine Ortsbestimmungen ziemlich ungenau, doch fiel ihm auf, dass der Schweif des Kometen immer genau von der Sonne weggerichtet ist. Apian überprüfte diesen erstmals beim Halleyschen Kometen 1531 gefundenen Zusammenhang genauer bei den nachfolgenden Kometen von 1532, 1533, 1538 und 1539. Er veröffentlichte seine Ergebnisse in dem Monumentalwerk »Astronomicum Caesaraeum«. Apian hatte auch bereits die Idee, mittels der Parallaxe, also der scheinbaren Winkelverschiebung durch Beobachtung von unterschiedlichen Standorten auf der Erde, die Entfernung des Kometen zu bestimmen, doch war er mit seinen Mitteln nicht in der Lage, dieses Vorhaben durchzuführen. Für Halleys Kometen von 1531 gab er eine gerade Bahn, wie es bis weit ins 17. Jahrhundert allgemein als für Kometen zutreffend angenommen wurde.

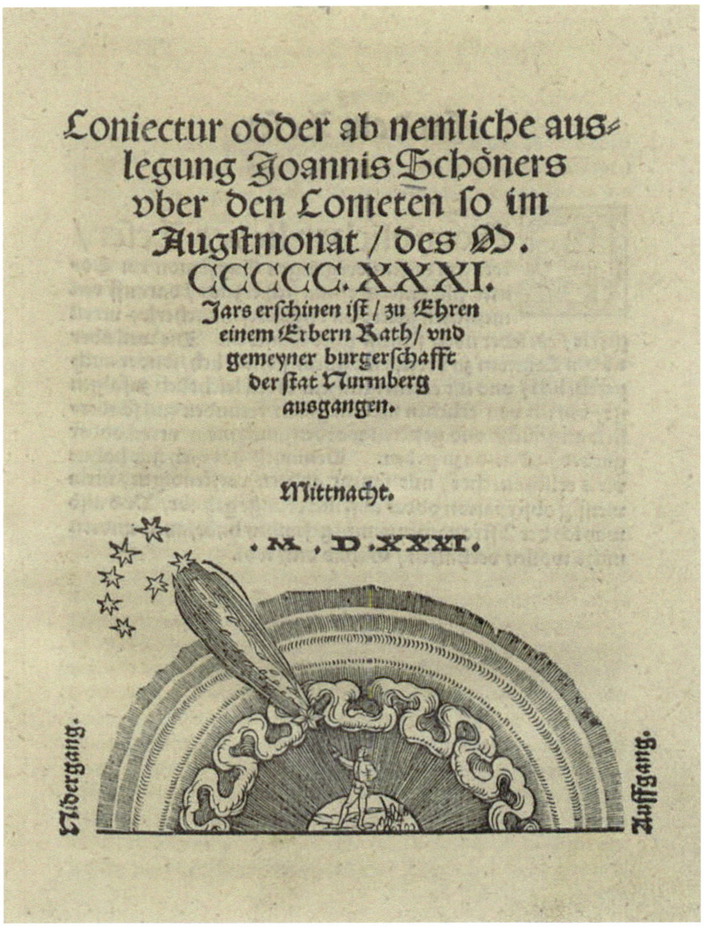
Coniectur odder ab nemliche aus=
legung Joannis Schöners
vber den Cometen so im
Augstmonat / des M.
CCCCC.XXXI.
Jars erschinen ist / zu Ehren
einem Erbern Rath / vnd
gemeyner burgerschafft
der stat Nurmberg
ausgangen.

Mittnacht.

.M.D.XXXI.

Nidergang. Auffgang.

Titelblatt eines Traktats zum Kometen von 1531 von *J. Schöner*.

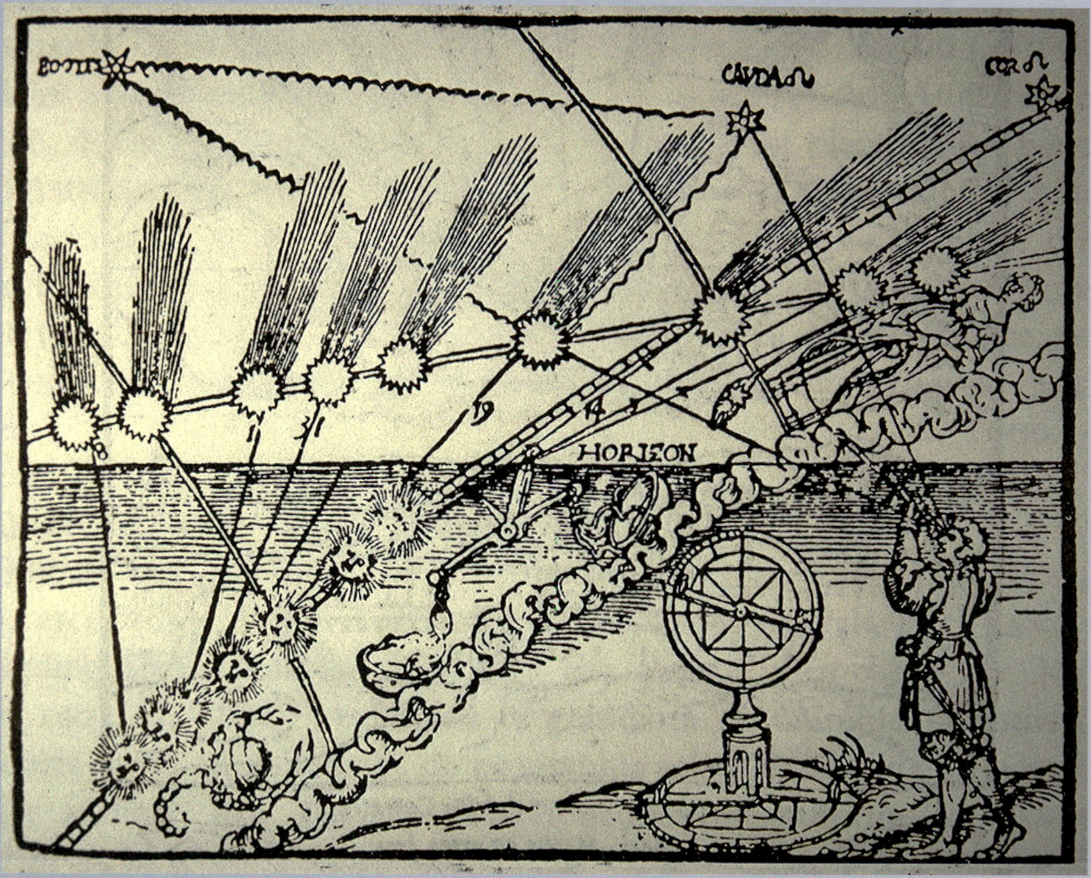

◀ Bei Halleys Auftritt 1531 konnte erstmals in der westlichen Welt der Zusammenhang zwischen Sonnenstand und Schweifrichtung hergestellt werden. Die Darstellung zeigt die Positionsmessung des Kometen im Vergleich zu Sternen. Holzschnitt. *P. Apian*

▼ Abbildung des hellen Kometen C/1532 R1, der etwas mehr als ein Jahr nach Halley auftrat. Aquarell. *Unbekannter Künstler*

Großer Komet 1556

Zwei fürchterliche Erdbeben prägten das Jahr 1556: In China kamen fast eine Million Menschen ums Leben, in Istanbul wurden weite Teile der Stadt zerstört. Für Zeitzeugen stand der Schuldige schnell fest: Der Große Komet, der im Frühjahr 1556 aufgetaucht war. Wie Hyakutake 430 Jahre später zog er nahe des Polarsterns seine Bahn.

Der Komet von 1556 galt als Verursacher des großen Bebens von Konstantinopel am 10.5.1556. Kolorierter Holzschnitt. *Hermann Gall*

Bahn und Sichtbarkeit

Die Bahn des Kometen von 1556 hat gewisse Ähnlichkeit mit der des Kometen Hyakutake. Sein Weg am Himmel führte wie bei diesem nahe am nördlichen Himmelspol vorbei. Die Erdnähe lag ebenfalls mehr als einen Monat vor dem Perihel. C/1556 D1 kam jedoch der Erde noch drei Millionen Kilometer näher als Hyakutake 1996 mit 15 Millionen Kilometern Abstand.

Zum Zeitpunkt der Entdeckung stand der Komet westlich von Spika in der Jungfrau. Dabei befand er sich der Sonne nahezu gegenüber und war somit die ganze Nacht zu sehen. Der Komet strebte Anfang März steil nach Norden durch die Jungfrau über das Haar der Berenike

Daten	
Nr. :	3
Bezeichnung:	C/1556 D1
Alte Bezeichnung:	1556 I
Entdeckungsdatum:	27.2.1556
Entdecker:	Joachim Heller
Periheldatum:	22.4.1556
Periheldistanz:	0,49AE
Erdnähe:	12.3.1556
Erdentfernung:	0,0834AE
Maximalhelligkeit:	-2^m
Maximale Schweiflänge:	10°
Länge des Perihels:	100,9°
Länge des aufsteigenden Knotens:	181,4°
Bahnneigung:	32,4°
Exzentrizität:	1,0

in das (erst später eingeführte) Sternbild Jagdhunde. Am 13. März kreuzte der Komet die Deichsel des Großen Wagens, an diesem Tag fand die Erdnähe statt.

In den Folgetagen zog der Komet über die Sternbilder Kleiner Bär und Drache durch die nördlichsten Bereiche des Himmels. Der zirkumpolare Stand verbesserte die Sichtbarkeitsbedingungen für europäische Breiten noch. Der Schweif des Kometen war Richtung Südwesten gerichtet. Dabei entstand der seltene Effekt, dass der Schweif in der ersten Nachthälfte zum Horizont geneigt war. Ende des Monats März wanderte der Komet durch die Sternbilder Kepheus und Kassiopeia. Er war somit innerhalb weniger Tage vom Frühlings- an den Herbsthimmel gewechselt.

Die Beobachtungsbedingungen verschlechterten sich nun rasch. Der Komet war nur noch in der Morgendämmerung zu sehen. Am 1. April stand der Komet im Sternbild Andromeda, südwärts strebend. Das Perihel fand am 22. April statt, als der Komet durch den nördlichen der beiden Fische zog. Die letzten Beobachtungen gelangen im Widder, als der Komet etwa 30° von der Sonne entfernt war.

Entdeckung und Beobachtungen

Der Nürnberger Kalendermacher Joachim Heller befand sich auf einer Reise im Fichtelgebirge nahe (Bad) Berneck, als er am 27. Februar 1556 einen »feurigen großen ungewöhnlichen Stern« unterhalb von Spika in der Jungfrau sah. Er konnte »keinen Schwantz« bemerken.

Am 3. März sah er den Kometen nach seiner Rückkehr nach Nürnberg wieder und erfuhr, dass er in der Stadt bereits in den Tagen zuvor wahrgenommen worden war. Jetzt war bereits ein kleiner Schweif zu erkennen. Ab Anfang März begann der Komet auch an anderen Orten für Aufmerksamkeit zu sorgen. In China wurde er ab dem 1. März gesehen, in Mexiko ab dem 6. März.

Heller verfolgte den Kometen in der Folgezeit vom 6. März bis 22. April. Auch Paul Fabricius, kaiserlicher Leibarzt und Astronom in Wien, führte ab dem 5. März beinahe täglich Beobachtungen durch. Einen zeitgenössischen Beobachter erinnerte der Anblick am Himmel an die »Flamme einer Kerze, auf die der Wind bläst«. Fabricius verglich die Helligkeit Mitte März mit Sternen 1. Größe und stellte fest, dass der Komet heller erschien. Dagegen ähnelte nach dem belgischen Astronom Cornelius Gemma die Helligkeit Jupiter, die Farbe jedoch Mars. Heute wird von einer Maximalhelligkeit von -2^m ausgegangen.

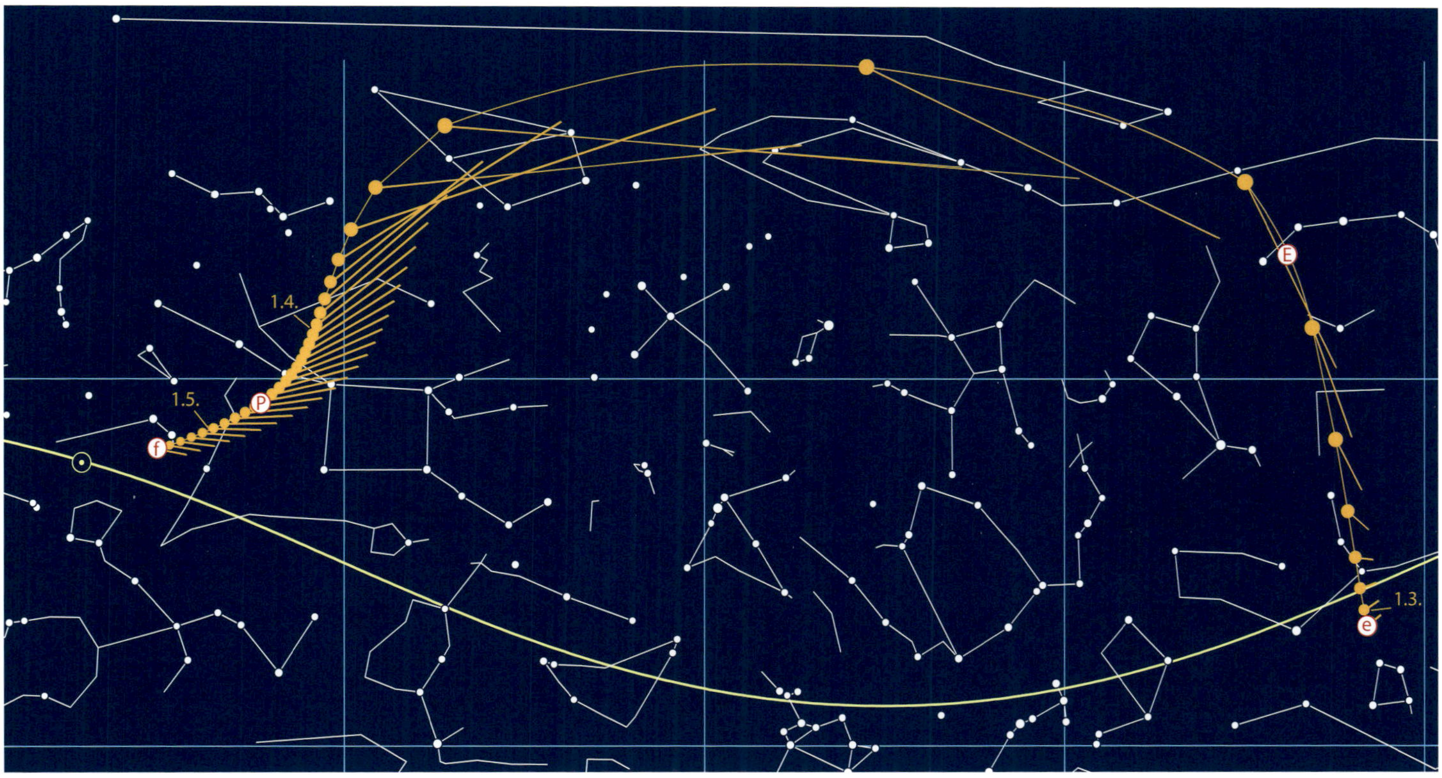

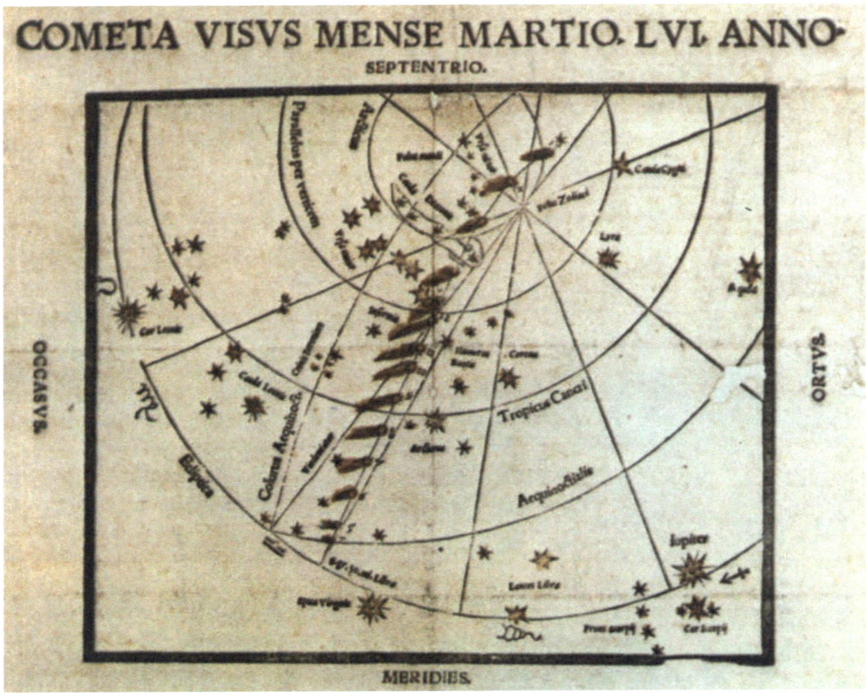

◀ Bahn des Kometen (oben) und Ansicht über Nürnberg (Mitte). *D. Fabricius (o.), H. Weygel (M.)*

Der Schweif scheint jedoch keine größeren Längen erreicht zu haben. Nimmt man die Skizzen auf einer Karte von Gemma als Grundlage, wurde eine Länge von 5° bis 10° nicht überschritten. Seltsamerweise wurde der Komet zur Erdnähe um den 13. März von vielen Beobachtern vorübergehend verloren. Eventuell ist dies auf das Wetter, möglicherweise jedoch auch auf die Aktivität des Kometen selbst zurückzuführen.

In Europa wurde der Komet Mitte April das letzte Mal gesehen. Chinesische Berichte verzeichneten ihn bis zum 10. Mai.

Hintergrund und Öffentlichkeit

Der Große Komet von 1556 wurde von den Zeitzeugen mit zwei verheerenden Erdbeben im selben Jahr in Zusammenhang gebracht. Jedoch traten sie vor und nach der Sichtbarkeit des Kometen auf. Das Erdbeben vom 23. Januar 1556 in der chinesischen Provinz Shaanxi gilt bis heute als das tödlichste Erdbeben aller Zeiten. Es kostete über 800.000 Menschen das Leben. Deutlich weniger Opfer gab es am 10. Mai beim Erdbeben in Istanbul, jedoch wurden große Teile der Stadt verwüstet. Die Minarette der zur Moschee umgewandelten Hagia Sophia stürzten ebenso ein wie große Teile der Stadtmauern mit ihren Türmen.

Der Sage nach war der Große Komet für den spanischen König und deutschen Kaiser Karl V. der Anlass, abzudanken und ins Kloster zu gehen. Er wird deshalb auch teilweise als »Karls Komet« bezeichnet.

300 Jahre nach dem Auftreten des Kometen machte dieser noch einmal Schlagzeilen. Auslöser waren Berechnungen des englischen Astronomen John Russell Hind, der den Kometen von 1556 für eine Wiederkehr des Großen Kometen von 1264 hielt. Er sagte die erneute Wiederkehr um 1850 voraus, doch warteten die Astronomen vergeblich. Mit dem heutigen Wissen kann eine Verbindung der Kometen-Erscheinungen von 1264 und 1556 nicht nachgewiesen werden.

◀ Zeitgenössische Darstellung des Kometen von 1556 aus Süddeutschland.

▶ Flugblatt zum Kometen, das den Himmelskörper mit den Erdbeben in Verbindung bringt. *H. Gall*

Ein erschrocklich wunderzeichen/ von zweyen Erdbidemen/
welche geschehen seind zů Rossanna vnnd Constantinopel/
Im M. D. Lvj. Jar.

NEben dem Cometen / so den fünfften tag Martij allhie zů Constan-
tinopel gesehen ist worden/ mit ainem sehr langen schwantz/ welcher
bey zwölff tagen geschinen/ waiß ich euch glaubwürdig anzuzaigen/ Das
sich in vergangnem Monat Aprilis/ in ainer Statt Rossanna genañt/
in Astopia gelegen/ ain sehr grosser vnd erschrecklicher Erdbidem erhaben
hat/ der fast durch die gantze Statt/ vñ darin vil menschen verdorben vnd
abkom̃en seind/ hat auch von gemelter Statt auß gewehret/ faßt in die
dreissig oder viertzig meyl wegs. Darnach den x. tag diß monats Maij/
hat sich gleichfahls allhie zů Constantinopel diser erschrecklicher Erdbi-
dem auch erhaben/ vnd in der gantzen Statt mercklichen schaden gethan/
deñ es hat vil Thürn vñ vnzalbare Gebäw eingeworffen/ welche auch vil
menschen erschlagen haben. Vnser herberg/ darin wir seind/ ist auch ohn
schaden nicht dauon kom̃en/ also/ das wir alle augenblicklich besorgten/
wir wurden sampt dem Gebäw zů grund gehen/ welches auch nicht weyt
gefehlet hat/ weyl sich diser vnd andere orth zů einfallen schickten. Aber
der herrliche Tempel S. Sophie (welchen gemainklich die Türckischen
Kayser pflegen zů besůchen) hat durch solchen Erdbidem grossen schaden
empfangen. So ist auch das Hadrianopolitanisch thor/ vnnd ain grosser
tail der Mawrn eingefallen/ daruon der Türck trefflich hart erschrocken.
Diser Erdbidem hat drey tag gewehret/ Den dritten hernach/ welcher ist
der xiij. diß Monats/ ist ain Stern erschinen aines wunderbarlichen hel-
len scheins/ vnd ist dem Mond so nahen gestanden/ als ob er hart an jme
hieng. Das hab ich euch für Newe zeytung auff diß mal schreiben wöllen.
Geben in grosser eyl zů Constantinopel/ den xv. Maij/ M.D.Lvj. Jar.

DJses Wunderzaichen bringt on zweifel mit sich/ das der Jüngste tag
vor der thür ist/ auff welchen Gott richten will den krayß des Erd-
bodens/ mit Gerechtigkait/ durch ainen Mañ/ in welchen ers beschlossen
hat/ Nämlich durch Jesum Christum/ welchem er alles gericht vbergeben
hat/ das er die so an sein wort glauben/ soll aufferwecken zum ewigen le-
ben/ vnd selig machen/ Die vnglaubigen aber/ die jn verlestert/ vnnd sein
wort verfolgt haben/ soll aufferwecken zum gericht/ vnd ewigklich ver-
dam̃en: Denn das gillt dem Türcken so wol/ als den verächtern Götlichs
worts: Das der Tempel Sophie (welcher zůuor durch den Bapst einge-
weyhet ist) mit grossem schrecken vnd zittern ist eingefallen. Nun haißt
Sophia auff teütsch/ Weyßhait/ vnd darum̃/ das sy Gottes weyßhait Je-
sum Christum auß dem Tempel vertriben/ vnd Gottes wort nicht leyden
künden/ säen an desselben statt jre aygne weyßhait/ lügen/ Abgötterey vñ
verfürung/ vnd wöllen noch zů kainer Bůß kom̃en/ so will sy Gott zů ge-
richt fordern/ das sy mit erschrecklichem zyttern vnd zagen sehen sollen/ wie
der Prophet sagt: Jn welchen sy gestochen/ das ist/ was für ainen Herren
vnd Christum sy veracht haben. Wir Christen aber sollen wachen vnd
bätten/ nüchtern sein/ vnd vns auff disen frölichen tag gerüst machen mit
Gotes wort/ vnd rechtem glauben/ auf das wir mit den Gotlosen veräch-
tern kainen thail haben/ Sonder das wir würdig werden allem disem vn-
glück zůen pfliehen/ Vnd zůstehen mit gůttem gewissen für des menschen
Son/ als die wir im glauben durch seine wunden gehaylet/ in seinem Blůt
gerecht/ vnd in disem ainigen Christo ewigklich selig werden/ Amen.

¶ Zů Nürmberg bey Herman Gall/ Brieffmaler/ in der Kotgassen.

Großer Komet 1577

Ein Komet »so hell wie der Mond« erschien im November 1577 am Abendhimmel. Die Bevölkerung, eingeschüchtert durch zahllose Flugschriften, zitterte vor dem »entsetzlichen« Stern. Währenddessen entzweiten sich die Astronomen – die gleichzeitig auch als Astrologen fungierten: Die einen sahen in der roten Farbe des Schweifes ein böses Vorzeichen, während andere bereits versuchten, die Entfernung zu bestimmen. Der Kampf zwischen Aberglauben und Wissenschaft sollte noch geraume Zeit die Kometen-Deutung beherrschen.

Der Große Komet von 1577 über Prag. Holzschnitt. *G. J. von Datschitz*

Daten	
Nr.:	4
Bezeichnung:	C/1577 V1
Alte Bezeichnung:	1577 I
Entdeckungsdatum:	1.11.1577
Entdecker:	unbekannt
Periheldatum:	27.10.1577
Periheldistanz:	0,1775AE
Erdnähe:	10.11.1577
Erdentfernung:	0,6271AE
Maximalhelligkeit:	-7^m
Maximale Schweiflänge:	30°
Länge des Perihels:	255,7°
Länge des aufsteigenden Knotens:	31,2°
Bahnneigung:	104,9°
Exzentrizität:	1,0

alle Angaben im julianischen Kalender

Bahn und Sichtbarkeit

Als der Komet entdeckt wurde, hatte er sein Perihel am 27. Oktober 1577 bereits einige Tage hinter sich. Schon im Oktober hätte er am Abendhimmel im Sternbild Bärenhüter gut gesehen werden können, jedoch sind keine Sichtungen aus dieser Zeit überliefert.

In den ersten Novembertagen stand der Komet im Sternbild Skorpion ca. 15° von der Sonne entfernt in der Abenddämmerung. Der Schweif war Richtung Süden gerichtet, so dass sich für einen europäischen Beobachter zunächst der ungewohnte Anblick eines Kometen ergab, dessen Schweif zum Horizont geneigt war.

Um den 5. November passierte der Komet den hellen Stern Antares. Zur Erdnähe am 11. November stand er bereits im Sternbild Schütze, die Beobachtungszeit nach Sonnenuntergang hatte sich auf drei Stunden verlängert, und der Komet konnte unter dunklem Himmel ausgiebig gesehen werden. Der Schweif drehte sich nun auf östliche Richtung, so dass er in Mitteleuropa etwa parallel zum Horizont verlief, als der Komet um den 20. November im Sternbild Adler stand.

Nun entfernte sich der Komet schnell von der Erde. Am 25. November störte der volle Mond die Wahrnehmung. Am 1. Dezember trat der Komet ins Sternbild Füllen, zum Jahreswechsel 1577/78 war er im Pegasus zu finden. Dort fanden auch die letzten Sichtungen im Januar 1578 statt.

Entdeckung und Beobachtungen

Die ersten Beobachtungen des Großen Kometen von 1577 kamen aus Peru, das kaum 45 Jahre zuvor von Francisco Pizarro erobert worden war. Hier wurde der Komet am 1. November zum ersten Mal bemerkt, dabei »schien er durch die Wolken wie der Mond«. Auch in Japan, wo man ab dem 8. November auf den Schweifstern aufmerksam wurde, erschien der Komet »so hell wie der Mond«. Nach modernen Schätzungen betrug die Helligkeit zu diesem Zeitpunkt bis zu -7^m!

In Europa wurde der Komet um die Mitte des Monats November gesehen. Bartholomäus Scultetus in Görlitz sah den Schweifstern am 10. November als »große runde Masse, Feuer speiend und das Ende in Rauch aufgelöst«. Michael Mästlin in Tübingen bemerkte zwei Tage später den enormen Schweif des Kometen von ca. 30° Länge. Tycho Brahe, durch seinen nördlichen Standort auf der dänischen Insel Hven benachteiligt, entdeckte den Schweifstern am 13. November zufällig beim Fischen in der Abenddämmerung. Er erschien ihm »hell wie Venus in Erdnähe« und zeigte bei Einbruch der Dunkelheit einen

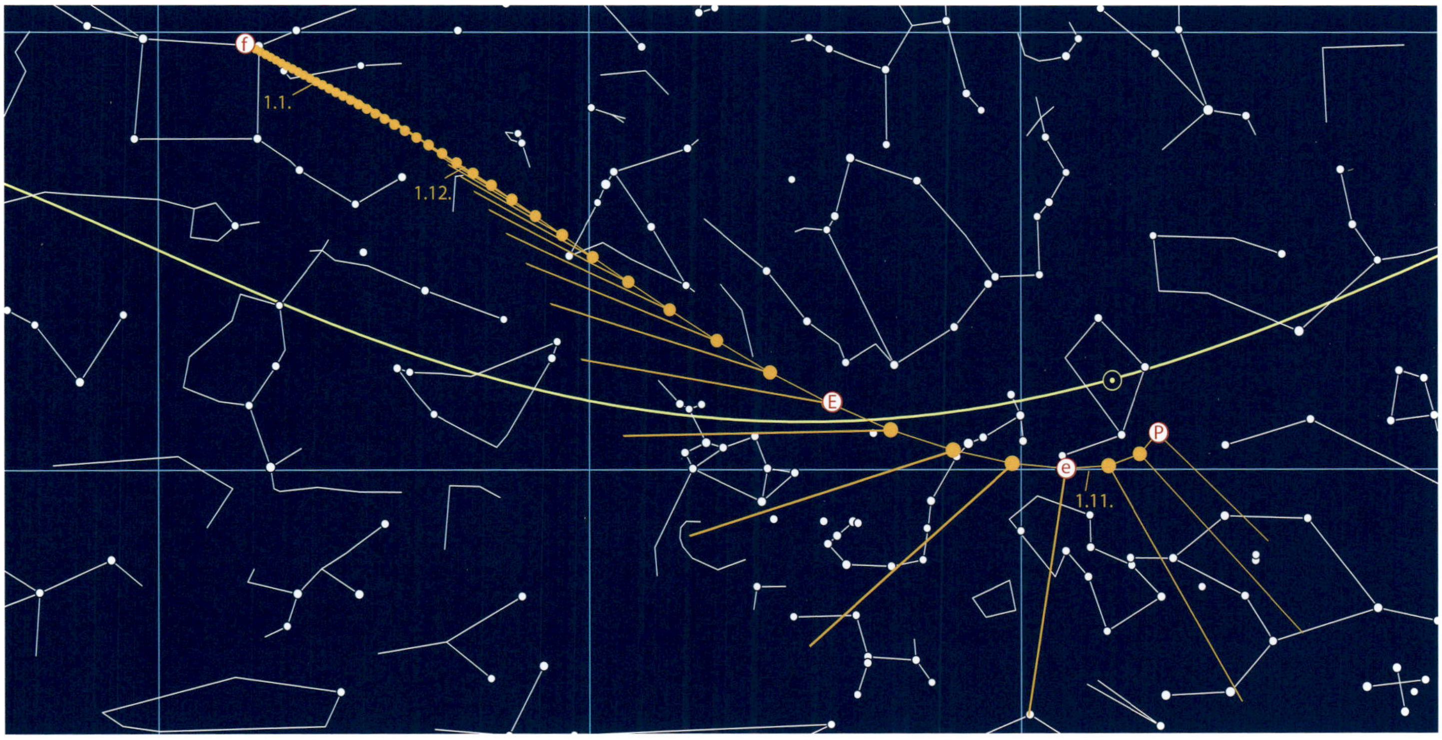

Newe Zeytung von dem Cometen/ So jetzt im Nouember dises 1577. Jars erschinen/ vnd beschreibung der bedeütung desselbigen.

Als man zalt 1577. Jar im Nouember/erscheint ein Comet/welches gleichen zů vnsern zeyten im Jar 1531. vnd 1556. geschehen worden. Jst aber den 13. vnd 14. tag gemelten Monats im Stainbock nicht weyt vom Saturno vnd Mon gegen Mitternacht gestanden/ vnnd seinen Schwantz gegen dem auffgang der Sonnen geworffen. Solch Himlisch zaichen hat wol sein natürlich vrsachen/ so auß den Finsternussen/ welcher zwo diß Jar geschehen seind/ vnd von dem Fewrigen schwefelichen dämpffen/ so auß krafft der herrschenden Planeten/ als Martis vnd Saturni auffgehoben worden/ genommen werden/ Hat aber darneben auch sein schreckliche bedeütung/ welche nach lehr vnd erfarnuß der alten Astrologen vnnd Naturkündiger allhie erzelet solien werden. Dann erstlich bedeüt diß Prodigium ein grosse Hitz/ welcher halben das Erdtrich soll außgetrucknet vnnd vnfruchtbar gemacht werden. Zum andern/ ein gemein Sterben von wegen der Lufft/ auß welcher das Humidum radicale/ das ist/ natürliche feüchtigkeit/ wirdt gleichsam außgesogen/ oder ja vergifft von warmmen groben trüben dünsten. Zum dritten/ grewliche Krieg vnd Auffrühr/ sampt verenderung Gaistlicher vnd Weltlicher satzungen vnd Policeyen. Zum vierdten/ abgang grosser Herren/ Fürsten vnd Monarchen. Zum fünfften/ schädliche auflauff der Flüß vnd Meers/ Item Sturmwind vnd Erdbidem. Zum sechsten ist diß Prodigium ein zaichen/ dardurch vns Gott vermanet (dieweil sein straff nicht weyt) ein Gottselig leben zufüren/ vnd mit emsigem Gebett bey jm anzuhalten/ die wolverdinte straff von vnns abzuwenden. Dann wann Gott straffen will/ so pflegt Er allwegen durch solche Zaichen seinen zorn anzuzeigen/ wie dann auß allen Historien wol zusehen. Es erstreckt sich aber die bedeütung dises Cometens biß auff zwölff Jar. Der Allmechtige barmhertzige Gott wöll vns sein genad verleihen/ das wir sollich Zornzaichen recht bedencken/ vnd zů einem Gnadenzaichen verkeren mögen/ Amen.

¶ Getruckt zů Augspurg/ durch Valentin Schönigk/ auff vnser Frawen Thor/ vnd bey Hanns Schultes Brieffmaler vnd Formschneyder zufinden.

Zwei Flugblätter zum Großen Kometen von 1577 mit Ansichten der Stadt Augsburg. Beide Darstellungen bezieht sich auf den 12.11.1577. *Valentin Schönigk (o.), Bartholme Käppeler (re.)*

Ein kurtze erinnerung/von dem Cometen/so auff den 12. tag Nouembris des 1577. Jars zu Augspurg erschinen/ vnd erstmals gesehen worden.

NAch dem dañ abermals mit disem new schwebenden Liecht vnd Cometen/Got seinen zorn vnd straff wider das Menschlich geschlecht/vmb seiner vilfeltigen Sünden willen offenbaret vnd zuerkennen gibt: ist vnleugbar/das er dasselbig mit allerley straffen vnd plagen werde heimsuchen/dann auch Lucanus sagt: Et cælo nunquam spectatum impunè Cometem, das ist: Es ist kein Comet nie gesehen worden/darauff nit besundere straffen erfolget weren. Will derwegen dem guthertzigen Leser auffs kürtzest für die Augen stellen/was diser new vnd noch schwebende Comet/auß Astrologischem grund für bedeutung vnd Göttlicher Ruthen anzeigung habe/hindan gesetzt alles anders/vnd allein auffs end gehn/daran dem gemeinen Mann am aller meisten gelegen. Dieweil dann diser Comet/(wie die Gelehrten wissen) gantz vnd gar Saturnischer art vnd eygenschafft/so trewet er erstlich vilen Leüten Melancholische kranckheiten/Kopffwehe/Schwindsucht/viertäglich Fieber/fallenden Wehtagen/den Kreps/Aussatz/böse Rauden/Blutflüß/den Schlag/in Summa langwirige Kranckheyten. Darnach trewet er Krieg zwischen Potentaten vnd jren Vndterthonen/zu dem auch viller Leut jammer vnd vnglück/anderstwo anck/zwitracht/belegerung der Strassen/Gifft/grosser Fürsten vnd Herren absterben/verachtung Gaystlicher Personen/vnd verfolgung der Gottseligen.

Zum dritten/ist zubesorgen/wir werden einen rauhen/von kälte vnd Schnee Winter haben/darauff dann auch ein groß Gewesser anfallen/vnnd an vilen orten den Feldbaw verderben mag. Etlich setzen darzů Hunger/Pestilentz/vnnd Auffruhr/welches sie durch den Cometen/so vndter der Regierung Kaysers Hainrichen des vierdten im 1097. Jar erschinen/bestettigen. Dann da ist erstlich grosse theüre zeit vnd Pestilentz erfolgt. Nachmaln hat der hochberümbt Hertzog Gottfrid Billionius die Statt Hierusalem mit Heeres krafft erobert vnd eingenommen.

Zum vierdten wird auch angedeut/das schand vnd laster/vnd vnzucht werde vnseglichen vber hand nemen/was dann auß solchem wilden wüsten vnd vnzüchtigem leben erfolge/kan ein jeder selbst ermessen. Diß alles möcht am meisten die berüren/so vnter dem jrdischen Triangel/ daruon besich anderer Schrifften/die ich vmb kürtze willen hie vnterlaß/Sonderlich aber/was dem Capricorno vnterworffen/wer aber meint/er werde diß vnglück gefreyet vnd vberhaben sein/der hinderdenck was die Finsternus im 1572. Jar/vnter dem Himlischen Zaichen des Steinbocks ergangen/hie in disen vnnd anderen der gleichen orten hab angericht/der wird freylich befinden/das die zeit nit on sunder wehklagen der Leut sey fürüber gangen/Wie vil mehr vngemachs haben wir von disem zorn zeychen zugewarten.

O Jesu Christe/ein Sun des waren lebendigen Gottes/Regier vns durch dein hayligen Geist/das wir durch dein Wort/Zaychen vnnd geschöpff vermanet/dich wahren Gott/sampt dem Vatter vnd hayligen Geist recht erkennen vnd anrůffen/Amen.

¶ Zu Augspurg bey Bartholme Käppeler Brieffmaler/im kleinen Sachsen Geßlein.

Schweif von 22° Länge und 2,5° Breite. Brahe beschrieb den Kopf als »golden« mit »roten Strahlen«. Er verfolgte den Kometen in den folgenden Tagen genau. Dabei bemerkte er die Abnahme der scheinbaren Bewegung am Himmel von zunächst 3,5° auf 1,5° pro Tag am 30. November und 25' pro Tag am 13. Januar.

Der enorm helle Schweif verlor erst Anfang Dezember an Helligkeit. Am 28. November hatte Cornelius Gemma von einem zweifachen Schweif berichtet. Heiligabend war der Schweif aufgrund des hellen Monds schließlich kaum noch zu sehen. Als Tycho Brahe den Kometen am 26. Januar zum letzten Mal sah, war er kaum noch mit bloßem Auge zu erkennen.

▲ Kolorierte Ansicht des Kometen über Nürnberg, Blick nach Süden über Burg und Stadt. Ausschnitt. *Georg Mack*

Hintergrund und Öffentlichkeit

C/1577 V1 war einer der intrinsisch hellsten Kometen aller Zeiten. Er passierte die Sonne in der relativ geringen Distanz von 0,18 Astronomischen Einheiten, kam der Erde jedoch nicht näher als 90 Millionen Kilometer.

Der Große Komet von 1577 war der erste Höhepunkt der Kometenhysterie in Europa mit ca. 200 Flugblättern und Schriften, von denen die meisten die negativen Folgen seines Auftretens zum Thema hatten. Der Komet war aber auch der erste wissenschaftlich sorgfältig verfolgte Komet der Geschichte. Dieses Verdienst gebührt dem Dänen Tycho Brahe. Anhand seiner Positionsbestimmungen meinte er, dass der Komet aus den Strahlen der Sonne entstamme – tatsächlich schien die Bahn am Himmel nach dem Perihel dies zu bestätigen. Tycho versuchte am 23. November im Vergleich mit dem Stern ε Pegasi die Parallaxe des Kometen zu bestimmen. Thaddaeus Hagecius in Prag beobachtete die Positionen von Komet und Stern an diesem Tag ebenfalls. Jedoch war keine Parallaxe nachweisbar, woraus Tycho auf einen Mindestabstand von 230 Erdradien schloss. Die Schweiflänge gab er mit 70.000 deutschen Meilen oder etwa der dreifachen Mondentfernung.

▲ Ein türkischer Astronom beobachtet den Kometen von 1577 über Istanbul. Der Quadrant dient der Positionsbestimmung. *Mustafa Ali*

Tycho, der das kopernikanische Weltbild ablehnte und ein Mischsystem aus helio- und geozentrischen Elementen favorisierte, sah Kometen als die Sonne umrundende Körper und nicht – wie damals noch verbreitet – als Ausdünstungen der Erde. Damit bezog er eindeutig Partei in der Diskussion, ob Kometen sub- oder supralunare Erscheinungen seien. Hagecius etwa ging von der klassisch-aristotelischen Interpretation »unter dem Mond« aus.

Tycho betrachtete aber auch die astrologische Bedeutung des Kometen und sagte für Spanien große Opfer voraus – dies schloss er aus der südlichen Position des Kometen am Himmel und seinem Erscheinen im mit dem Tod assoziierten 8. Haus. Außerdem galt die rote Farbe des Kometen als schlechtes Zeichen. Der Sage nach fürchteten sich auch die Hofastrologen der englischen Königin Elisabeth I. vor den Auswirkungen des Kometen. Sie rieten ihr ab, den Schweifstern zu betrachten, denn das bringe Unglück. Die Königin schlug den Rat jedoch in den Wind und bemerkte beim Anblick des Kometen lakonisch: »Die Würfel sind gefallen.« Sie regierte noch für weitere 25 Jahre.

Halley 1607

Dass der Komet von 1607 schon 1682 wiederkehren würde, lag für Johannes Kepler jenseits der Vorstellungskraft. Der »Erfinder« der Keplerbahn war der Meinung, Kometen entstünden im »Äther« nahe der Erde und würden sich auf geraden Bahnen für immer aus dem Sonnensystem hinaus bewegen – obwohl er die zur Sonne gekrümmte Bahn des Kometen von 1607 selbst beobachtet hatte. Erst 100 Jahre später war die Zeit reif, auch dem Kometen von 1607 eine Bahn nach Keplers eigenen Gesetzen zuzugestehen.

Daten	
Nr.:	**5**
Bezeichnung:	**P1/Halley**
Alte Bezeichnung:	**1607 I**
Entdeckungsdatum:	**20.9.1607**
Entdecker:	**unbekannt**
Periheldatum:	**27.10.1607**
Periheldistanz:	**0,5836AE**
Erdnähe:	**29.9.1607**
Erdentfernung:	**0,2450AE**
Maximalhelligkeit:	**-1^{m}**
Maximale Schweiflänge:	**10°**
Länge des Perihels:	**107,5°**
Länge des aufsteigenden Knotens:	**53,0°**
Bahnneigung:	**162,9°**
Exzentrizität:	**0,9674895**

alle Angaben im gregorianischen Kalender

Bahn und Sichtbarkeit

Bei Halleys Wiederkehr von 1607 waren Beobachter der Nordhemisphäre der Erde bevorzugt. Die vor dem Perihel gelegene Sichtbarkeitsperiode verbrachte der Komet in hohen nördlichen Deklinationen, so dass Beobachter in Europa einen guten Blick auf den Kometen erhalten konnten.

Zur Entdeckung Ende September 1607 stand Halleys Komet an der Grenze der Sternbilder Zwillinge und Luchs am Morgenhimmel. Ab dem 20. September war er für Mitteleuropa zirkumpolar und somit die ganze Nacht beobachtbar, ohne dass die Dämmerungszonen störten. Er durchschritt die südlichen Bereiche des Großen Bären, zur Monatswende September/Oktober die Jagdhunde und wanderte schließlich in südöstliche Richtung. Dabei zog er unweit nördlich an Arktur vorbei.

Das Sichtbarkeitsfenster hatte sich im Oktober auf den Abendhimmel beschränkt. Mitte des Monats zog der Komet Richtung Süden durch die Schlange. Auf die Sonne zustrebend, wurde er nun immer schlechter sichtbar. Diese erreichte er schließlich am 21. November im Skorpion. Bereits vorher war am 27. Oktober das Perihel eingetreten. Nach der Sonnenkonjunktion blieb der Komet unbeobachtbar, denn er hatte sich bereits zu weit von der Erde entfernt.

Entdeckung und Beobachtungen

Chinesische Astronomen waren die ersten Menschen, die den Kometen zu Gesicht bekamen. Am 21. September 1607 notierten sie einen »bleichen Besenstern« mit einem Schweif von 3° Länge. Die Helligkeit dürfte zu diesem Zeitpunkt etwa 3^{m} betragen haben.

In Europa sind erste Sichtungen vom 23. September überliefert. Johannes Kepler fand den Kometen zufällig am 26. September, als er in Prag auf einer Moldaubrücke stehend ein Feuerwerk betrachtete. Er beobachtete den Kometen kontinuierlich bis zum 26. Oktober, die jeweiligen Positionen notierend. Ein anderer sorgfältiger Beobachter war Thomas Harriott in England, dessen Beobachtungsreihe vom 1. bis 23. Oktober reichte.

Die größte Helligkeit erreichte der Komet um den 28. September. Zu diesem Zeitpunkt beschrieb ihn Christian Sörensen Longomontanus als »so hell wie Jupiter«. Andere Quellen verglichen die Helligkeit dagegen mit den Sternen des Großen Wagens. Der Schweif war hell, wurde mit bloßem Auge jedoch nicht länger als etwa 10° wahrgenommen.

Nach Harriott war der Komet am 1. Oktober so hell wie Arktur. Am 9. war die Helligkeit etwa auf 2^{m} abgesunken, am 23. Oktober auf ca. $2{,}^{m}8$. Um diese Zeit wurden die letzten Beobachtungen aus Europa vermeldet. In China hatte man den Kometen noch bis zum 12. Oktober verfolgt. Nach der Sonnenkonjunktion sind keine Beobachtungen bekannt.

Hintergrund und Öffentlichkeit

Halleys Auftritt 1607 war der letzte vor der Erfindung des Teleskops – Kepler, Harriott und die anderen Astronomen der Zeit waren allein auf das unbewaffnete Auge als Instrument angewiesen. Der Schwerpunkt ihrer Beobachtungen lag auf der Bestimmung der Positionen am Himmel, um die Bahn des Kometen beschreiben zu können.

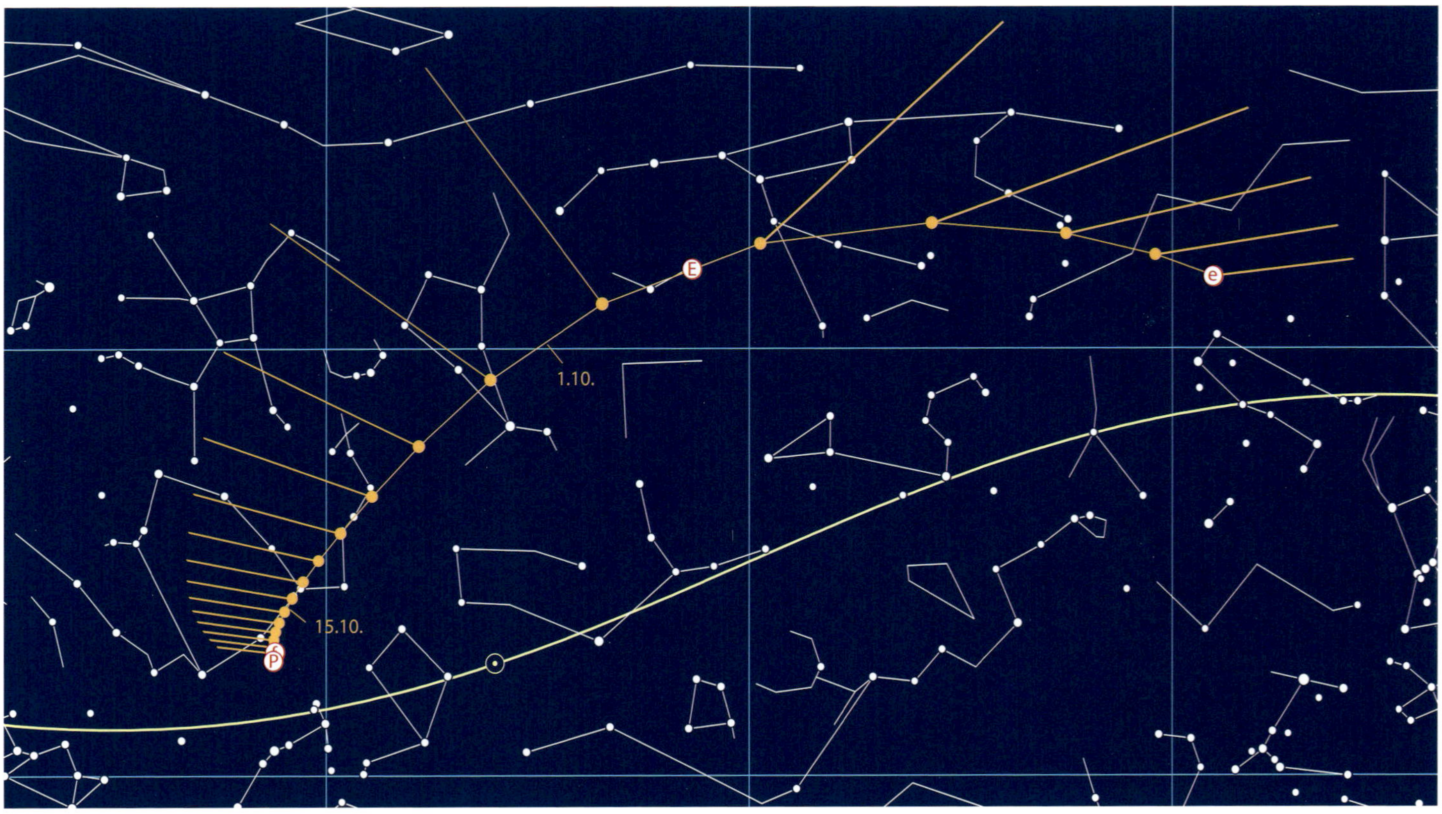

Kepler erhielt aus seinen Positionswerten richtigerweise eine gekrümmte Bahn, zu der er in seiner Arbeit über den Kometen von 1607 auch eine Skizze gab. Doch er revidierte diese Erkenntnis in seiner Arbeit von 1619, in der er seine bis dahin erhaltenen Kometenbeobachtungen zusammenfasste. Hier konstruierte er mit viel Aufwand eine Bahn, die den Kometen geradlinig von der Erde wegführte.

Offenbar konnte sich Kepler nicht von dem Gedanken einer geraden Bahn trennen, obwohl ja gerade er es war, der bei den Planetenbahnen epochale neue Erkenntnisse vorantrieb. In seiner Arbeit zum Kometen von 1607 gab er die zur damaligen Zeit kursierenden Behauptungen über Kometen wieder. Danach bildeten sich Kometen spontan aus dem »Äther« der sublunaren Sphäre. Ein spezieller »Geist« begleite jeden Kometen und stürbe mit ihm. Die Schweife entstünden durch das Auslösen von Kometenpartikeln durch Sonnenstrahlen wie Dampf oder Nebel. Wenn der Kometenschweif mit der Erde in Kontakt käme, würde dies Verseuchung und Tod bringen. Daneben enthielt der Aufsatz auch damals populäre astrologische Gedanken – die Astrologie war schließlich Keplers Brotberuf.

In der Bevölkerung machte Halleys Komet 1607 kaum Eindruck. Nur 17 Traktate und Einblattdrucke sind in deutscher Sprache überliefert. Sie gaben unterschiedliche Daten für das Auftreten des Kometen – denn je nachdem ob er von einem katholischen oder protestantischen Land beobachtet wurde, galt seit 1582 der neue gregorianische oder der alte julianische Kalender. Die Differenz betrug genau zehn Tage. Erst um 1700 holten die evangelischen Staaten im Heiligen Römischen Reich Deutscher Nation die Kalenderreform nach, in England und seinen Kolonien blieb man sogar bis 1752 beim alten Kalender.

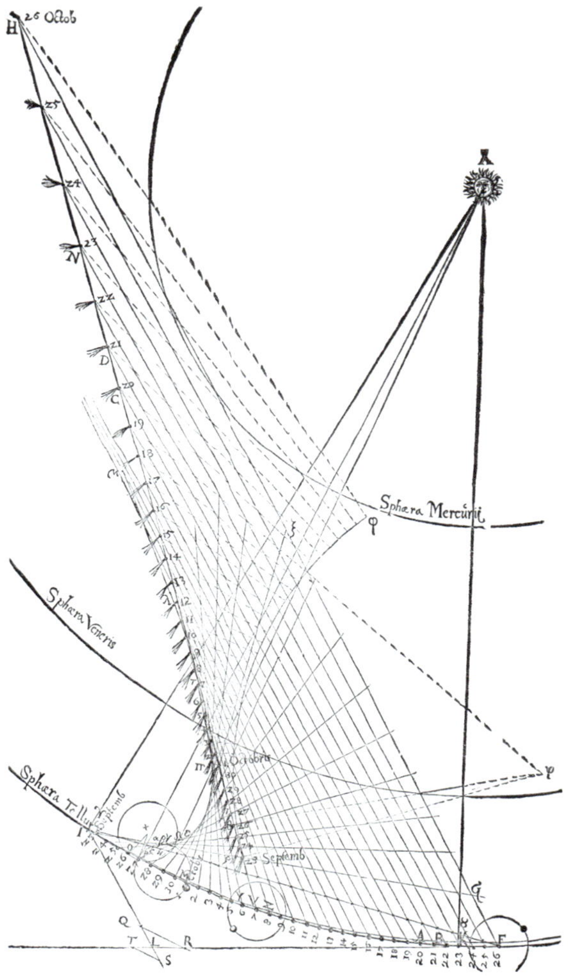

Entgegen eigener Beobachtungen konstruierte Kepler eine gerade Bahn des Kometen. Aus »De Cometis Libellis Tres«, 1619. *J. Kepler*

Die Bahn des Halleyschen Kometen durch die Sternbilder. Bemerkenswert ist der etwas »eckige« Verlauf oben auf der seitenverkehrten Darstellung . Die untere modernere Darstellung entstand 60 Jahre später. *J. D. Herlitz (o.), S. Lubinietzky (u.)*

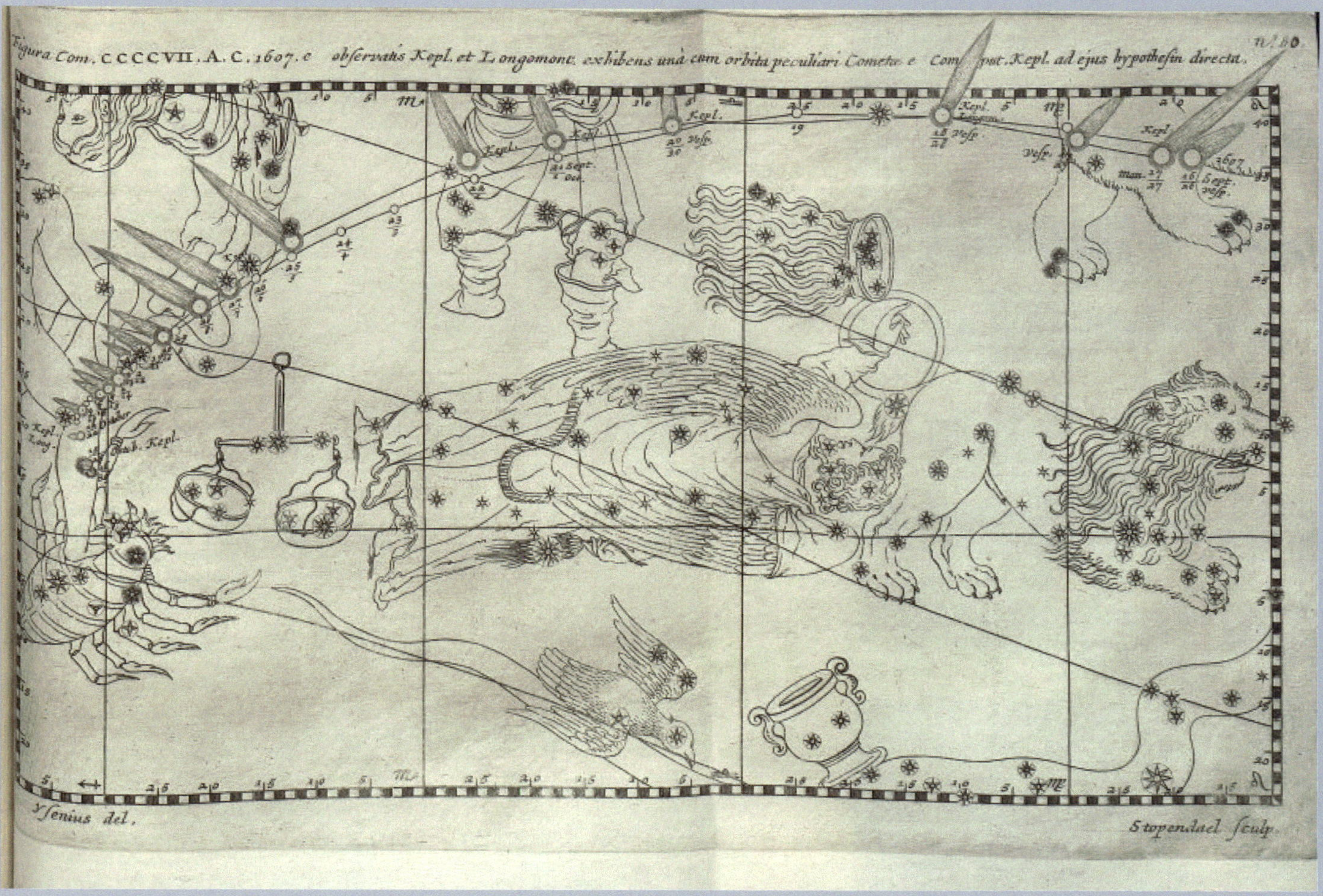

Großer Komet 1618

Im Herbst 1618, der verhängnisvolle Dreißigjährige Krieg hatte gerade begonnen, traten gleich drei helle Kometen auf den Plan. Die Bevölkerung sah sie als Omen für das kommende Unheil, und zahlreiche Flugblätter mahnten die Gläubigen zu Umkehr und Buße. Doch gleichzeitig nahmen Astronomen wie Johannes Kepler die Kometen erstmals mit einem Teleskop unter die Lupe und schickten sich an, mit Jahrhunderte alten Legenden aufzuräumen.

Der Große Komet von 1618. *François Schillemans*

Bahn und Sichtbarkeit

Als mit C/1618 W1 der zweite helle Komet des Jahres entdeckt wurde, hatte er bereits sein Perihel hinter sich gebracht. Er stand Mitte November im Bereich der Sternbilder Skorpion und Wolf und war damit nur von einem südlichen Standort aus zu sehen, für Mitteleuropa blieb er zunächst im Glanz der Sonne verborgen.

Das änderte sich erst Anfang Dezember, als sich der Komet Richtung Norden in das Sternbild Waage begab. Damit öffnete sich ein Beobachtungsfenster am Morgenhimmel, das sich in der Folge

Daten	
Nr.:	6
Bezeichnung:	C/1618 W1
Alte Bezeichnung:	1618 II
Entdeckungsdatum:	16.11.1618
Entdecker:	Garcia de Silva y Figueroa
Periheldatum:	8.11.1618
Periheldistanz:	0,3895AE
Erdnähe:	6.12.1618
Erdentfernung:	0,36AE
Maximalhelligkeit:	0^m
Maximale Schweiflänge:	100°
Länge des Perihels:	287,4°
Länge des aufsteigenden Knotens:	81,0°
Bahnneigung:	37,2°
Exzentrizität:	1,00000000

stetig vergrößerte: Zum einen zog der Komet weiter in nördliche Richtung, und zum anderen entfernte er sich auch zusehends von der Sonne.

Anfang Dezember war C/1618 W1 in den Bärenhüter getreten. Hier fand auch die Erdnähe am 6. Dezember statt. Am 9. Dezember passierte er dessen Hauptstern Arktur etwa 5° östlich. Zu dieser Zeit war der Komet die ganze zweite Nachthälfte sichtbar und erreichte seine größte Helligkeit.

Die Bahn verlief in der zweiten Dezemberhälfte weiter Richtung Norden, am 21. Dezember stand der Komet neben der Deichsel des Großen Wagens. Er war damit zirkumpolar geworden, also in Mitteleuropa die gesamte Nacht sichtbar. Der Vollmond störte die Beobachtung um den 31. Dezember.

Im Januar 1619 zog der Komet nördlich am Großen Wagen vorbei, in dieser Gegend wurde er auch zuletzt gesehen.

Gleichzeitig mit C/1618 W1 stand auch C/1618 V1 am Morgenhimmel. Ebenfalls nach dem Perihel entdeckt, zog er jedoch auf einer südlicheren Bahn von der Waage Richtung Rabe und Wasserschlange. Er war damit in Europa schlechter zu beobachten und stand immer nahe des Horizonts.

Entdeckung und Beobachtungen

Der erste Beobachter von C/1618 W1 dürfte der spanische Botschafter in Persien, Garcia de Silva y Figueroa, gewesen sein. Er bemerkte den Kometen am Morgen des 23. oder 24. November 1618 und verglich den Kopf des Kometen mit Venus. Der helle Schweif erschien gekrümmt.

Zu diesem Zeitpunkt war C/1618 V1 bereits etwa zwölf Tage zu sehen gewesen. Diesen Kometen zeichnete ein beeindruckender Schweif von ca. 60° Länge aus, der sich von der Waage bis in den Raben erstreckte. C/1618 V1 wurde jedoch nur bis zum 29. November (Europa) bzw. 4. Dezember (China) beobachtet.

C/1618 W1 wurde ab dem 26. von chinesischen und ab dem 30. November von koreanischen Astronomen verfolgt. In Mitteleuropa waren Johannes Kepler und Johann Baptist Cysat die maßgeblichen Beobachter.

Die Länge des Schweifes wuchs schnell deutlich an und erreichte bald rekordverdächtige Ausmaße. Wurden am 29. November zwischen 30° und 58° gemeldet, waren es um den 10. Dezember bereits zwischen 55° und 100°! Der Schweif hatte zu dieser Zeit eine gerade Form, die Breite maß nicht mehr als ca. 3°.

Am 8. Dezember beobachtete Cysat in Ingolstadt den Kometenkopf mit einem Teleskop und bemerkte, dass der Kern aus drei oder vier Teilen bestand. Zwischen dem 17. und 20. Dezember konnte er weitere Kernteile sehen, am 24. Dezember jedoch war nur noch ein hellerer Kern, umgeben von unzähligen kleinen weiteren Bruchstücken vorhanden. Für Cysats Beobachtungen, die mit einem der ersten Teleskope ausgeführt wurden, gibt es keine unabhängigen Bestätigungen. Möglicherweise haben Bildfehler zu diesen Wahrnehmungen geführt.

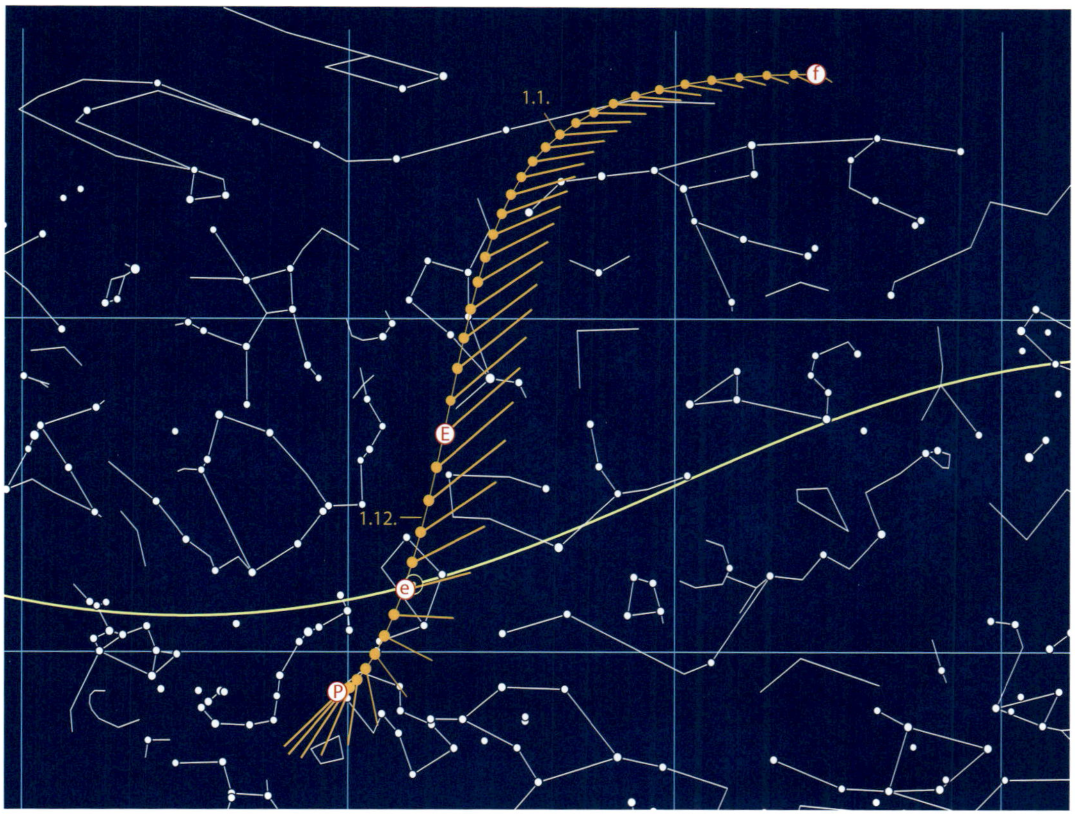

Genauso wahrscheinlich ist aber auch, dass tatsächlich eine Kernteilung beobachtet wurde, denn gleichzeitig wuchs auch die Größe des Kometenkopfs.

Vor Weihnachten 1618 (nach dem gregorianischen Kalender) nahmen Helligkeit und Schweiflänge wieder ab. Wurden um den 25.Dezember noch 30° bestimmt, war die Länge im Januar wieder unter 10° gesunken. Die letzte Beobachtung erfolgte durch Cysat mit seinem Teleskop am 22. Januar 1619.

Hintergrund und Öffentlichkeit

C/1618 W1 war dem Entdeckungszeitpunkt nach der letzte von drei hellen Kometen, die 1618 beobachtet wurden, aber auch der auffälligste. Der erste Komet des Jahres, C/1618 Q1 (1618 I), war im August und September am Himmel erschienen. Sein Perihel trat am 17. August ein, die Erdnähe von 0,52 Astronomischen Einheiten fand am 20. August statt. Als dieser bereits verschwunden war, trat C/1618 V1 (1618 III) auf den Plan. Er erschien im November und Dezember am Morgenhimmel – gleichzeitig mit C/1618 W1. Sein Perihel war schon am 27. Oktober eingetreten, die Erdnähe fand mit 0,17 Astronomischen Einheiten am 18. Dezember statt.

Dass im November und Dezember 1618 gleich zwei helle Kometen am Himmel zu sehen waren, löste in der europäischen Bevölkerung große Unruhe aus. Mit über 300 Flugschriften waren die Kometen von 1618 der Höhepunkt der frühneuzeitlichen Kometenhysterie. Ihr Auftreten wurde als Zeichen für den aufziehenden Dreißigjährigen Krieg gewertet, der im Mai 1618 mit dem Prager Fenstersturz seinen Anfang genommen hatte.

Während allgemein noch weitgehend die aristotelische Lehre im Umlauf war, Kometen seien Ausdünstungen der Erde, die von der Sonne entzündet würden, zweifelten einige Astronomen dies an. Insbesondere Johannes Kepler gewann durch eigene Beobachtungen den Eindruck, dass es sich um Objekte der »supralunaren« Bereiche handeln musste. Er hatte am 6. September 1618 mit C/1618 Q1 als erster eine teleskopische Beobachtung eines Kometen durchgeführt. Kepler glaubte, dass die beiden im November aufgetretenen Kometen einen gemeinsamen Ursprung hätten, weil sie nahezu an derselben Stelle aufgetaucht waren.

Auch der italienische Astronom Orazio Grassi sah die Kometen jenseits des Mondes, er nahm an, dass sie sich zwischen diesem und der Sonne befänden, weil ihre Geschwindigkeiten am Himmel zwischen denen beider Himmelskörper lagen und keine Winkelverschiebungen aufgrund eines Parallaxeneffekts zu beobachten waren. Galileo Galilei widersprach diesen Ansichten jedoch polemisch und war sich sicher, dass Kometen irdischen Ursprungs seien, und die Erde auf geradlinigen Bahnen verließen. Dies reflektiert die einseitige Beobachtung der Kometen nach dem Perihel, denn so konnte aufgrund einer nahezu geraden Bahn und der sich langsam abschwächenden Helligkeit tatsächlich der Eindruck entstehen, die Erde sei der Ausgangspunkt ihrer Bewegung.

Galileo meinte zudem, der Kometenschweif sei lediglich reflektiertes Sonnenlicht, und gebogene Schweife entstünden nur aufgrund von Brechungen in der Erdatmosphäre. Auch Cysat war der Ansicht, dass die Kometen nicht selbst leuchteten, sondern lediglich Sonnenlicht reflektieren, denn sie ähnelten nach seiner Ansicht den Sonnenflecken.

Allegorie auf den Kometen als Symbol des Krieges in Europa. Während der Astronom im Vordergrund noch beobachtet, wütet bereits der Sensenmann.

Der Große Komet von 1618 über Augsburg. *Anonym*

Schaden gewarnet/ und bey Zeiten der Gnaden von Sünden abzustehen/ und zu der Göttlichen Barmhertzigkeit zu fliehen angemahnet würde.

Unnd ist einmahl dieser Comet ein rechter Vorbott gewesen der künfftigen Straffen Gottes/mit welchen wir heimgesucht und gezüchtiget werden sollen.

Es haben die Alten von den Cometen gesagt: Daß nie keiner erschienen/der nicht groß Unglück mit sich gebracht habe. Und Claudianus sagt von ihrer Würckung also:

——Bella canunt, ignes subitosque tumultus,
Et clandestinis surgentia fraudibus arma,
Civiles etiam motus cognataque bella
Significant.

Und Pontanus:

Ventorum quoque certa dabunt tibi signa Cometæ,
Illi etiam belli motus, feraque arma minantur,
Magnorum & clades populorum & funera Regum.

Das ist:

Krieg/ Auffruhr/ Blutvergiessen viel/
Dir ein Comet verkünden wil:
Unter den Leuten grosse Noht/
Auch grosser Herrn und König Todt.

Andere mehrere alte Astrologi schreiben/ daß er bedeute erstlich violenta & superba consilia, dissidia, proditiones & rebelliones, grausame und übermühtige Rahtschläge / Uneinigkeit/ Verrähterey und Auffruhr: Darnach latrocinia & subsessiones viarum, sollicitudinemque & anxietatem animorum: Das ist: Rauberey/ Unsicherheit der Strassen/ und grosse Angst und Schwermütigkeit unter den Leuthen. Zum dritten: Regum & Principum interitum, bella, pestem & morbos varios. Das ist: Grosser Königen/Fürsten und Herrn Untergang/Krieg/Pestilentz und mancherley Kranckheiten. Endlich und zum vierdten/Religionis, Legum & Institutorum mutationem, novarumque rerum inexplebilem cupiditatem. Das ist: Veränderung der Religion/ Gesetz und Weltlicher Ordnung/ beneben einer unersättlichen Begierde zu allerhand Newerungen. Wann auch die Straalen ex domo carceris herfür gehen/deutet es auff eine violentam eruptionem oder gewaltige Außbrechung und Fortpflantzung einer Lehr/so zuvor gleichsamb als im Gefängnuß gehalten und gedrucket gewesen. Welcher Gestalt nun dieses alles in den folgenden Zeiten sich verificiren werde/ müssen wir GOTT und dem eventui heimbgestellet seyn lassen/ und wollen wir nur diß hiervon noch andeuten/ daß etliche Astrologi/ es habe sich dieser Comet in domo Religionis verlohren/ consequenter seine Endtschafft darinnen erreichet/ observiret/ dessen Bedeutung uns der Außgang weisen wird: Und lassen wir es hiemit bey obangedeuteter Gnade/die er nach außgeschlagener Ruhten mit sich bringen werde/verbleiben.

Es haben sich bald nach Anfang dieses 1618. Jahrs

▲ Karte des Kometen (oben) und Titelblatt eines Traktats (rechts). *C. Hersbach (o.), F. Wendler (re.)*

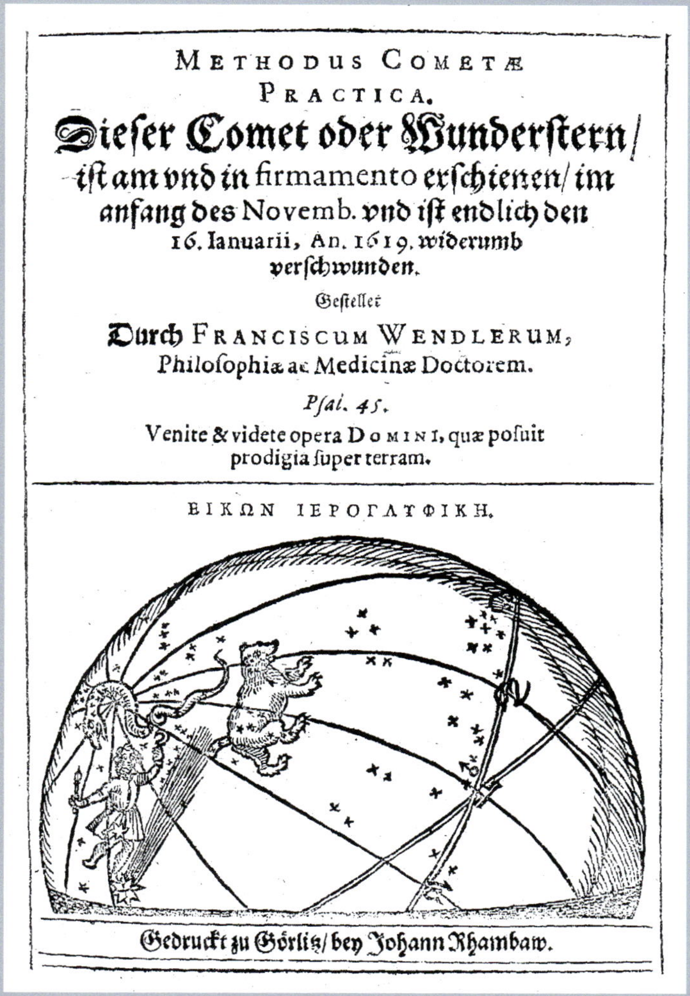

METHODUS COMETÆ
PRACTICA.
Dieser Comet oder Wunderstern/
ist am und in firmamento erschienen/ im
anfang des Novemb. und ist endlich den
16. Ianuarii, An. 1619. widerumb
verschwunden.
Gestellet
Durch FRANCISCUM WENDLERUM,
Philosophiæ ac Medicinæ Doctorem.
Psal. 45.
Venite & videte opera DOMINI, quæ posuit
prodigia super terram.

ΕΙΚΩΝ ΙΕΡΟΓΛΥΦΙΚΗ.

Gedruckt zu Görlitz/ bey Johann Rhambaw.

◀ Der Große Komet von 1618 über Heidelberg. Ausschnitt aus dem »Theatrum Europaeum« von *M. Merian*.

▼ Augsburg ist wiederum Kulisse für den Großen Kometen von 1818. *L. Schultes*

Großer Komet 1664

Als nach den Entbehrungen und Schrecknissen des Dreißigjährigen Krieges 1664 wieder ein heller Komet erschien, fielen die Buß- und Betaufforderungen der zahlreichen Traktate und Flugblätter auf fruchtbaren Boden. Die Wissenschaft hatte diesen wenig entgegenzusetzen, zu unterschiedlich waren die Vorstellungen von der Natur und Bahn des Kometen.

Ansicht des Großen Kometen von 1664 nach einem unbekannten holländischen Künstler.

Daten	
Nr.:	7
Bezeichnung:	C/1664 W1
Alte Bezeichnung:	1664 I
Entdeckungsdatum:	17.11.1664
Entdecker:	unbekannt
Periheldatum:	4.12.1664
Periheldistanz:	1,0255AE
Erdnähe:	29.12.1665
Erdentfernung:	0,1699AE
Maximalhelligkeit:	-1^m
Maximale Schweiflänge:	40°
Länge des Perihels:	310,7°
Länge des aufsteigenden Knotens:	86,1°
Bahnneigung:	158,7°
Exzentrizität:	1,00000000

Bahn und Sichtbarkeit

Der Große Komet von 1664 wurde erst 18 Tage vor seinem Perihel entdeckt. Da dieses jedoch am 5. Dezember außerhalb der Erdbahn nahezu gegenüber der Sonne stattfand, ergab sich eine ungewöhnliche Bahn des Kometen durch die Sternbilder des Winterhimmels. Die Erdnähe fand erst drei Wochen nach dem Perihel in nur 25 Millionen Kilometern Entfernung statt.

Zur Entdeckung hatte der Komet schon seinen geringsten Sonnenabstand mit 11° am 7. Oktober hinter sich. Ende November stand er im Sternbild Rabe am Morgenhimmel. Seine Bahn führte ihn Anfang Dezember aus der Dämmerung heraus an den dunklen Himmel der zweiten Nachthälfte. Gleichzeitig nahm die Deklination ab, so dass der Komet in Europa nur geringe Horizonthöhen erreichte. Der Schweif wies jedoch nach Nordwesten und war somit günstig orientiert für Beobachter auf der Nordhemisphäre.

Zur Erdnähe am 29. Dezember stand der Komet südlich von Sirius im Großen Hund. Er war dabei die ganze Nacht zu sehen. Am 2. Januar 1665 störte der Vollmond die Beobachtung des nun nördlich gerichteten Schweifs. Der Komet zog Anfang Januar vom Hasen südlich an Rigel vorbei und durchquerte Mitte des Monats die östliche Region des Sternbilds Walfisch, die traditionellerweise als das Maul des Monsters bezeichnet wird. Damit hatte er sich an den Abendhimmel zurückgezogen. Die letzten Beobachtungen im März erfolgten im Sternbild Widder, als der Komet seiner zweiten Begegnung mit der Sonne entgegenstrebte, die er erst am 11. April mit 15° Abstand erreichte.

In vielen Quellen werden falsche Kometenpositionen angegeben, die zu weit nördlich liegen.

Entdeckung und Beobachtungen

Nach einer Analyse von Alexandre Guy Pingré im 18. Jahrhundert ist die Entdeckung des Großen Kometen von 1664 spanischen Beobachtern zuzuschreiben. Wer genau die erste Sichtung meldete ist heute nicht mehr aufzuklären, lediglich das Datum des 17. Novembers 1664 ist bekannt.

Zu den Beobachtern des Kometen gehörten Giovanni Domenico Cassini in Frankreich, Johannes Hevelius in Polen, Isaac Newton und Robert Hooke in England sowie Christiaan Huygens in Holland. Die meisten Beobachtungen setzten erst Mitte Dezember ein, als der Komet im Raben stand und bereits eine Helligkeit von 2^m

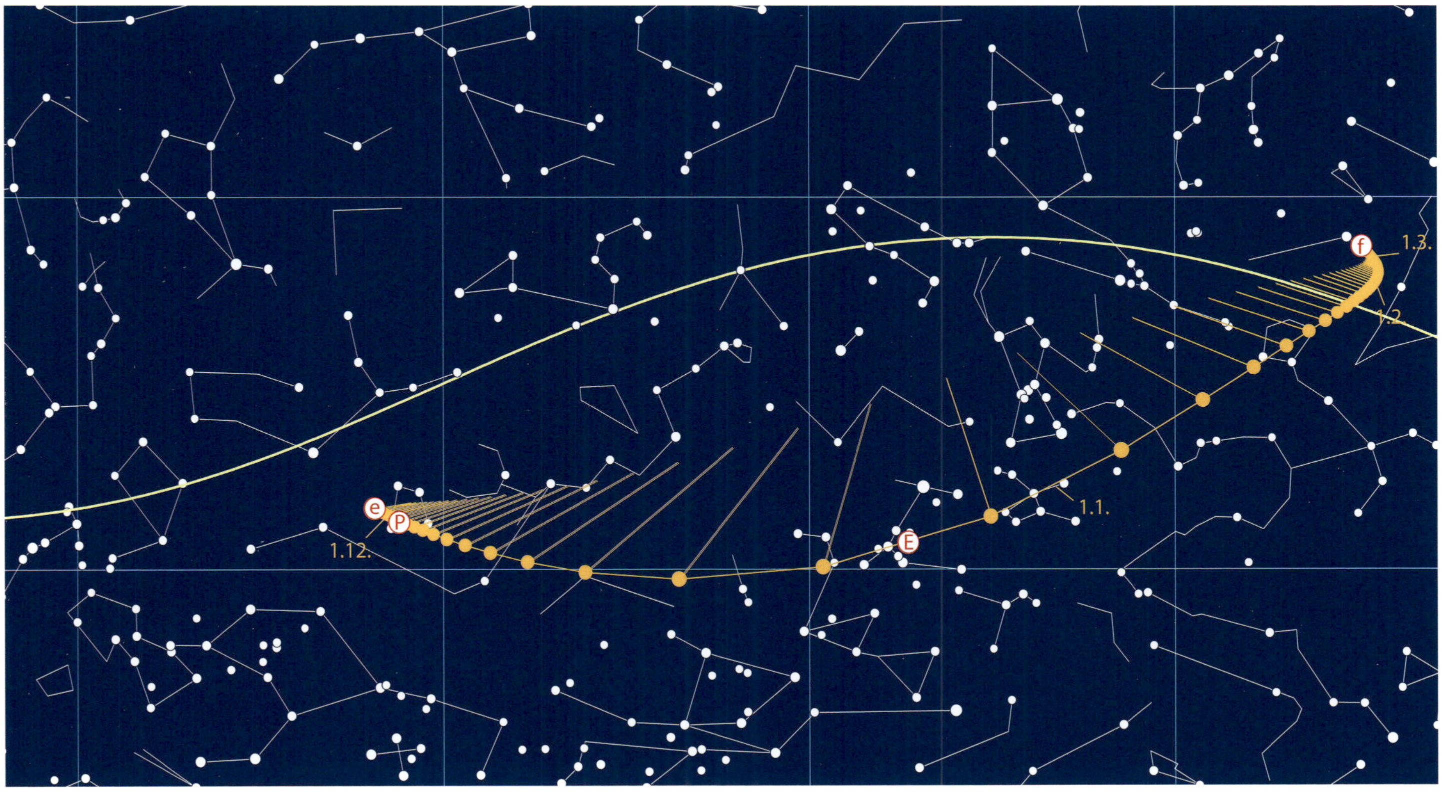

aufwies. Ein Schweif mit Längen von 10° bis 12° wurde zu dieser Zeit berichtet.

Zum Jahreswechsel hin stieg die Helligkeit deutlich an. Ein Beobachter in Italien notierte am 22. Dezember, der Komet erscheine »heller als alle Sterne außer Sirius«. Nach modernen Analysen dürfte die Helligkeit zu Silvester etwa 0^m bis -1^m betragen haben. Da der Komet außerhalb der Dämmerung stand, kam sein Glanz am dunklen Nachthimmel voll zur Geltung.

Vielfach bewundert wurde der Schweif. Französische Beobachter beschrieben ihn am 25. Dezember als halb an Prokyon heranreichend, was eine Länge von etwa 25° implizieren würde. Am 27. Dezember schätzte Newton die Länge auf 35°. In den Berichten wurden oft stark abweichende Längenwerte gegeben, offenbar weil der Schweif nur auf der ersten Hälfte seiner Länge auch wirklich hell erschien. Zudem störte die geringe Horizonthöhe die Wahrnehmung für nördlich postierte Beobachter. Bemerkenswert ist eine Beschreibung, die seine Farbe als blau bezeichnete.

Nach dem Höhepunkt Ende Dezember störte der Mond den Anblick empfindlich. Im Januar sanken dann Helligkeit und Schweiflänge deutlich, am 10. Januar 1665 wurden nur noch 15° registriert, bis Anfang Februar hatte dieser Wert auf 5° abgenommen. Bis zum 18. Februar war der Komet mit bloßem Auge sichtbar. Die letzten Beobachtungen gelangen teleskopisch am 20. März.

Hintergrund und Öffentlichkeit

Der Große Komet von 1664 löste eine Flut von weit über 100 Schriften und Traktaten im deutschsprachigen Raum aus. Die meisten dieser Flugblätter forderten von den Lesern Buße und Umkehr. Verstärkt wurde der Wirbel noch durch einen weiteren Kometen zu Ostern 1665. C/1665 F1 gelangte mit nur 0,11 Astronomischen Einheiten viel näher an die Sonne als C/1664 W1. Er wurde zwischen dem 27. März und 20. April verfolgt und erschien mit einer Helligkeit von bis -1^m, kurz bevor im Mai 1665 in London die Pest ausbrach. Bis zum Ende des Jahres 1665 starben allein dort 90.000 Menschen.

Die relativ gerade Bahn von C/1664 W1 am Himmel führte vielfach zu dem Glauben, dass sich der Komet auf einer Geraden bewege. Hevelius war etwa dieser Meinung, sah die Kometenbahn aber gleichzeitig in einer konischen Form mit der Sonne im Brennpunkt. Cassini glaubte dagegen, dass der Komet um Sirius kreise, während Stern und Komet sich dabei gemeinsam um die Erde bewegten – Cassini war ein entschiedener Gegner des kopernikanischen Weltbilds. Giovanni Alfonso Borelli erkannte dagegen richtig, dass der Komet von 1664 auf einer heliozentrischen gekrümmten Bahn ähnlich einer Parabel lief. Adrien Auzout, der ebenfalls an eine elliptische oder parabolische Bahn glaubte, berechnete auf der Grundlage eigener Beobachtungen zwischen dem 22. und 31. Dezember sogar eine Ephemeride für die weitere Bahn am Himmel – die erste ihrer Art.

Die Möglichkeit, die Bahnen der Kometen genauer zu berechnen und mit denen anderer Erscheinungen zu vergleichen, war 1664 jedoch noch nicht gegeben. Der französische Gelehrte Pierre Petit etwa war der Meinung, der Komet von 1664 sei derselbe, der 1618 erschienen war, und legte seine Wiederkehr auf das Jahr 1710 fest. Aufgrund seiner Fehldiagnose wurde er später als »Stolperstein«-Petit verspottet – ein Wortspiel mit dem Vornamen, der auf französisch auch »Stein« bedeutet.

Auch über die Beschaffenheit des Kometen herrschte vielfach keine Einigkeit. Hevelius meinte, Kometen seien Scheiben, die der Sonne immer die gleiche Seite zuwendeten, entstanden in den Atmosphären von Jupiter und Saturn. Hooke hatte dagegen beobachtet, dass Kometen im Teleskop keine Phasen zeigten wie etwa Venus, und schloss daraus dass sie eigenes Licht aussenden müssten. Beinahe prophetisch führte er weiter aus, dass der Schweif aus einzelnen Kometenteilchen bestünde, die durch Sonnenstrahlen abgestoßen würden.

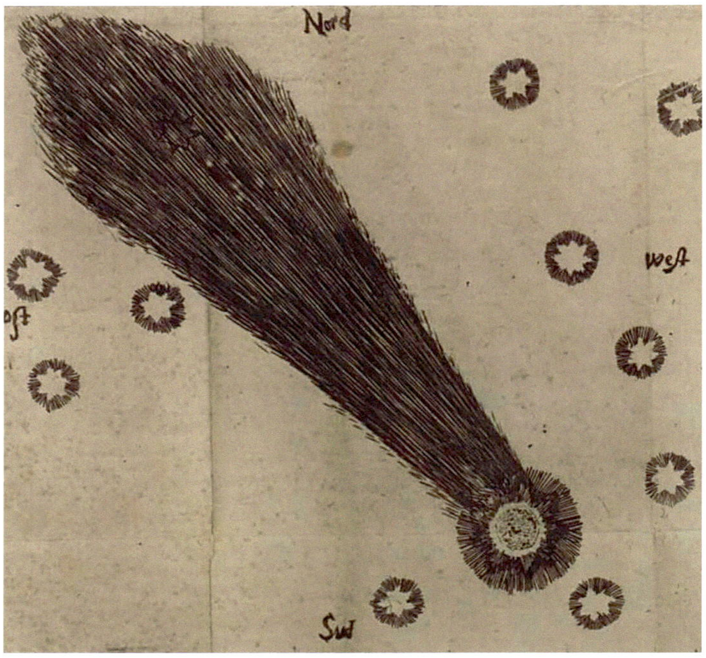

Der Große Komet von 1664 (oben: Ausschnitt aus einem Flugblatt) wurde für den Bergrutsch bei Geißlingen am 15.12.1664 verantwortlich gemacht (unten). *J. T. Theyner (o.), C. Mayer (u.)*

◄ Situationsgrafik des Kometen im Sternbild Rabe (links). *Anonym*

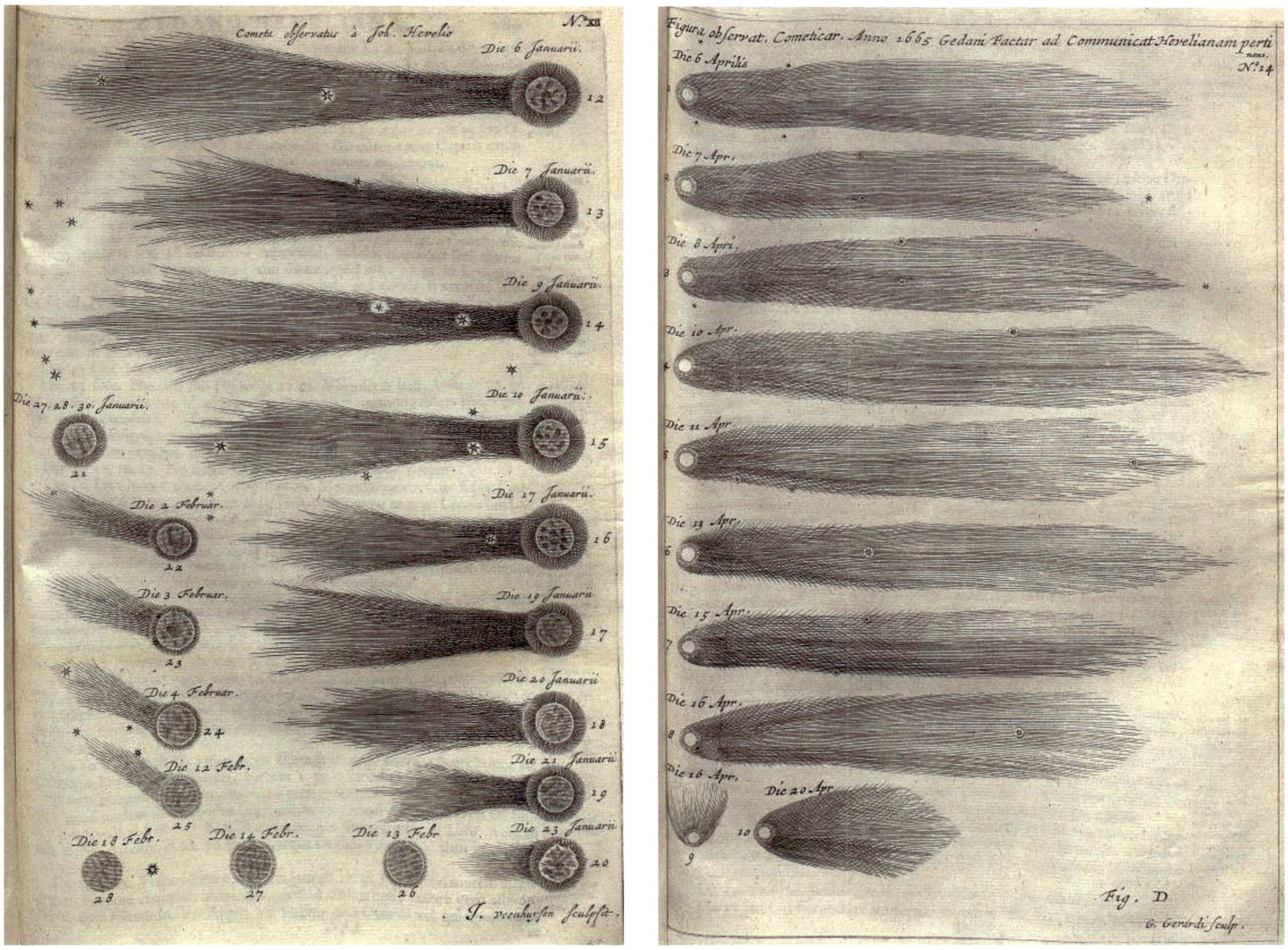

▼ Tägliche Änderung des Anblicks des Kometen nach *J. Hevelius (u.).*

Figura observat. Cometicar. Salisburgi factar. ad eandem Communicat. Schottanam pertinens. N.° 445

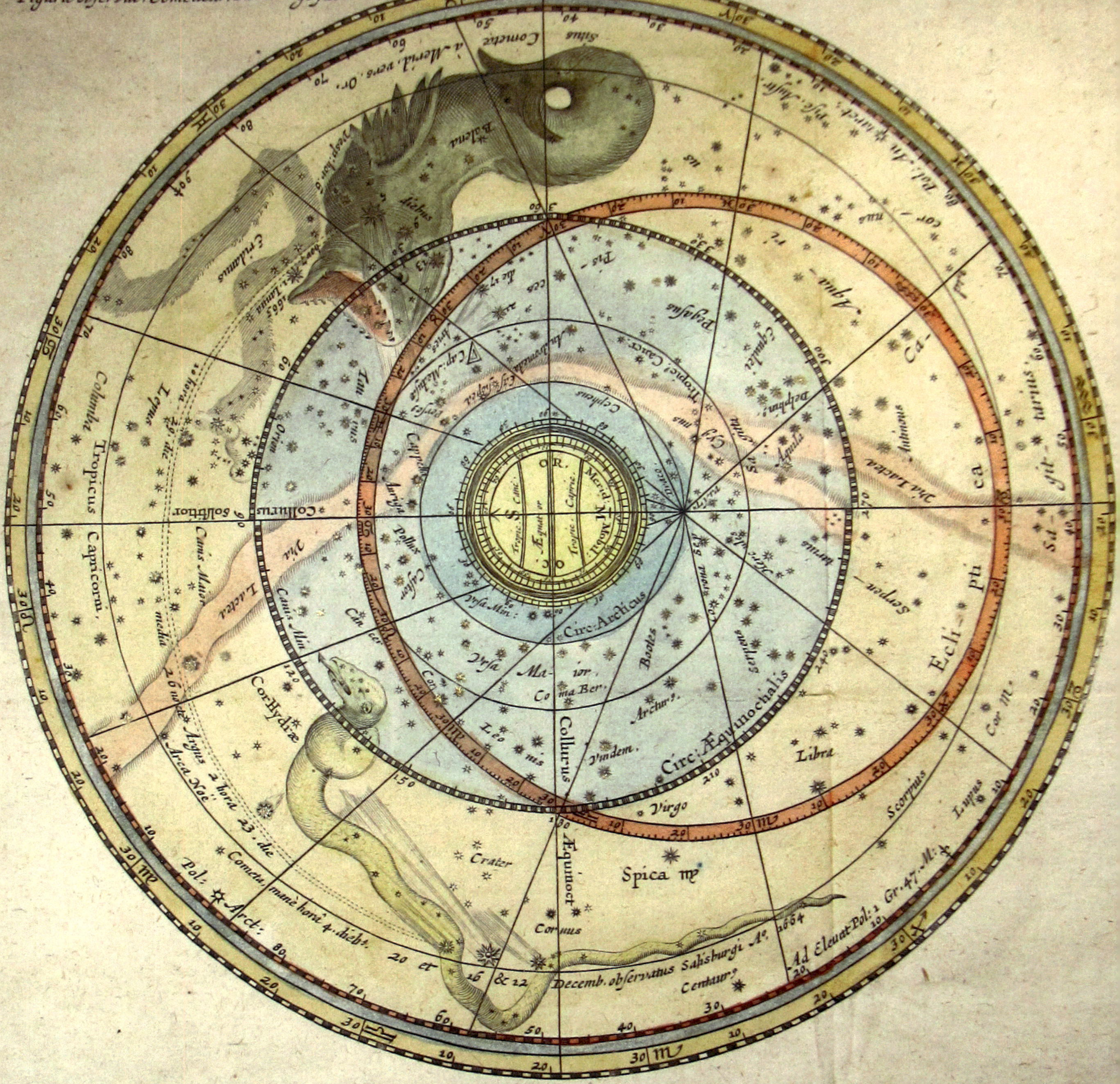

SYSTEMA ASTRONOMICVM COMETÆ

Mense Decembr. A.° 1664. et Ianuar. A.° 1665. Salisburgi observati.

Locus Cometæ, 12 Decemb. in Cauda Hydræ. 16. Eiusd. supra inferiorem partem ventris Hydræ. 20. Eiusd. in ventre Hydræ. 23. Eiusd. subtus Cor Hydræ. 26. Eiusd. in Via Lactea. 29 Eiusd. in Capite Leporis. 1. Ianuar. 1665. propè Eridanum. 5. Ian. in pectore Balenæ. 9. Ian. in Collo Balenæ. 13 Ian. in Occipite Balenæ. 17. Ian. circa pectus Arietis. 21. Ian. circa Pisces, versus Andromedam.

Altitudo Cometæ ab Horizonte elevati. 12. Dec. 23. gr. 16. Dec. 15. gr. 20. Dec. 18. gr. 23. Dec. 20. gr. 26. Dec. 23. gr. 29. Dec. 26. gr. 1. Ian. 27. gr. 5. Ian. 29. gr. 9. Ian. 37. gr. 13. Ian. 45. gr. supra Æquat. 4. gr. 17. Ian. 55. gr. supra Æquat. 13. gr. 21. Ian. 59½ gr. supra Æquat 17½ g

Declinatio Cometæ à Meridie vers. Orientem. 12. Decemb. 34. gr. 16. Dec. 24. gr. 20. Dec. 14. gr. 23. Dec. 11. gr. 26. Dec. 9. gr. 29. Dec. 6. gr. 1. Ia 23. gr. 5. Ian. 19½ gr. 9. Ian. 10. gr. 13. Ian. 5. gr. 17. Ian. 2½ gr. 21. Ian. sub Meridiano.

Cauda Cometæ in Hydra existentis, versus Cor huj9 Syderis in Occidentem protensa. Extra Hydram à Luna obfuscata. In Balena, intra utrun caput Medusæ et Tauri Septentrionem versus prominens.

Imago Cometæ, in Hydra existentis, supra Meridianum, Coloris Iovialis; propè et infra Meridianum Saturnini. Extra Hydram Coloris Saturnini. Balena, sub eius Ortu, Coloris Martialis; propè et infra Meridianum Mercurialis; remotior tandem, Saturnini.

Motus Cometæ Sphæricus et Spiralis, sub singulis horis matutinis 15. gr. 45. minutas, sub Vespertin. 23. gr. in hoc Climate superans, sed retardat9 re Asterismus huj9 Cometæ ex angulari Planetarum distantiâ elicitus; intercidit Guttur Vulturis volantis et Cygni; Dorsum Draconis; et Sinciput Maioris Ursæ.

G. Gerritsz sculp.

Abbildung

deß Neuen

Comet- und Wunder-Sterns/

Wie sich derselbe in den Innern Oesterreichischen Landen/ und benachbarten Croatischen Orten/ besonders aber über Rackelspurg und Czackenthurn Morgends zwischen 2. und 3. Uhren den 12. Januarii dieses 1664sten Jahrs/ mit erschrecklicher Entsetzung der Anschauenden/ hat sehen lassen.

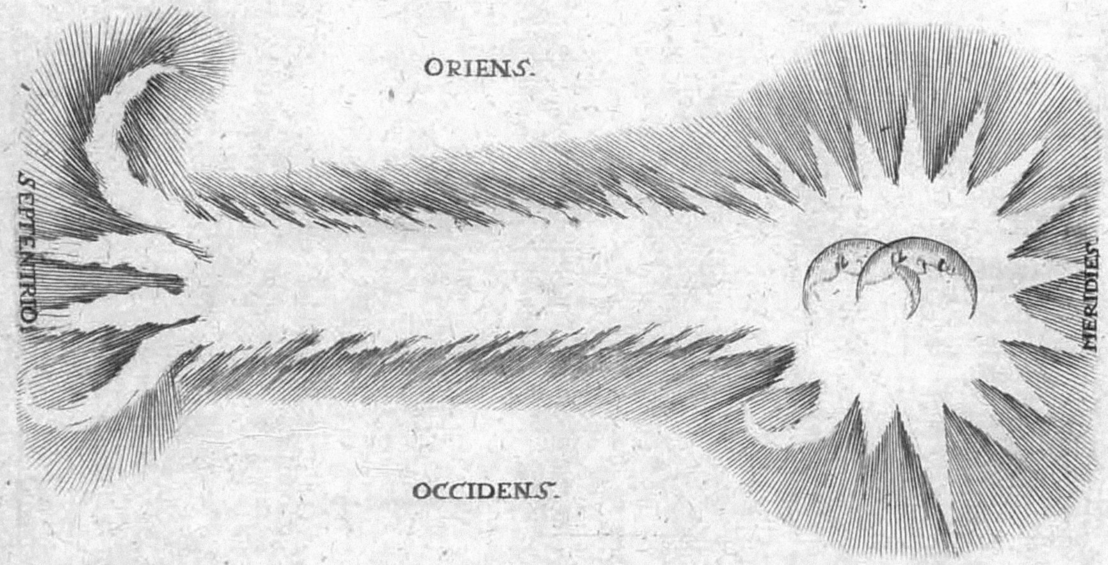

Diese übernatürliche/ und fast niemaln dergleichen am Himmel/ in so entsetzlicher Gestalt/ und brennenden Feuer/ sich sehen-lassende/ angezündete Göttliche Zorn-Fackel/ ist vermuthend viel grösserer Kriegs-Würckung/ und anderen Unheils/ als dessen so Anno 1618. sich 30. Tage über gantz Europa gewiesen/ und darauf der blutige dreyssigjährige Krieg/ wie auch desselbigen Anno 1652. auf welchen der Polnische/ Schwedische und Dähnische Krieg erfolget/ hoch zu besorgen. Dahero/ weil die Form solches Wunder-Sternes so über groß verwunderlich/ besonders die darin erscheinende halbe Monden zu ersehen/ dörffte/ weil bey itzigem Zustand/ die von dem Erb-Feind dem Türcken übermächtige Rüstungen durch gantz Europa erschollen/ gewiß nichts gutes predigen/ weßwegen dem erzörneten GOtt durch Buß- und eyfrigem Gebet allzu grosse Zeit in dessen Ruthe zu fallen ist/ der Höchste wende alles Ubel. Und weil sonderlichen in deß Neubarthi ausgefertigten Calendario deß verstrichenen 1663sten Jahres unterm Titul die grosse Conjunction, der beyden Obern Planeten Saturni und Jovis im feurigen Zeichen deß Himmlischen Schützen aus solcher erfolgende Comet- oder Wunder-Stern gemuhtmasset/ ist wohl Beyfall zu geben/ daß solcher von selbiger Conjunction entsprossen. Also dörfften wohl einige Astronomische Gutachten/ wegen Würckung solchen Wunderbothens/ ans Liecht gebracht/ und alsdann durch den Druck zu männigliches Nachricht mitgetheilet werden. Soviel in Eil zur Nachricht.

Zufinden in Nürnberg bey Paulus Fürst/ Kunsthändlern.

Karte mit der Bahn des Kometen, beobachtet in Salzburg (links). Flugblatt zur Erscheinung des Kometen über Radkersburg (oben). *G. Gerrits (li.), P. Fürst (o.)*

Kirch 1680

Die Pest in Europa, die Türken vor Wien: In eine unruhige Zeit fiel die Erscheinung des größten Kometen des 17. Jahrhunderts. Mit dem Teleskop entdeckt und verfolgt, hielten viele Experten die beiden Auftritte vor und nach der Sonnenpassage für zwei unterschiedliche Kometen. Ein sächsischer Amateur und ein englischer Wissenschaftsgigant erkannten, dass eine Parabelbahn beide Erscheinungen in Einklang bringen konnte. Das Volk auf der Straße bekam jedoch von alldem nichts mit und gruselte sich beim Anblick des »schröcklichen« Schweifsterns.

Daten	
Nr.:	8
Bezeichnung:	C/1680 V1 Kirch
Alte Bezeichnung:	1680
Entdeckungsdatum:	14.11.1680
Entdecker:	Johann Gottfried Kirch
Periheldatum:	18.12.1680
Periheldistanz:	0,0062AE
Erdnähe:	30.1.1680
Erdentfernung:	0,4895AE
Maximalhelligkeit:	-10^{m}
Maximale Schweiflänge:	90°
Länge des Perihels:	350,6°
Länge des aufsteigenden Knotens:	276,6°
Bahnneigung:	60,7°
Exzentrizität:	0,99998600

Bahn und Sichtbarkeit

Als Kirch den Kometen nahe Mond und Mars entdeckte, stand er unweit der Ekliptik im Löwen am Morgenhimmel. Er bewegte sich zunächst wie Mond und Planeten rechtläufig in Richtung Jungfrau. Ende November 1680 zog er an deren Hauptstern Spika vorbei. Die Sichtbarkeitszeit am Morgenhimmel verkürzte sich in den kommenden Wochen, in denen C/1680 V1 auf die Sonne zustrebte. Am 9. Dezember hatte sich der Komet ihr auf 20° angenähert und war unsichtbar geworden.

Vom Perihel am 18. Dezember, bei dem der Komet in einem außerordentlich geringen Abstand von weniger als 500.000 Kilometern über die Sonnenoberfläche zog, war nichts zu sehen. Erst um den 20. Dezember 1680 tauchte der Komet in der Abenddämmerung auf. Er verließ die Dämmerung rasch und war bald auch an dunklem Himmel zu sehen.

Nun folgte die beste Sichtbarkeit, obwohl der Mond störte. Der Komet stand um Weihnachten 1680 (nach dem gregorianischen Kalender) im Sternbild Adler. Sein Schweif reichte nach Norden in die Milchstraße, rechtwinklig über dem Horizont aufragend.

Im Januar 1681 verbesserten sich die Bedingungen weiter. Der Komet näherte sich der Erde zu dieser Zeit immer noch, gleichzeitig stieg er höher über den Horizont. Anfang des Monats befand er sich im Sternbild Pegasus, Ende Januar im Bereich Fische, Andromeda und Dreieck. Dort fand auch die Erdnähe am 30. Januar statt. Der Komet verschwand schließlich Richtung Osten im Sternbild Perseus, wo er im März 1681 letztmalig gesichtet wurde.

C/1680 V1 zählt zu den Sonnenstreifern, ist aber kein Mitglied der Kreutz-Gruppe, die viele helle Kometen hervorgebracht hat.

◀ Der Große Komet am 22.12.1680. Aquarell. *Rochus van Veen*

Entdeckung und Beobachtungen

Johann Gottfried Kirch entdeckte den Kometen am Morgen des 14. November 1680, nachdem er in Coburg Mond und Mars im Teleskop beobachtet hatte. Kirch meinte, es müsse sich »entweder um einen Komet oder Nebelstern, ähnlich dem im Gürtel der Andromeda« handeln. Der Vergleich mit M 31 legt nahe dass der Komet nicht sehr schwach erschien und wohl mindestens $4\overset{m}{,}5$ aufwies. Tatsächlich konnte Kirch den Kometen auch mit bloßem Auge sehen, er wurde aber durch den nahen Mond beinahe überstrahlt.

Am 16. November zeigte sich in den einfachen Teleskopen der damaligen Zeit schon ein kleiner Schweif, der am 21. November auf ein halbes Grad Länge angewachsen war. Die Helligkeit betrug zu diesem Zeitpunkt etwa 2^{m}. Der Komet wurde nun rasant heller. Schon Ende November hatte er sich zu einer beeindruckenden Erscheinung mit einem Schweif von 15° bis 30° Länge gemausert. Der Schweif war aber recht schwach, Kirch selbst meinte, er habe noch keinen Kometen mit solch einem schwachen Schweif gesehen. Die Helligkeit des Kopfes stieg jedoch bis zum Dezember auf 1^{m} an und dürfte danach weiter gestiegen sein – der Komet war aufgrund der Nähe zur Sonne aber unsichtbar.

Vom Perihel am 18. Dezember sind sogar vereinzelte Sichtungen am Taghimmel überliefert. So konnte der Komet auf den Philippinen am 18. Dezember nur 2° von der Sonne entfernt und am folgenden Tag von Siedlern bei New York »etwas oberhalb der Sonne« gesehen werden.

Am 20. wurde der Komet abends in der hellen Dämmerung in Europa wiederentdeckt: Der Kopf, noch zu nah an der Sonne in der hellen Dämmerung, war nicht zu sehen. Er schickte jedoch einen schmalen langen Schweif bis in den Zenit, der mit der zunehmenden Dämmerung immer besser hervortrat.

In den folgenden Tagen entfaltete sich ein unvergleichliches Spektakel: Vom glühend roten Kometenkopf tief am Horizont erstreckte sich ein sehr heller Schweif nach Norden. Er reichte vom Schild über Adler und Schwan bis in die Kassiopeia, »so groß, dass er von einer Seite des Horizonts bis zur anderen reichte, aber mit wenig Unterschied in der Breite«, wie Casimiro Diaz auf den Philippinen berichtete. Der Schweif war noch vier Stunden nach Untergang des Kopfes sichtbar, laut Diaz »in der Dunkelheit der Nacht mindestens so viel Helligkeit verursachend wie der Mond im Viertel«. Bewundert wurde die goldene Farbe des in dieser Phase gerade erscheinenden Schweifs, dessen Breite 3° nicht überstieg, nahe des Kopfes wohl nur 0,5° maß.

John Flamsteed bezeichnete den Kern als rötlich im Teleskop, wohl wegen der Horizontnähe. Er erschien ihm in quadratischer Form. Sein Landsmann Robert Hooke berichtete am 28. Dezember eine Schweiflänge von 90° und eine Breite von 2°. Dabei bemerkte er einen Lichtstrahl, der aus dem Kometenkopf auszutreten schien »in der Art eines plötzlichen Ausspuckens von Wasser aus einer Maschine« – vielleicht ein erster Hinweis auf einen Jet am Kometenkern.

Erst zum Jahreswechsel 1680/81 wurde der Komet schwächer, am 31. Dezember dürfte der Kopf noch 3^m erreicht haben. Der Schweif blieb jedoch auch im Januar mit 55° bis 75° beeindruckend lang. Er krümmte sich nun leicht Richtung Süden. Kirch konnte am 7. Januar das Phänomen des Gegenschweifs beobachten, das er als »Afterschwantz« bezeichnete.

Über die weitere Entwicklung des Kometen berichtete Flamsteed. Danach waren am 13. Januar noch 25° des Schweifes zu sehen, die Helligkeit des Kopfes entsprach einem 4^m-Stern. Am 19. Januar waren es nur noch 5^m, am 4. Februar 7^m. Während der Kopf sich somit schon dem bloßen Auge entzogen hatte, blieb der Schweif bis Mitte Februar zu sehen. Georg Samuel Dörffel erspähte ihn letztmalig am 17. des Monats.

Die letzten Beobachtungen im März 1681 stammten von Isaac Newton, der möglichst viele Positionsbestimmungen des Kometen mit seinem Teleskop zu gewinnen hoffte. Ihm gelang es am 19. März 1681 als letztem Menschen, den Großen Kometen von 1680 zu sehen.

Hintergrund und Öffentlichkeit

Kirchs Komet war der erste mit dem Teleskop entdeckte Schweifstern der Geschichte. Er wurde auch nach seiner Hochphase im Dezember 1680 so intensiv wie kein Komet zuvor mit Teleskopen verfolgt. Die neuen Instrumente zeigten damit ihre Überlegenheit gegenüber der Beobachtung mit bloßem Auge, denn mit ihrer Hilfe war es möglich, Kometen viel länger zu verfolgen und so mehr Aussagen über ihre Bahn am Himmel zu erhalten.

Vielfach wurden die beiden Auftritte des Kometen vor und nach der Sonnenkonjunktion für zwei verschiedene Objekte gehalten. Mit Kirch und Newton waren die zwei profiliertesten Beobachter selbst von dieser These überzeugt. Der sächsische Theologe und Amateurastronom Georg Samuel Dörffel zeigte aber in seiner Arbeit »Astronomische Beobachtung des Großen Cometen«, dass beide Erscheinungen auf ein Objekt zurückgingen. Er schlug eine Parabelbahn als Lösung vor – nur aus einfachen Winkelschätzungen zwischen Komet und Sonne war er auf diese Bahnform mit der Sonne im Perihel und der beschleunigten Bewegung zum Perihel hin gestoßen.

Auch John Flamsteed war überzeugt, dass es sich nicht wie von Newton behauptet um zwei Kometen auf geraden Bahnen handelte. Er nahm magnetische Kräfte der Sonne als Ursache für die »krumme« Bahn an. Das Perihel verlegte er dabei fälschlicherweise von der hinteren auf die vordere Sonnenseite. Flamsteed meinte, dass Kometen aus Wasser bestünden, das unter den Strahlen der Sonne verdampfe – ein erstaunlich moderner Gedanke!

Newton zweifelte lange an einer nichtlinearen Bahn, obwohl er erkannt hatte, dass Kometen von der Sonne beschienen sein müssen, weil sie im Perihel heller erscheinen als zur Erdnähe, und offenbar nach dem Perihel heller sind als davor. Er gelangte schließlich unabhängig von Dörffel zur Konstruktion einer Parabelbahn, die er 1687 in seiner berühmten »Principia« veröffentlichte. Kometenbahnen konnten somit berechnet und vorhergesagt werden, wenn genug Beobachtungen vorhanden waren. Edmond Halley erkannte im selben Jahr, dass sie auch dazu dienen konnten, vergangene

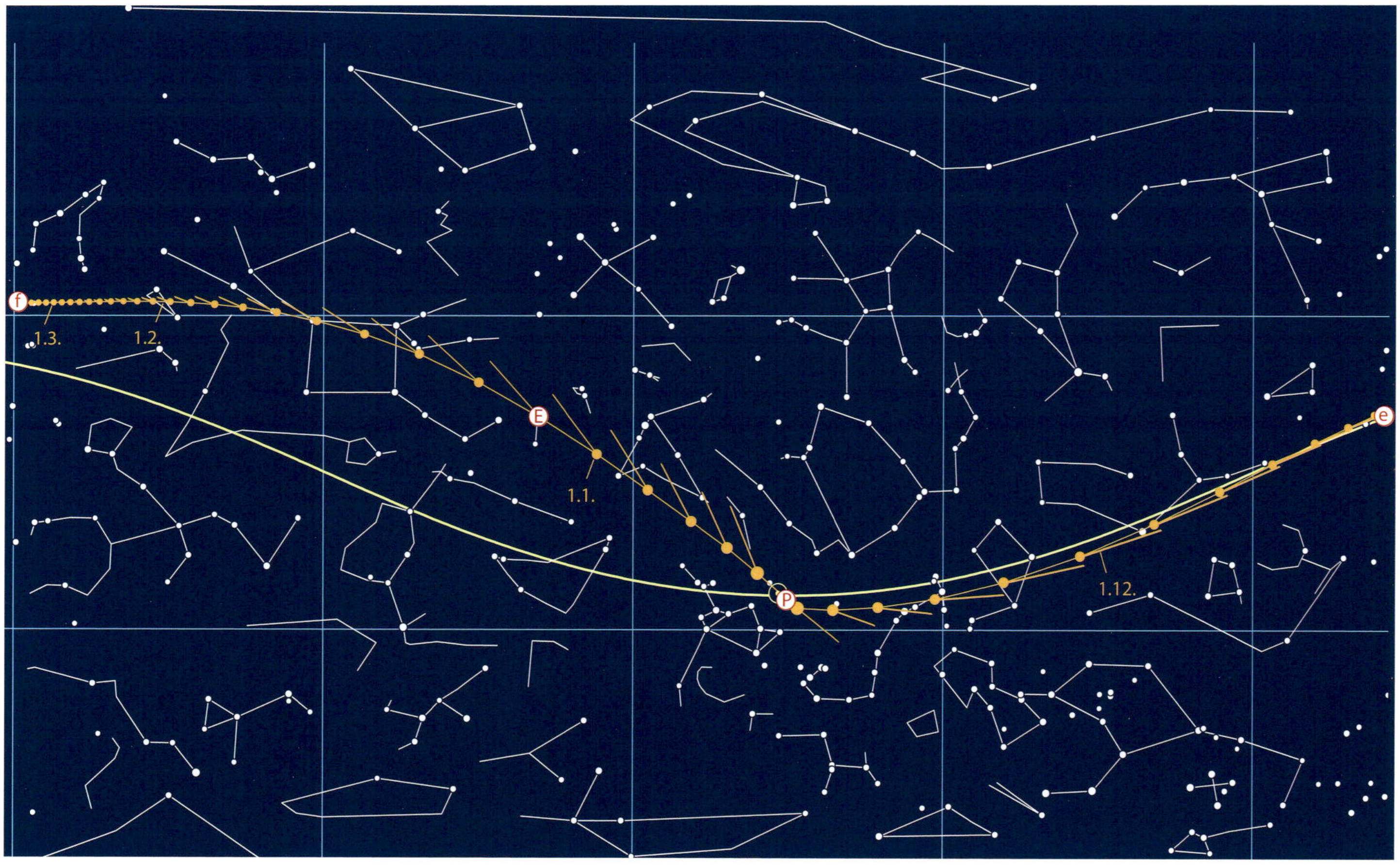

Bahn des Kometen vom heute nicht mehr existenten Sternbild Antinous (heute Schild) bis in den Pegasus. Die dargestellte Schweiflänge am 22.12.1680 beträgt ca. 60°. Bemerkenswert ist der eckige Bahnverlauf. *Anonym*

Kometen-Erscheinungen mit aktuellen zu identifizieren. Er hielt den Kometen von 1680 später für eine Wiederkehr der Kometen von 44 v. Chr., 531 und 1106 und sagte seine Wiederkehr für das Jahr 2255 voraus. Leonhard Euler dagegen berechnete im 18. Jahrhundert eine Periode von 171 Jahren, während Alexandre Guy Pingré 16 Jahre annahm und Johann Franz Encke sogar nur 8,8.

Trotz des mit dem Kometen von 1680 verbundenen wissenschaftlichen Erkenntnisfortschritts erreichte die Kometenhysterie der frühen Neuzeit einen letzten Höhepunkt. Über 230 Traktate und Flugblätter erschienen in Deutschland. In den meisten wurde der Komet als mahnendes Zeichen Gottes interpretiert. Das hatte durchaus auch Auswirkungen auf das Alltagsleben. So verfügte der Rat der Reichsstadt Regensburg, »dem beleidigten Gott in seine aus gerechtem Eifer an das Firmament uns zur Warnung und vor Augen gestellte, entsetzliche Rach und Zorn Ruthe mit reuig und bußfertigen Gemüthe alles sündige Wesen ungesäumt abzulegen«. Die Bürger wurden angewiesen, »des höchstschädlichen Kleiderprachts und aller Hoffart sich zu entäußern, keine Winkeltänz zu gestatten, der Mummerey sich zu enthalten und das unanständige Schlittenfahren, sowohl in großen als auch kleinen Schlitten, bey Tag und bey Nacht gänzlich abzustellen und sich eines stillen und nüchternen Wandels zu befleißigen.«

Jedoch wurde auch zunehmend die Entmystifizierung der Kometen betrieben. Erhard Weigel, einer der Lehrer von Entdecker Kirch, gab allein 1680 acht Schriften gegen die Kometenangst heraus. Auch Jakob Bernoulli wetterte gegen die Missdeutung des astronomischen Objekts.

In vielen Flugblättern war jedoch der Charakter der Bußpredigt dem der Unterhaltung gewichen. Die stereotype »Schröcklichkeit« erzeugte einen kalkulierbaren Grusel, denn die Flugblätter waren für ihre Autoren und Verleger ein lukratives Geschäft und oft die Basis für den Lebensunterhalt. Die Lust am Schaudern war aber auch ein Reflex der unsicheren Zeiten: 1679 bis 1684 wütete eine Pestepidemie, und die Türken standen abermals vor Wien.

Vernünfftige
Erkantniß und eigentliche Bewandniß/
Deß den 16/26. Decembris erstesmal zu Abends um 1. Uhr der Grössern allhier zu
Nürnberg erschienenen entsetzlichen
Cometens.

SO viel deß Mutmaßlichen Prophezeyens über diesen zwar sehr erschröcklich erblickten und wargenommenen Cometen/ man vernimmet / so viel aberwitzige und kitzliche Vernünfftlinge / werden auch unter denen Anschauern gefunden / welche ihre ungegründete Meinungen mehr aus dem Gestirn einer Hirnlosen Vernunfft/ als deß weiten und breiten Horizonts lesen und einsammlen; Und also dem allmächtigen GOtt in das Geheim-Buch seiner Weisheit greiffen / und die Natur meistern wollen.

Dann unerachtet alle Cometen (deren nach ihrer Art / Gestalt und Eigenschafft/ sonsten fürnemlich dreyerley-Comati, Barbati, und Caudati, oder so-genannte haarige/ bartige/ und geschweiffte Schwantz-Sterne gefunden werden /) als ein natürliches Werck / ihren gewiesen Grund und Ursprung der Erscheinungen / nach aller der Gelehrtesten und Sternkündigen Astronomorum einhelligen Beystimmung / an dem Himmel haben; so finden sich doch / welche aus denen selben insgemein Propheten/ oder sich selbst zu gründlichen Auslegern solcher Sterne machen und Aufwerffen/ und ihnen den allerärgesten Erfolg so gewiß zu schreiben und beymessen / einig und allein/ aus blossen und gemeinen Wahn-Grund; daß gemeiniglich die Cometen etwas Böses vorbedeutet und mit gebracht hätten. Eben als ob der allweise GOtt seinen Rath/ (welcher auch den Engeln verborgen/) einen Stern offenbaret hätte. Welche hartnäckige Meinung aber und verwegenes Prophezeyen/ mehr eine heidnische Furcht für dem Geschöpff als kindlich-zuversichtliches Vertrauen zu dem Schöpffer selbst in dem Hertzen eines Christen verursachet.

ES wurde aber dieser entsetzliche Comet-Stern/ als ein Stella caudata Anfangs Süd-Osten werts in dem Zeichen deß Scorpions/ von sonderbarer ungewöhnlicher und für andern Sternen gar unterschiedener Gestalt/ bey einer Hand oder Faust groß von den Stern-Kündigen und Gelehrten/ nicht ohne Verwundern / auch eines sehr rötlichten Liechts / durch hierzu behörige künstliche Instrumenta wargenommen und beobachtet. Worbey dann dem natürlichen Augenmaß / dessen weißlichter Schweiff / (welcher von Morgen / Abendwärts / auch mehr über- als untersich und also der Erden entfernet/ gerad nach der so genanten Spica Virginis oder der Jungfrauen / zugewendet/) in verwunderlicher Länge und hellen Leuchte sich erwiesen. So/ daß er auch bald nach diesem in seinem schnellen Lauff/ sich recht genau neben der Lance australi einem bekanten Fix-Stern in dem Zeichen der Waag ohngefähr bey die 3. Grad weit von demselbigen stehend befunden. Von dar er sich dann wiederum schier gerad unter erst-erwähnten Stern gezogen / und demnach seinen gegen die Sonnen gerichteten ordentlichen und natürlichen Lauff / (als von welcher er / gleich allen andern Cometen das schattigte Liecht empfähet/) klärlich genug zu Gesicht gebracht. Welcher sehr schnelle/ und verwunderlich vor andern geschwinde Lauff dann/ so dessen Corpus noch länger dauren und sich nicht allzuhoch von der Erde uns aus dem Gesicht un Horizont entziehe solte/ vielleicht künfftiges 1681. Jahr zu Ende deß Januarii/ (zumalen er weit geschwinder als die Sonne lauffet / derselben vorbey eilen dörffte / daß man so dann diesen Schreckengast am Himmel der Sonne nach/ un also deß Morgens auf- und deß Abends untergehen/ den Schweiff aber gegen Morgen zugewendet zu Gesicht bekäme. Ob nun einige dieses erschröcklichen Cometen wunderschnellen Lauff und ersten Stand nach/ denen Ländern und Städten/ welche unter dem Scorpion gehören/ darinnen sich zwar Nürnberg nicht befindet/ andere aber aus dem Zeichen der Jungfrauen/ dahin er Anfangs seinen Schweiff/ (welcher sich über die 1000. Meilen lang erstrecket/) gekehret/ einem hohen Haupt so vielleicht in diesem Zeichen geboren / etwas sonderbares deuten/ und sich also allein ungetroffen zu seyn vermeinen wolten. Solche irren in ihrer Vernunfft allzuviel/ und thun diejenigen besser / welche ihnen den Einfall deß Thurns zu Siloah vorstellen / und gedencken daß dieselbigen welche er getroffen/ nicht allein Sünder gewesen. Dahero dann mehr auf GOtt/ mit einem ernstlichen Buß-Eiffer/ als auf den Stern sehen / seine Allmacht und Weisheit daraus betrachten/ nicht aber das Geschöpff höher als den Schöpffer selbst achten und der kindlichen Zuversicht vergessen.

Schau diesen Schrecken-Gast/ und Wunder-Stern an/
Doch sihe mehr auf den/ der Ihn regieren kan/

Ein Klügling dencket oft/ die Straff dem außzulegen/
Und laufft der seinen selbst in Sicherheit entgegen.

Du aber frommer Christ geh hier die Mittel-Straß/
Halt dich zur Buß gerist/ und bet ohn Unterlaß.

Gedruckt/ im Jahr Christi/ 1680.

Der Große Komet von 1680 über Nürnberg, jeweils aus ähnlichen Blickwinkeln über dem Westhorizont dargestellt. *Anonym (o.), J. J. Schollenberger (re.)*

Abbildung und Beschreibung deß wunderwürdigen unvergleichlichen Cometen.

Der erstmals zu Anfang deß Wintermonats vor Aufgang der Sonnen erschienen / und anjetzt nach derselben Untergang sich entsetzlich sehen lässet.

MAn findet sowoln in Heiliger Schrifft / als auch andern glaubsichern Historien / daß so oft der Allmächtige GOTT die Sünden einiger Erd-Einwohner / zu bestraffen / sich entschlossen; Er solches zuvor / aus mild-vätterlicher Langmut entweder durch wahre Propheten / oder entsetzliche Wunder ankünden lassen: Hat sothane Warnung gefruchtet / und ist eine eyferige Buß und Bekehrung erfolget / so ist auch die angedrohete Straffe abgewendet / im widrigen aber / unfehlbar vollzogen worden.

Wann nun von einigen Jahren her / der erzörnete und darbey gütige GOtt / durch Erdbeben / unterschiedliche Cometen / und andere mehrfältige ungewöhnliche Zeichen / denen in Sünd und Lastern blindersoffenen Menschen / ihre wolverdiente annahende Jammer-Plagen zur Genüge anmelden / auf hinterbliebene Besserung aber / durch verderbliche Krige / Sterben / und anders Elend / (wie man leyder mehr als zu viel erfahren) eyfergrimmig ergehen lassen.

Als hat Er nun abermaln an dem hohen Himmel / eine erschröckliche Fakkel / Ruthe und Schwerdt / zu einer gütigen Warnung / für den annoch bevorstehenden Unglükk aufgesetzet; Damit weiln je alles vorige im Wind geschlagen worden / dieser grausame förchterliche / wegen seiner Gestalt und Lauffes / von denen Gestirn-Erfahrnen unvergleichlich bewunderte Comet / einige Entsetzung und Veränderung in den Sünd-verstockten Gemüthern auswürcken / und die nunmehr abgeurtheilte Sünden-Straffen / durch herzliche Reue und Buß / zurükk gezogen werden möchten.

Es ist aber dieser wunderwürdige unvergleichliche Comet / allhier und auch anderer Orten / das erste mal / in dem Zeichen deß Löwen / worinnen sich auch damaln der Kriegs-Planet Mars befunden / unter deß Löwen Herz-Stern / an dem Zodiaco oder Thier-Kreisse und Planeten-Wege Südwerts streichende / sodann folgender Tagen in dem Zeichen der Jungfrauen / Anfangs / ohne / hernacher den 12. Novembris mit einem immer zunehmenden / doch wegen anbrechenden Tages schwachliechten Schweiffe gesehen worden; ist hierauf wegen seiner Annäherung zur Sonnen / als auch eingefallenen trüben Wetters / unserem Gesicht entwichen / und so lang unsichtbar geblieben / bis er endlichen / nach deme er die Sonne überlauffen / und sich aus deren Glanz erlediget / auch die Luft sich wieder ausgehellet den 16. (26) dieses innstehenden Christmonats / bey angehender Nacht / mit einem sehr langen blaßweisen Schweiff / ganz prächtig hervor gebrochen / und sich denen Erd-Einwohnern / als ein Rach-Schwerdt und Zorn-Ruthe deß Allerhöchsten GOTTES / entsetzlich vor Augen gestellet / hat sich damaln befunden / in dem ungebildeten Zeichen deß Steinbocks / zwischen der Sonnen-Strassen und Welt-Gürtel / unter deß Adlers Knaben auf dem Altar: Zeither / hat er seinen vorher denen andern Planeten gleich-geführten Lauff / mit grosser Verwunderung der Stern-Erfahrnen dergestalten geändert / daß er nicht allein ruckgängig worden / sondern auch sich immer höher gegen Norden erhebt / auch bereits die Tag und Nacht gleichende Linie überstiegen / und da er wie bisher geschehen / also fortfahren solte / uns bald vertical werden / oder über das Haupt kommen dürfte. Er hat nunmehr von seiner ersten Erscheinung an / den Löwen / Jungfrau / Waag / Scorpion / Schützen / auch mehrentheils deß Steinbocks / und also sechs Zeichen / ja dergestalten den halben Himmels-Bezirk durchgelauffen / und wird seine jetzig vier und zwanzig stündige Bewegung über drey Grad vermerket. Von der wahren Grösse / sowoln seines Cörpers als Schweiffes / ist darum / weiln seine Höhe nicht eigentlich bewust / nichts unfehlbar Gewieses zu gedenken. Es ist aber gleichwoln aus unterschiedlichen denen Sternkündigern bekannten Ursachen zu vermuthen / daß er höher als die Sonne stehen / auch daher / ob er schon unsern Augen kaum als ein Stern der dritten Grösse vorkommet / derselben in der Grösse nichts bevor geben möchte / und wird also wann man den Bezirk seines Cörpers / auf mehr als tausend / die Länge deß Schweiffes aber / auf etlich mal hundert-tausend Teutsche Meilen schätzet / nichts der Warheit Ungemässes begangen. Hingegen aber irren die jenige / so da fürgeben / daß der Schweiff welcher auf sechzig Grad lang anzusehen / und deren Eins auf unserer Erden gerechnet fünfzehen Meilen gibt / auf tausend Meilen lang seyn müsse; dann weiln augenscheinlich bewust / daß unser Wohnhaus diese Erdkugel / gegen den unmäßlich weiten Umkreysen der Planeten / und anderer höherer Gestirne kaum vor ein kleines Pünctlein zu achten / und die auf Erden 15. Meilen lange Graden / sich auf viel tausend ja hunderttausend vermehrfältigen / so muß auch der Comet als ein in dergleichen Kreyß stehendes Gestirn / nicht aber als ein auf Erden kriechender Wurm betrachtet / und seine Grösse berechnet werden.

Der allergrösseste HERR / der uns dieses grosse Warnungs-Zeichen von den hohen Himmel leuchten lässet / wolle unser aller Herzen und Gemüter dergestalten regieren und führen / daß wir in Herzens-Reue / wahrer und beständiger Bußbekehrung / Ihme mit eyferbrünstigen Gebet demütig zu Fussen fallen / und die durch diesen Cometen angedrohete schwere Straffen abbitten und abwenden mögen; Wollen daher mit folgenden Sonnet schliessen.

List / Lust / Laster-voller Sünder! wilst du nicht von Scham erröthen /
so erbleiche nun aus Schrekken! Sih' auf / wie dich übersteigt /
diese bleiche Feuerrakkete; blikk an / wie der Höchste zeigt /
deiner Sünden Strafferuthen; merk wie von dem Kriegs-Planeten
kommt ein Schwerdt auf dich gelauffen; Schau den grausamen Cometen /
der mit blassen Todesstrahlen / von dem hohen Himmel leucht
der mit gleichlos-langem Schweiffe / in die Nordgestirne reicht:
Ach es redet ohne Rede / GOTT durch diesen Straff-Propheten /
Ruthe / Schwerdt / Gifft stehen fertig / dich O böser Mensch zu schlagen
mit Krieg' Armut / Krankheit / Sterben / und mit allen Jammer-Plagen /
wann du wirst verstockt beharren / in den Lastern ohne Scheu;
wirst du aber dich bekehren / und mit Herz- und Schmerzens-Reu /
von dem Sündentod aufleben / so kanst du Vergebung hoffen /
dann die Thür der Gnaden GOTTES / stehet dir noch immer offen.

Der Komet am 26.12.1680 über der Nürnberger Burg mit Instrumenten der Eimmart-Sternwarte. Radierung (oben). Darstellung am selben Abend über der Stadt mit Blick nach Westen (unten). Die Position des Mondes ist hier falsch. *J. J. von Sandrart (o.), J. Hofmann (u.)*

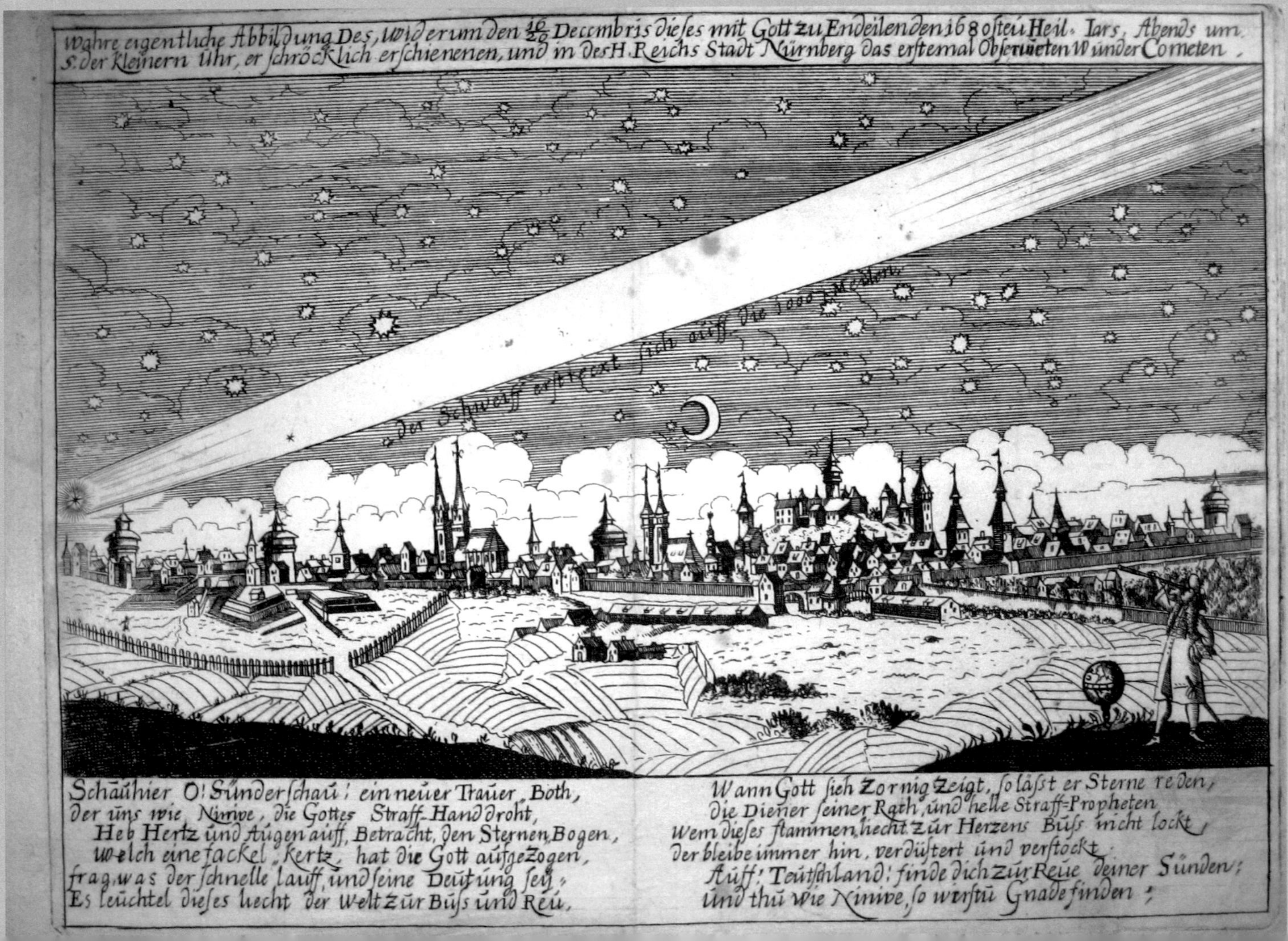

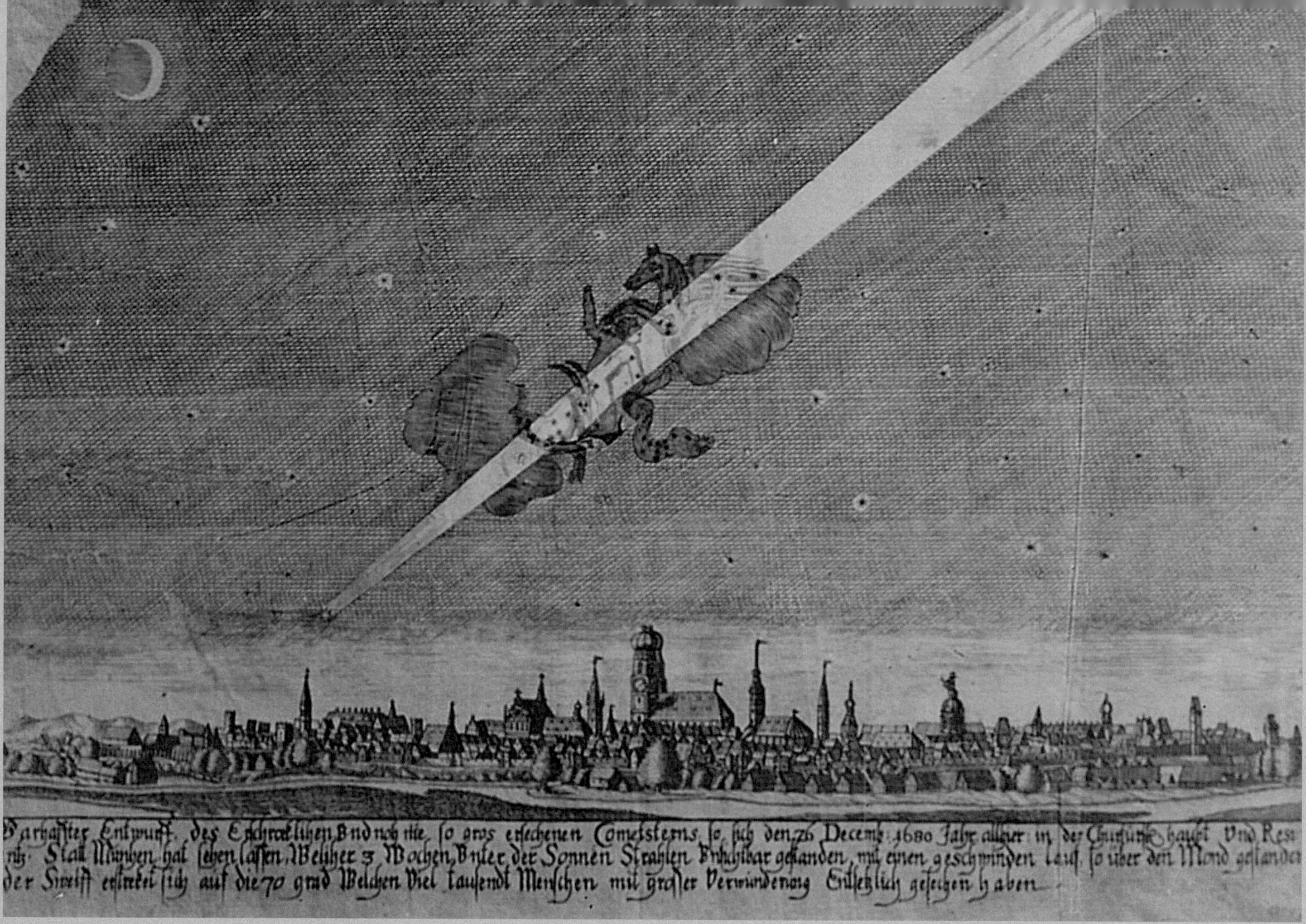

Der große Komet von 1680 über München (oben) und Breslau (unten). In unterschiedlicher Weise sind die vom Kometen durchschrittenen Sternbilder skizziert. *Anonym (o.), M. Buck (u.)*

Beschreibung
des Comet-Sterns/welcher zu Breßlau den 29. 30. und 31. Decembr. Anno 1680. gesehen worden.

Nach der Sonnen Unter-gang/ 1. viertel auff 6. Uhr ist der Stern auffgegangen uñ gesehn worden/ seine Stelle war unter dem linken Arm des gestirnten Antinoi, den Schweiff hat er auff 80 Grad gegen dem Gestirn Cassiopæa geworffen/nemlich durch dē Schnabel des Adlers/ unten durch den Delphin, zwischen dem Schwan uñ Pegaso, bis zu der Cassiopæa. Der Corpus des Sterns gieng zwar unter nach 6. Uhr und 30. minuten/der Schweiff aber (wie ein Regenbogen breit) ist allezeit nachgeblieben/ hat sich erst verloren umb 10. Uhr/ und früh ist er wiederum gestanden umb 7. Uhr/ und steiget von Tag zu Tag allzeit höher/ der Schweiff welcher wegen der Sonne so lang uñ breit ist/ wird (wañ er weiter von der Sonnen wird gewichen seyn/) kürtzer werden. Er ist Secundum longitudinem, oder der Länge nach 14. Grad von der Soñen/ in dem 20. grad des Zodiaci oder Steinbocks ein Gestirn des Schützens/ er steigt alle Tag 3. Gr. u. 6. min. Was die Länge des Schweiffes antrifft/ kan solche nicht eigentlich gesetzt werden/ ehe man des Cometen Abstand von dem Mittel-Punct von der Erden weiß. Jedoch sind die jenigen/ so von etlich 100. Meilen sagen/ übel berichtet: deñ gesetzt: er stünde nur mit dem Monden in gleicher Höhe/ wenn er der Erden am näbesten ist/ da er doch sonder Zweiffel viel höher stehet/ so würde der 75-grad-lange Schweiff 58587 deutsche Meilen lang/ und über 390. Meilen breit seyn. Was dieser Stern nun bedeuten wird/ das weiß allein derselbe grosse GOTT/ welcher alle Sterne erschaffen.

Zur Lissa
druck'ts Michael Buck/ 1681.

Das
durch den Cometen
Anno 1680-81.
Erregte
Buß-Gebeth.

1.
O GOtt du rufftst in deinem Wort
Die Menschen-Kinder zwar zur Busse/
Du straffst bald dehn/ bald jenen Orth/
Noch fällt dir niemand recht zu Fusse/
Drumb zeigt ein ungewöhnlich Stern
Dein grosser Zorn sey nicht mehr fern.

2. O treuer GOtt/ verleyh daß wir
Die Zeit der Gnaden nicht verschertzen/
Hilff/ daß die Boßheit sich verlier'/
Uñ schaffe reine neue Hertzen/
Dz wir mit ernst beflissen seyn
Das böse Leben zu bereun.

3. Erbarm dich unser grosser Noth/
Denn wir bekennen unsre Sünden/
Verwandle die gedräute Noth
Laß uns in Christo Gnade finden.
Laß dich durch bethē haltē auf/
Uñ hemme deines Zornes Lauff.

4. Bewahre deine Christenheit
Für Kriegen/ Mord uñ Blutvergiessen/
Für Hunger/ Pest/ und dürrer Zeit/
Laß keine Feuer-stralen schiessen/
Bedecke dieses gantze Land/
Mit deiner Schutz- und Seegens-Hand.

5. Schau' uns vom Hiñel freundlich an/
Damit die schrecklichen Cometen,
An dem gestirnten Himmels-Plan/
Nicht werden traurige Propheten/
Hilff/ daß wir auß den Sünden gehn/
So wird es besser umb Uns stehn. Amen.

Eygendlicher Abriß / des Anno 1680. entstandenen

Cometen.

Es ist derselbe zwar erstlich im Zeichen der Jungfrawen / den 11. Novemb. allhie zu Basel aber / wegen trüben Luffts/erst den 24. Novemb. Morgens gesehen worden/ein wenig vnderhalb der Mittägigen Waagschalen stehend/vnd seinen Schweiff auff die 8. Grad lang gegen dem hellen Stern der Jungfrawen Aehern genañt oder in ansehung der Sonnen-lauff / gegen Nidergang derselben/ vnd ein wenig gegen Mitternacht gerichtet / folgenden Tags koñte man wegen annahendem Voll-Moñs jhne nicht mehr sehen / biß er bey der Sonnen vorbey gegangen war/vnd den 12. Decemb. Abends widerumb herfür kam/da dann (einkoñenem Bericht nach) der Stern des Cometen zwar noch nicht / der Schweiff aber in einer grausamen Grösse erschienen / daß er vom Horizont biß zum Schäitel-puncten sich erstreckte / vnd Fewr-roth / auch so breit war/als ein Regenbogen/anzusehen wie eine hohe Saul oder Balcken / gegen Auffgang der Sonnen vnd ein klein wenig mehr gegen Mitter-nacht auffgerichtet: Allhie aber war es trüb Wetter/biß auff den 18. 19. vnd 20. Decemb. da koñte man observieren / daß der Comet von der Ecliptica oder Sonnen-straß herauff kam / vnd bey der Lincken Hand Antinoi vber die Æquinoctial-Linien / vnd auß dem Steinbock in den Wassermann gieng / seinen Schweiff streckte er in einer geraden Linien von der Sonnen hinweg vber den Delphin vnd Rechten Flügel des Schwanens gegen der Cassiopeæ auff die 70. Grad lang / er war weiß oder bläich vnd nicht mehr so bräit als zuvor/vnden bey dem Sternen etwas heller vnd dichter beysammen/Oberhalb aber etwas Dünner vnd mehr außgebräitet / jedoch endlich wider zusammen gespitzet; Der Stern selbsten war trüb vnd klein / kaum so groß als der nicht weit darvon stehende Venus-Stern; in den folgenden Tagen/ biß auff den 5. Jenner dises 1681. Jahrs/ gieng der Comet bey dem Delphin/wie auch bey der Schnurren vnd Halß des Fliegenden Pferds Pegasi fürüber / durch dessen Brust/vnd bey dem Rechten Schenckel vber den Tropicum Cancri vnd auß den Fischen in den Widder: Ob zwar der Schweiff allgemachlich abgenommen / also daß er von dem Haupt der Andromedæ, darbey der Comet damahls allernechst stunde/kaum noch 50. Grad / biß vber den Perseum erreichte / so wurde doch der Stern nicht kleiner / sondern scheinte heller als zuvor; In seinem täglichen Lauff aber verrichtete er nur Zween; vnd hernach nur Einen Grad / biß er den 25. Jenner mit den zweyen Sternlin in basi Trianguli gegen der Mucken oder Bienen in dem 9. Grad des Stiers / eine gerade Linien machte / seinen kaum noch sichtbahren Schweiff nur auff 10. Grad/in das Haupt Medusæ außstreckend. Das nun ein solch schröckliches Spectaculum am Himmel/nicht auch seine sonderbahre wichtige Bedeuttung / grosser Enderungen vnd vnvermuthlicher Zufählen auff Erden habe/wird kein Verständiger es leichtlich widersprechen können; Darvon aber (Geliebts Gott/) ein besonder Tractätlein erfolgen solle.

P. Megerlin/D.

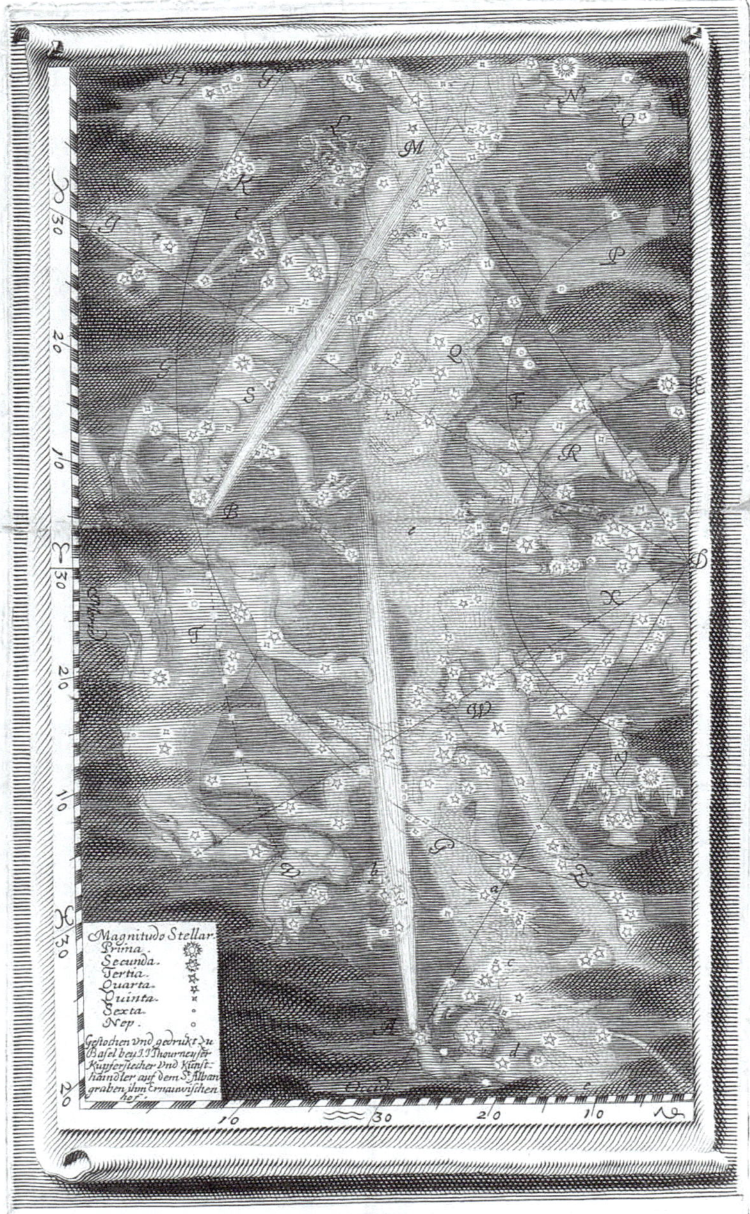

A. Comet / wie er den 20. Decemb. Anno 1680. gesehen worden.
B. Wie den 5. Jenner / An. 1681.
C. Wie den 25. Jenner eodem.
D. Polus Eclipticæ.
E. Polus Mundi, vnd darbey Stella Polaris.
F. F. Circulus Polaris.
G. G. G. Tropicus Cancri.
H. Pars Eclipticæ.
I. Aries der gestirnte Wider.
K. Die Mucken oder Bine.
L. Medusæ Haupt.
M. Der fliegende Held Perseus.
N. Ein heller Stern Capella oder das Geißlein genandt.
O. Das Haupt Aurigæ oder Erichthonii.
P. Camelopardalis.
Q. Die stoltze Königin Cassiopea.
R. Cepheus, Ihr Mann.
S. Andromeda, Ihr angefeßlete Tochter.
T. Pegasus Das Fliegende Pferd.
V. Equuleus das kleine Pferd.
W. Cygnus Der Schwan.
X. Der Drach.
Y. Die Leyr oder fallende Geyer.
Z. Der Fluß Tigris.
a. Der Pfeil.
b. Delphinus oder das Meerschwein.
c. Der Adler.
d. Der Knab Antinous oder Ganymedes.
A. B. C. Der Lauff des Cometen / da die Ringlein bedeuten / wann er hat können gesehen werden/die Pünctlein aber / wann er wegen Gewülcks oder hellem Monnscheins vnsichtbar war/vom 20. Decemb. 1680. biß zum 25. Jenner An. 1681.
e. e. Via Lactea, Die Milchstraß.

Gedruckt zu Basel/
Durch Johann Rudolph Genath.

Lauf des Kometen durch die Sternbilder vom 30.12.1680 (A) über den 15.1.1681 (B) bis zum 4.2.1681 (C) (gregorianisches Datum). *P. Megerlin*

Jacob Milich. Comment. in Plin. lib. 2. de Hist. Mundi.

Receptum omnium seculorum consensu, Cometas prodigia esse.

Eigentlicher Bericht / welcher Gestalten der nachdenckliche / dises zu End-lauffenden 1680sten Jahrs / noch in der Lufft stehende Comet zu Marckt-Wailtingen etliche Abend observiret worden.

NAch dem in dem Monat Decembri ein Zeitlang / so wol Tags / als Nachts / die Lufft trüb und wolckicht gewesen / hat selbige sich den 16. 26. gegen Abend anfahen aufzuhellen / daß sich das Gewülck nah und nah von Osten / gen Westen gewaltzet / nicht anderst als ein Vorhang auf einem Theatro weggezogen wird; Darmit was der Allerhöchste in der Lufft uns wolte weisen / auch möchte gesehen werden. Wie dann nach untergangener Sonnen / zwischen 5. und 6. Uhr / aus dem Westseits noch etwas stehendem Gewölck / unversehens ein lang- breit- und bleicher Schein / oder Strahl / sich erwisen / ein Anzeigen eines gegenwärtigen Cometen oder Schein-Sterns; so desto greßlicher und entsetzlicher anzusehen war / weilen vorher / nit das geringste (ob schon von einem Cometen aus anderen Orten bereits Bericht gethan / und deßwegen alle Nacht / so offt die Lufft hell gewesen / fleißige Aufsicht gehalten worden /) dergleichen können vermerckt werden. Weilen nun wie erst gedacht / die Lufft Sudwestseit / wo der Comet damals sein Stand hatte / noch etwas wolckicht / als hat der Comet-Stern / so darunter verborgen / und allem Anzeigen nach / bereits untergangen war / nicht können observiret werden / der grosse und helle Strahl oder Schein aber / wurde biß nach 10. Uhren verspüret. Den 17. 27. Decemb. war die Lufft bey uns / neben grausamer Kälte / gantz heiter und hell / da sich dann mehr gedachter Comet Abends um 5. Uhr gantz präsentiret / unserm Gesicht nach / auf 10. Grad von unserm Horizont erhöhet. Er stund recht Sudwest. Weilen aber der zur Seiten / Sudwerts im 8. gr. Pisc. stehende Mond / mit seinem Licht die nechstbefindliche Stern / zimlich verkleinert / und aus dem Gesicht genommen / als konten auch die / dem Cometen nechst-stehende Sterne / nicht wol gesehen werden / allem Anzeigen nach aber / stund er unter dem Æquatore oder Linea, unter dem Gestirn deß Adlers bey oder in Ganymede; und ist der erste Stern in collo Aquilæ, bey der ersten observation mitten in deß Cometen Strahl oder Schein / Lucida Aquilæ in eductione colli aber / nechst an demselbigen / und etwas bessers hinauf Sagitta gestanden / stund also der Comet über dem Tropico Capricorni. Der schröcklich breit- und grosse Schein oder Strahl richtete sich gerad theils an / theils in Galaxia, gegen Cassiopeia, welches Gestirn er auch bey nahe erreichte. Der Comet-Stern kompt einem Stellæ fixæ secundæ, oder mehr tertiæ magnitudinis gleich / dessen Farb alle Abend etwas feuriger worden; gantz aber / und mit seinem Schein oder durchscheinenden Sonnen-Strahl / war er so groß und entsetzlich anzusehen / als iemals einer zu Gesicht mag kommen seyn. Er gieng unter gleich nach 6. Uhren / der Schein aber / wurde noch etliche Stunden / und fast biß 11. Uhr gespüret. Den 18. 28. Decemb. ist der Comet abermal um 5. Uhr Abends gesehen / und in der Erhöhung um unsern Horizont unserm Gesicht nach 13. gr. 30. min observiret worden / gieng unter um 7. Uhr. Sein Lauff ist sehr schnell / also / daß er proprio motu in Tag und Nacht über 3. gr. sich weiter herauff über den Æquatorem den Signis Borealibus nähert / und bereits über Aquilam, Sagittam, Delphinum, Equum minorem, in Pegasum gestigen / machet mit dem Schein oder Strahl und der Galaxia ein Angulum acutum, so sich zwischen Andromeda und Cassiopeia zuspitzet; wie nach genugsam eingenommenen Observationen, so lang er wird können bey uns gesehen werden / in einem Astronomischen Abriß soll gewisen werden.

Was nun diser Comet bedeutet / oder nach etlicher Meynung / würcke / darvon ist von vilen / auch viles sagen / schreiben / und urtheilens / und will ieglicher vil wissen; da dann manchmal (auch bey denen / die vermeinen das Hirn am rechten Ort zu haben /) so seltzame Schnacken und Mucken fliegen / daß man nicht weißt / ob man im lesen / und hören / einen lachenden Democritum, oder weinenden Heraclitum abgeben solle. Gleich wie aber noch kein Mathematicus oder Physicus in solche Experienz kommen / daß er eigendlich / was ein Comet seinem Wesen nach seye / aus gewisen Principiis darthun könte! also auch / ob schon von gelehrten Theologis und Mathematicis, durch lange Erfahrung (worbey wir billich auch verbleiben) observiret worden / daß solche Cometen gemeiniglich grosse Aenderung / meistens aber / Unglück und Straffen vorbedeutet; So kan doch mit keiner Gewißheit / oder einigem principio dargethan werden / was / oder wem / oder wann / welchem Land / Nation oder Persohn / etwas hiermit vorbedeutet werde: Derowegen sich in dergleichen herauß lassen wollen / heißt eine unverständige und ungegründete Vermessenheit / und Eingriff in die Göttliche Providenz begehen.

Sehr gut / und von grosser Wichtigkeit seyn hiervon die Wort deß niemahl genug belobten ersten Teutschen Kaysers Caroli Magni, über den Cometen so zu seiner Zeit Anno 814. geschen worden: Timeamus conditorem Cometæ, non Cometam, & laudemus clementiam ejus, qui nostram inertiam, cum peccatores simus, talibus dignatur admonere prodigiis. Laßt uns den Schöpffer deß Cometen scheuen und förchten / und nicht den Cometen an sich selbsten; Laßt uns seine Güte und Barmhertzigkeit preisen / daß er um unserer sündlichen Faul- und Trägheit / durch solche Lufft- und Wunder-Zeichen / uns erwecken und aufmunteren will. Der Allweisse GOtt / aller Stern und Cometen HErr und Schöpffer / verleyhe gnädiglich / daß durch dise grosse Lufft- und Cometen-Fackel / vil in Sünden verfinsterte Hertzen / zur wahren Busse geleitet / und seeliglich / die vermuthet vorstehende Plagen und Straffen / entweder gäntzlich von uns abgewendet / oder doch gelindert werden.

\- - - Si quid scis rectius istis,
Candidus imperti; si non, his utere mecum.

f.
T. N.

Gedruckt zu Augspurg / bey Jacob Koppmayer.

Der Große Komet von 1680 über dem südmittelfränkischen Weiltingen. Der Beobachter im Vordergrund schätzt offenbar die Schweiflänge mit einem Quadranten. *Anonym*

COMET welcher Anno 1680 vnd 1681 beobachtet worden.
ÆQUATOR
ÆQUATOR

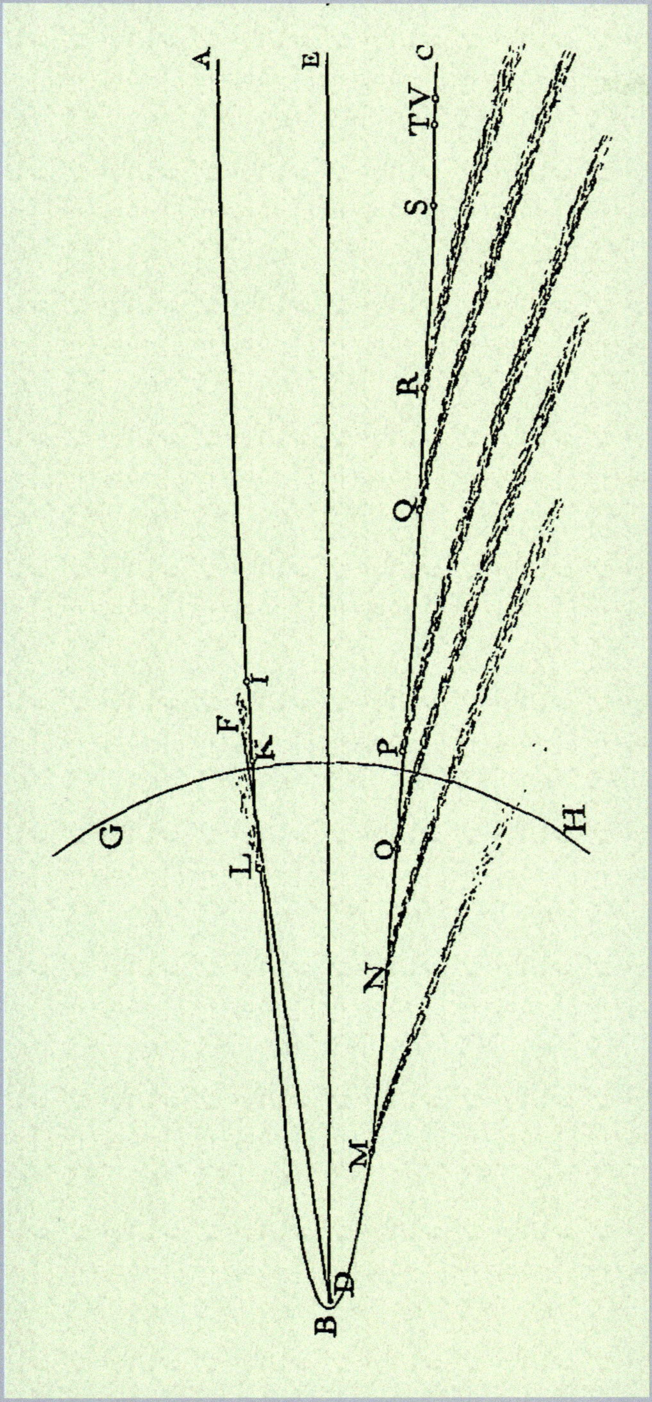

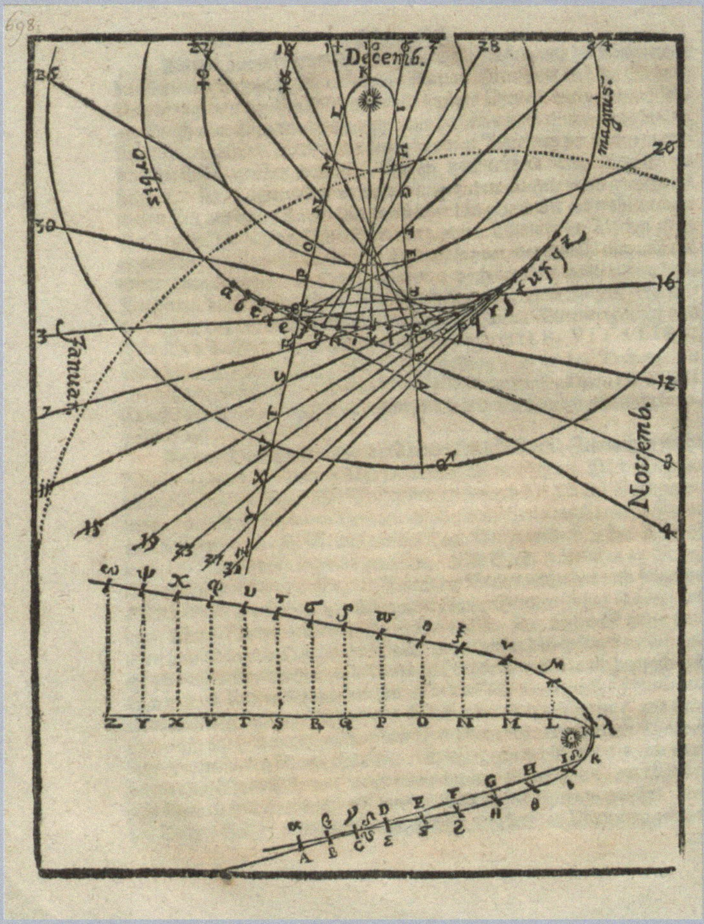

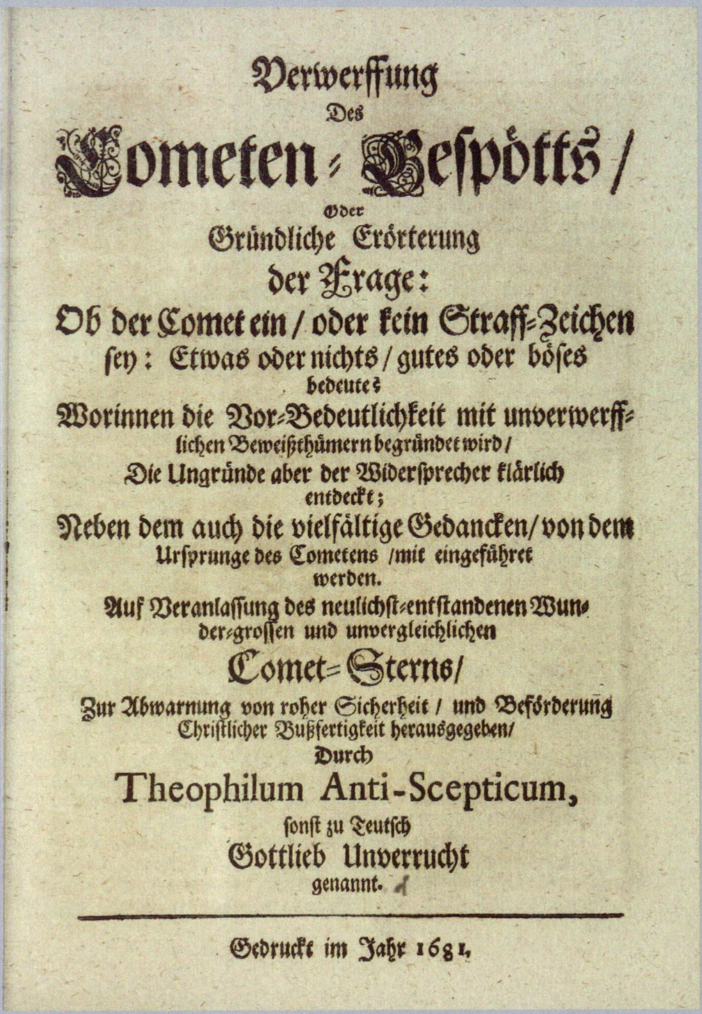

Verwerffung
Des
Cometen-Gespötts/
Oder
Gründliche Erörterung
der Frage:
Ob der Comet ein/ oder kein Straff-Zeichen
sey: Etwas oder nichts/ gutes oder böses
bedeute?
Worinnen die Vor-Bedeutlichkeit mit unverwerff-
lichen Beweißthümern begründet wird/
Die Ungründe aber der Widersprecher klärlich
entdeckt;
Neben dem auch die vielfältige Gedancken/ von dem
Ursprunge des Cometens /mit eingeführet
werden.
Auf Veranlassung des neulichst-entstandenen Wun-
der-grossen und unvergleichlichen
Comet-Sterns/
Zur Abwarnung von roher Sicherheit / und Beförderung
Christlicher Bußfertigkeit herausgegeben/
Durch
Theophilum Anti-Scepticum,
sonst zu Teutsch
Gottlieb Unverrucht
genannt.

Gedruckt im Jahr 1681.

▲ Sowohl Newton (oben) als auch Dörffel (rechts oben) ermittelten eine Parabelbahn des Kometen.

▶ Weil immer mehr Autoren ihre Stimme gegen die Kometenfurcht erhoben, wurden christliche Autoren aktiv. Titelblatt eines Traktats gegen das »Cometen-Gespött« von *Erasmus Finx*.

◀ Ansicht des Kometen über einer verschneiten Winterlandschaft (oben) und stilisierte Himmelskarte mit Pfad des Kometen (unten). Der zweite, hellere Komet darüber ist eine vergrößerte Wiedergabe. *L. Doomer (o.), M. Merian (u.)*

Halley 1682

Nach dem großen Aufruhr 1680 erregte der Komet von 1682 zunächst nur wenig Aufmerksamkeit. Erst gut zwei Jahrzehnte später wurde die Bedeutung dieses Schweifsterns klar: Der junge Engländer Edmond Halley, der selbst unter den Beobachtern war, erkannte die Identität der Kometen von 1531, 1607 und 1682 als einen einzigen, periodisch wiederkehrenden Himmelskörper. Den Kometen war der Nimbus des unheilbringenden Schicksalsverkünders genommen. Damit siegten Aufklärung und Wissenschaft gegen Aberglauben und Kometenangst.

Daten	
Nr.:	9
Bezeichnung:	1P/Halley
Alte Bezeichnung:	1682 I
Entdeckungsdatum:	23.8.1682
Entdecker:	unbekannt
Periheldatum:	15.9.1682
Periheldistanz:	0,5826AE
Erdnähe:	31.8.1682
Erdentfernung:	0,4231AE
Maximalhelligkeit:	$0^{m}_{,}5$
Maximale Schweiflänge:	30°
Länge des Perihels:	109,2°
Länge des aufsteigenden Knotens:	54,9°
Bahnneigung:	162,3°
Exzentrizität:	0,9679230

Alle Angaben im gregorianischen Kalender

Bahn und Sichtbarkeit

Auch 1682 führte seine Bahn den Halleyschen Kometen durch nördliche Himmelsgefilde. Zu Erdnähe und Perihel stand der Komet nördlich bzw. östlich der Sonne. Insofern waren die europäischen und nordamerikanischen Beobachter bei dieser Sichtbarkeit bevorzugt. Erst das Ende der Sichtbarkeit fand in einer für südliche Beobachter günstigen Konstellation statt.

Bei seiner Entdeckung stand der Komet östlich des Fuhrmanns. Er war somit schon weit vor Sonnenaufgang am Morgenhimmel zu sehen. Da seine Bahn ihn zunächst Richtung Nordosten führte, wurde er für mitteleuropäische Beobachter zwischen dem 20. und 30. August sogar knapp zirkumpolar. Die besten Beobachtungsmöglichkeiten ergaben sich abends und morgens. Zum Ende dieser Phase fand die Erdnähe am 31. August statt.

Anfang September zog der Komet wieder in südliche Richtung. Er war nun nur noch am Abendhimmel zu sehen. Am 5. September passierte er das Sternbild Haar der Berenike, einige Tage später wanderte er südlich an Arktur vorbei. In den folgenden Tagen verschlechterten sich die Sichtbedingungen zusehends, da er sich nun der Sonne annäherte. Um den 20. September wurde er für mitteleuropäische Breiten unsichtbar.

Die Ekliptik querte der Komet deutlich vor der Sonne Anfang Oktober im Sternbild Waage. Doch er war für die damaligen Mittel bereits nicht mehr erreichbar, da er sich schon zu weit von der Erde entfernt hatte.

Entdeckung und Beobachtungen

Über den Entdecker des Kometen lässt sich heute kein eindeutiger Nachweis mehr führen. Nordamerikanische Quellen bevorzugen Arthur Storer, den ersten Astronomen der englischen Kolonien in Amerika, der am 23. August den Kometen sah. Doch vom selben Datum sind Sichtungen aus Frankreich und England überliefert. Da der Komet zu diesem Zeitpunkt schon etwa 2^{m} hell war und gut mit bloßem Auge erkannt werden konnte, muss man von einer gleichzeitigen Aufmerksamkeit der Astronomen in vielen Ländern ausgehen.

Am 24. August beobachtete Johannes Hevelius den Kometen in Danzig und stellte einen Schweif von 12° Länge fest. Georg Samuel Dörffel aus Plauen schätzte am folgenden Abend die Helligkeit auf 1^{m}. Hevelius bestätigte seine zuvor gemeldete Schweiflänge am 27., und von der Pariser Sternwarte sah man am 28. August sogar 30°. Dagegen konnte John Flamsteed in Greenwich nur 5° am 30. August melden, am 1. September jedoch 10°. Hevelius schätzte am 31. August 16°.

Die stark unterschiedlichen Werte sind sehr wahrscheinlich nicht auf morphologische Vorgänge am Kometen, sondern auf unterschiedliche Beobachtungsbedingungen zurückzuführen. Mit am verlässlichsten dürften die von Isaac Newton gelieferten Skizzen sein, nach denen der Schweif zwischen dem 29. August und 1. September ca. 20° bis 25° maß. Der Komet dürfte dabei etwa 1^{m} Helligkeit gehabt haben.

Um den 5. September trat dann die größte Helligkeit mit etwa $0^{m}_{,}5$ ein. An diesem Tag beobachtete auch sein späterer Namensgeber den

Kometen. Verglichen mit dem Großen Kometen von 1680 erschien Edmond Halley der Kopf größer, der Schweif jedoch bedeutend kürzer. Hevelius beobachtete am 8. September teleskopisch einen gebogenen hellen Ausläufer am Kern des Kometen, ähnliche Beobachtungen sind durch Robert Hooke überliefert. Es waren die ersten Dokumentationen der für spätere Erscheinungen des Kometen so typischen plötzlichen Ausbrüche des Kometen.

Am 12. und 13. September war der Schweif in der hellen Dämmerung schon nahezu verschwunden. Halley konnte den Kometen bis zum 20. September verfolgen. An diesem Tag dürfte er eine Helligkeit von etwa 3^m aufgewiesen haben. Spätere Sichtungen sind von Dörffel, Storer und aus Greenwich am 22. September überliefert. Die letzte Beobachtung war Simon van der Stel vorbehalten, dem ersten Gouverneur der holländischen Kapkolonie, der Halleys Kometen am 24. September 1682 als letzter Mensch im 17. Jahrhundert sah.

Hintergrund und Öffentlichkeit

Nur zwei Jahre nach dem beeindruckendsten Kometen des 17. Jahrhunderts stand das letzte »unangemeldete« Auftreten des Halleyschen Kometen im Schatten dieser Erscheinung. Gleichzeitig war die Sensibilität der Astronomen für einen weiteren hellen Schweifstern groß. Nahezu alle namhaften Wissenschaftler der Zeit beteiligten sich an den Beobachtungen. Johannes Hevelius, der mit seiner »Cometographia« schon 1668 Ruhm erlangt hatte, beobachtete trotz des Brands seiner Sternwarte drei Jahre zuvor.

Unter den Beobachtern war auch ein gewisser Edmond Halley. Der 26 Jahre junge Astronom hatte kurz zuvor geheiratet. Der Komet von 1682 sollte aber erst später in seinem Leben eine größere Rolle spielen. Im Jahr 1695 berechnete Halley die Bahnen von 24 historischen Kometen. Dabei beeindruckte ihn die Ähnlichkeit der Bahnen der Kometen von 1531, 1607 und 1682. Lange zweifelte er an der Übereinstimmung, veröffentlichte jedoch schließlich 1705 die Vorhersage, dass der Komet 1758 wieder erscheinen werde. Die unterschiedlichen Intervalle erklärte er richtig mit Bahnstörungen durch die Planeten. Halley sagte übrigens auch die Wiederkehr des Kometen von 1680 nach 575 Jahren voraus – doch blieb dieser Fehler nur eine Fußnote seiner epochalen Leistung.

In der Bevölkerung fand der Komet von 1682 geringen Widerhall. Es erschienen nur wenige Einblattdrucke. Jedoch benutzten die Türken bei ihrer Belagerung Wiens die Kometenangst der Verteidiger ganz bewusst. Stärker wurde die Kritik an den astrologisch-christlichen Deutungen der Kometen. Ganz im Zeichen der Aufklärung geißelte der Basler Wissenschaftler Jakob Bernoulli den Kometenwahn und seine Pamphlete. Kometen seien keine Zeichen Gottes. Bernoulli schrieb 1682, man könne genauso gut vorhersagen »dass die Frösche im Rhein öfter quaken werden«. In der Tat setzte spätestens Halleys gelungene Bahnanalyse den Todesstoß für die Kometenhysterie. Die Schweifsterne waren von unvorhersehbaren Zeichen zu berechenbaren Himmelskörpern geworden.

In vielen Quellen zu Halleys Auftritt 1682 herrscht Verwirrung bezüglich der Daten von Beobachtungen. Dies ist in der gleichzeitigen Verwendung des gregorianischen und julianischen Kalenders begründet: Während die meisten katholischen Staaten Deutschlands, Polen, Frankreich und Spanien die von Papst Gregor XIII. durchgesetzte Kalenderreform ab 1582 eingeführt hatten, hielten die evangelischen Länder Deutschlands sowie England und seine Kolonien bis ins 18. Jahrhundert am julianischen Kalender fest. 1682 betrug die Abweichung 10 Tage. Auf Nichtbeachtung der Umrechung zurückzuführen ist das vielfach mit dem 15. August gegebene Entdeckungsdatum (gregorianisch ist dies jedoch der 25. August, also nach der eigentlichen Entdeckung am 23.) ebenso wie Storer oder Dörffel zugesprochene Entdeckerehren. Beide Beobachter benutzten jedoch die julianische Zählweise und waren ihren Zeitgenossen somit nur kalendarisch zehn Tage voraus.

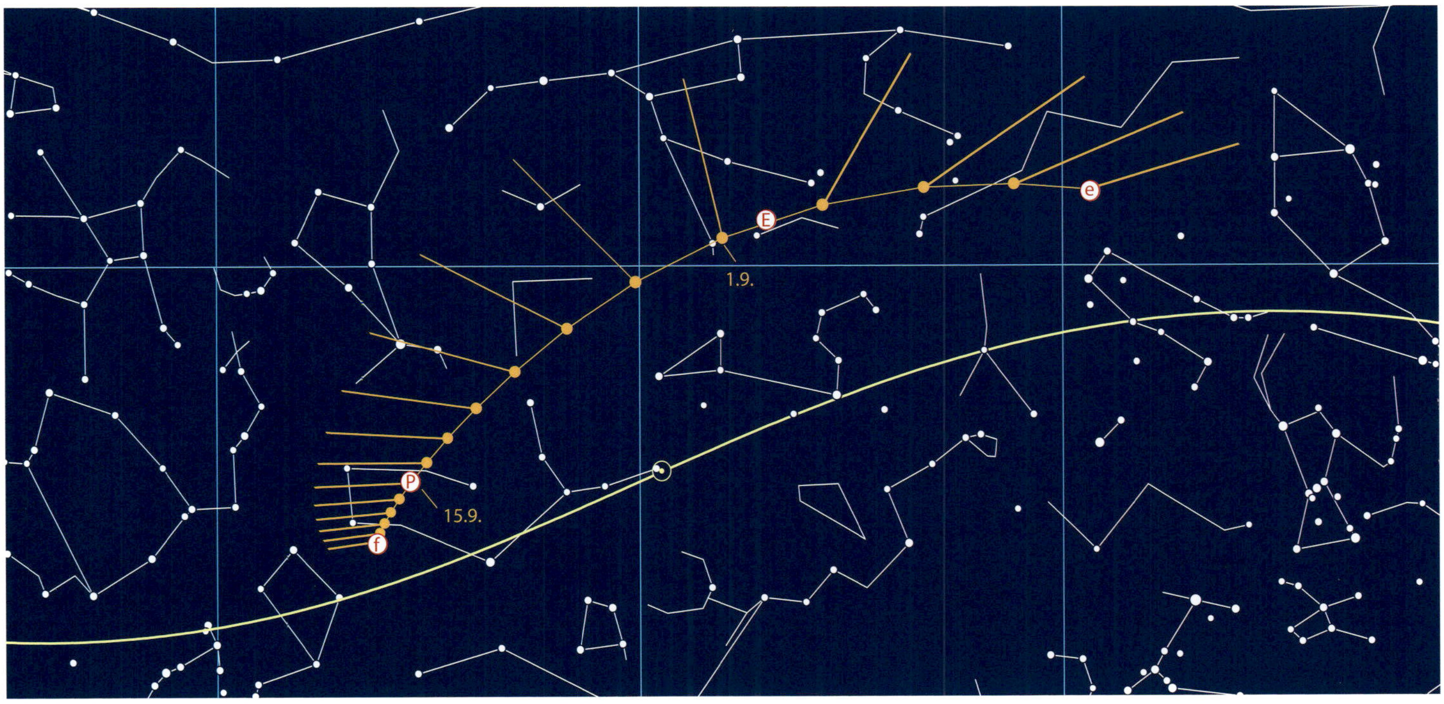

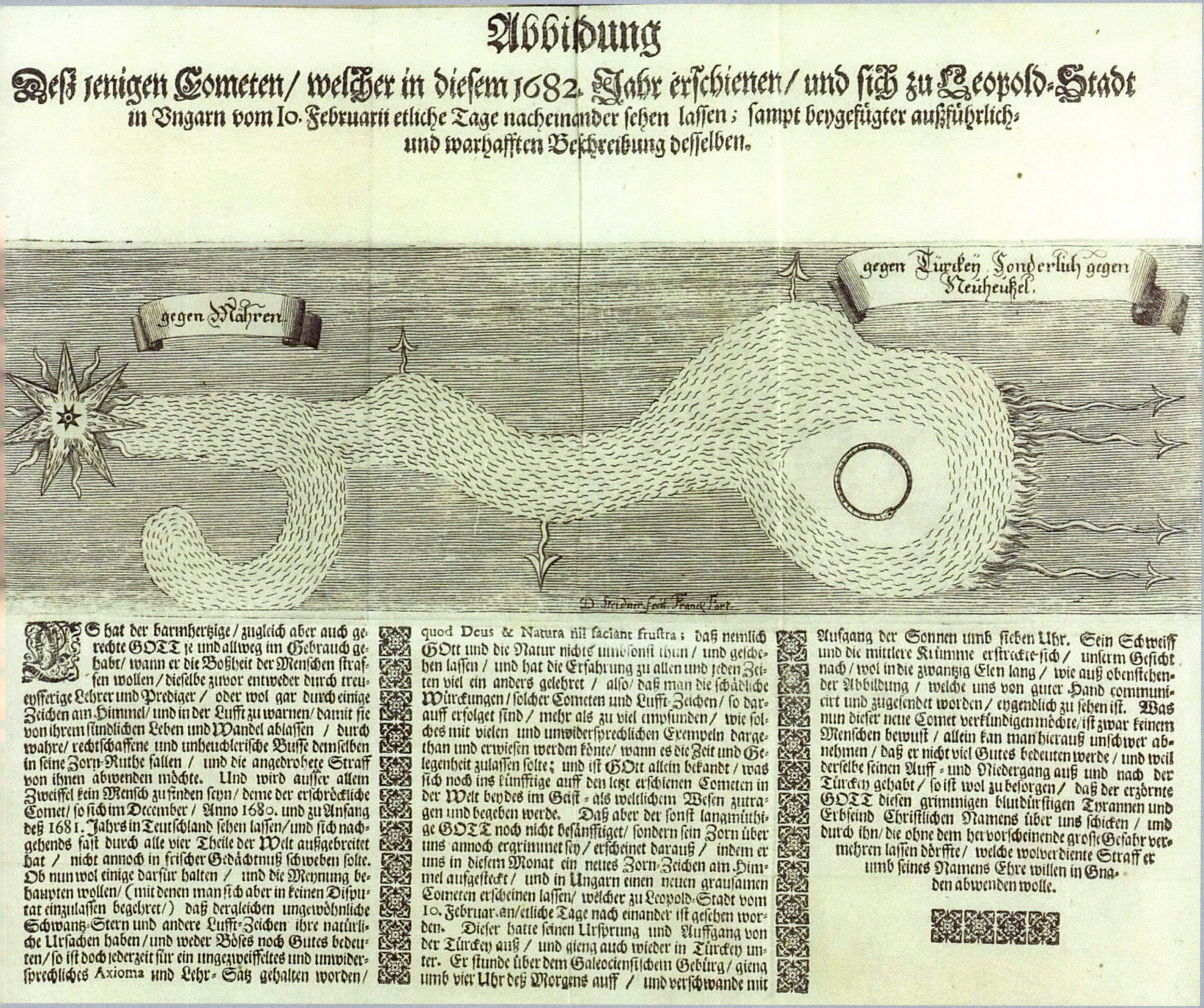

Abbildung

Deß jenigen Cometen/ welcher in diesem 1682. Jahr erschienen/ und sich zu Leopold-Stadt in Ungarn vom 10. Februarii etliche Tage nacheinander sehen lassen; sampt beygefügter außführlich- und warhafften Beschreibung desselben.

Es hat der barmhertzige/ zugleich aber auch gerechte GOTT je und allweg im Gebrauch gehabt/ wann er die Boßheit der Menschen straffen wollen/ dieselbe zuvor entweder durch treu-eyfferige Lehrer und Prediger/ oder wol gar durch einige Zeichen am Himmel/ und in der Lufft zu warnen/ damit sie von ihrem sündlichen Leben und Wandel ablassen/ durch wahre/ rechtschaffene und unheuchlerische Busse demselben in seine Zorn-Ruthe fallen/ und die angedrohete Straff von ihnen abwenden möchte. Und wird ausser allem Zweiffel kein Mensch zu finden seyn/ deme der erschröckliche Comet/ so sich im December/ Anno 1680. und zu Anfang deß 1681. Jahrs in Teutschland sehen lassen/ und sich nachgehends fast durch alle vier Theile der Welt außgebreitet hat/ nicht annoch in frischer Gedächtnuß schweben solte. Ob nun wol einige darfür halten/ und die Meynung behaupten wollen/ (mit denen man sich aber in keinen Disputat einzulassen begehret/) daß dergleichen ungewöhnliche Schwantz-Stern und andere Lufft-Zeichen ihre natürliche Ursachen haben/ und weder Böses noch Gutes bedeuten/ so ist doch jederzeit für ein ungezweiffeltes und unwidersprechliches Axioma und Lehr-Satz gehalten worden/ quod Deus & Natura nil faciant frustra; daß nemlich GOtt und die Natur nichts umbsonst thun/ und geschehen lassen/ und hat die Erfahrung zu allen und jeden Zeiten viel ein anders gelehret/ also/ daß man die schädliche Würckungen/ solcher Cometen und Lufft-Zeichen/ so darauff erfolget sind/ mehr als zu viel empfunden/ wie solches mit vielen und unwidersprechlichen Exempeln dargethan und erwiesen werden könte/ wann es die Zeit und Gelegenheit zulassen solte; und ist GOtt allein bekandt/ was sich noch ins künfftige auff den letzt erschienen Cometen in der Welt beydes im Geist- als weltlichem Wesen zutragen und begeben werde. Daß aber der sonst langmüthige GOTT noch nicht besänfftiget/ sondern sein Zorn über uns annoch ergrimmet sey/ erscheinet darauß/ indem er uns in diesem Monat ein neues Zorn-Zeichen am Himmel aufgesteckt/ und in Ungarn einen neuen grausamen Cometen erscheinen lassen/ welcher zu Leopold-Stadt vom 10. Februar. an/ etliche Tage nach einander ist gesehen worden. Dieser hatte seinen Ursprung und Auffgang von der Türckey auß/ und gieng auch wieder in Türckey unter. Er stunde über dem Galeociensischem Gebürg/ gieng umb vier Uhr deß Morgens auff/ und verschwande mit Aufgang der Sonnen umb sieben Uhr. Sein Schweiff und die mittlere Krümme erstreckte sich/ unserm Gesicht nach/ wol in die zwantzig Elen lang/ wie auß obenstehender Abbildung/ welche uns von guter Hand communicirt und zugesendet worden/ eygendlich zu sehen ist. Was nun dieser neue Comet verkündigen möchte/ ist zwar keinem Menschen bewust/ allein kan man hierauß unschwer abnehmen/ daß er nicht viel Gutes bedeuten werde/ und weil derselbe seinen Auff- und Niedergang auß und nach der Türckey gehabt/ so ist wol zu besorgen/ daß der erzörnte GOTT diesen grimmigen blutdürstigen Tyrannen und Erbfeind Christlichen Namens über uns schicken/ und durch ihn/ die ohne dem hervorscheinende grosse Gefahr vermehren lassen dörffte/ welche wolverdiente Straff er umb seines Namens Ehre willen in Gnaden abwenden wolle.

▲ Anblick des Kometen über Ungarn. In dieser Darstellung spiegelt sich die Angst vor den Türken während der letzten Belagerung Wiens wider. *Anonym*

► Flugblatt mit der Position des Kometen um den 25.8.1682 (julianisch 15.8.), etwa eine Woche vor der Erdnähe. *Anonym*

Wider neu-scheinende entsetzliche

Zorn- und Wunder-Ruthe Gottes

Oder:

Cometen-Fackel /

Welche zu Nürnberg allhier ♂ den 15. Augusti Alter Zeit / und so folgend beyde Tage hernach / in diesem mit GOtt lauffenden 1682. Jahr / mit Erstaunen vieler Leuthe sich erwiesen und sehen lassen.

Darvon ein gelehrtes und hochreiffes Sentiment / folgendermassen gegeben worden:

Locus primæ, Phœnomeni hujus; apparitionis, prout & observatio ruditer colligi poterat, fuit in 18. long. ♋ latit. bor. 20. Hinc inter Stellas in Horizonte nostro Norico nunquam occidentes deprehensus, sub pedib. anterioribus Ursæ majoris. Discus hujus Cometæ, stellas primæ magn. facilè superat, nucleo claro, ovali figurâ inclinato, capillitio undique nimis latè circumsparso, caudam præferens satis latam, longitudinis ultrà 6. gr.

Dessen Gestaltung und Stand / wie er Erstesmal beobachtet worden / machet gegenwärtige Kupffer-Bildnüs darstellig.

ES ist kein Wunder / daß der Allmächtige GOTT abermalen der Welt einen neuen Schrecken-Boten / oder Cometen-Fackel an dem klaren Himmel / als eine Drau-Ruthe aufgestecket / und zwar dem Sternen-Stand nach / zwischen dem Zeichen der Zwillinge / und den vördern Füssen / des sogenannten grossen Beern. Alldieweilen man so gar sicher und unbußfärtig in den Tage hinein lebet / und die leidige Straff- und Seuchen-Wirckung / (welche nach Erscheinung deß so erschröcklichen und entsetzlichen Cometen vor einigen Jahren / sich aller Orten in unsern lieben Teutschen Vatterlande hin und wieder ereignet) so gar schlecht uñ leichtsinnig von vielen beobachtet und behertziget worden. Dann gewißlichen / daß solche aufgehende rare Sternen-Liechter / rechte Drau-Ruthen GOttes seyn / haben von allen Zeiten die darauf leidige Erfolgungen genugsam erwiesen und bekräftiget. Und ist dahero gantz leicht und unschwer / aus dem so bösen und verkehrten Wandel / der meisten Sünden-sicheren rohen Welt-Hertzen / in allen Orten und Enden / zuschliessen und abzumercken: Daß eben auch gegenwärtiger Stella Crinita oder Krause Feuer-Ruthe / uns nicht viel Gutes mitbringen und anzeigen werde. Es erzeiget sich aber solcher seiner Gestaltung nach / (das Corpus selbst betreffend /) als ein ovalichter oder ablänglicht eingebogener heller Feuer-Glumpen / welcher rings herum weit ausschweiffig / gleichsam haarige Zäsern oder einen dunckeln Schein von sich giebet / und einen zimlich langen Schweiff / dem erstmaligen erschienenen Augen-Mas und wahrgenommener Länge nach / bey Sechs Graden erstreckend vor sich herführet; zu dessen Ende / auch ein klein danckles Sternlein annoch in dem Schweiff sich ereignet und sehen lässet. Wolte GOTT aber / daß diese gleichsam gedoppelte und dicke Feuer-Ruthe / uns nicht mit ihrem Stand unweit des Beeren / unsere rohe / wilde / unbändige und offtmals Viehische Sitten und Lebens-Wandel mit andeutete und zu verstehen gebe. Welche so gezuckte und erhebte Straff-Ruthe dann / der allgute und gnädige GOTT / nochwohl wieder zu ruck ziehen / und eingestellet lassen würde / wann wir als böse Kinder / ihme bey Zeiten in die Ruthe fielen / und durch Buß-Bässerung unseres sündlichen Lebens / ihme solcher Gestalt einen Einhalt thäten.

Sichrer Sünder schaue hier / abermal ein neue Ruthen /
Leucht und drauet über dir / so die GOttes Straff-Hand weist;
Stemme deinen Sünden-Schwall / mit den Buß- und Thränen-Fluthen /
Dann so glaube daß er dir / ein Liebreicher Vatter heist:
Der die Ruthe ein wird ziehen / und sich wieder gnädig zeigen /
So muß man zur Busse fliehen / und die Straff-Hand Gottes beugen.

Nürnberg / zu finden bey Leonhard Loschge / an der Fleisch-Brucken.

Eigentliche Abbildung / deß am Himmel widerum herfür-leuchtenden Comet- und Wunder-Sterns / wie solcher den 19. 29. Augusti / dises 1682. Jahrs / früh gegen Tag / ist anzuschauen gewesen.

Eigentlicher Abriß deß Entsetzliche Cometstern, welcher widerum an dem Himel Leuchtet, und den 19/29 Augusti dises 1682 J. in solcher gestalt in Augspurg ist Observirt worde, was sein fernerer Lauff, und Bedeutung, folget nechsten in einem absonderlichen Bericht

VOn dem Ursprung der Cometen / führen die Gelehrte unterschiedliche Meinungen. Unter welchen zimlich der jenigen scheinbar scheinet / welche fürgeben / daß die Cometen / oder andere uns erscheinende Neue Sterne / alsbald im Anfang der Schöpffung / zugleich aus Nichts erschaffen worden / nicht eben zu dem Ende / daß sie immerdar scheinen / und leuchten: sondern ihren unsichtbaren Stand / Lauff / und Bewegung / unter dem Himmel haben sollen / biß GOtt der HErr / aus sonder-erheblichen Ursachen / selbige zu Zeiten anzündet / der Welt etwas Denckwürdiges anzuzeigen. Andere aber / und zwar heutiges Tages / die meisten geben für / daß der Comet anderst nichts sey / als eine von vilen Dünsten zusammen gesetzte Wolcken / welche von der Sonnen erleuchtet wird / und nachdem solche nah oder fern / so wirfft dieselbige einen langen oder kurtzen Strohm oder Schweiff von sich; wiewol auch die Dünne / oder Dicke deß Haupts oder Kerns deß Cometen / solchen nach seiner gewissen Proportion oder Masse / verlängert und verkürtzet. Andere haben noch unterschiedliche Meinungen / welche wir an seinem Ort gestellet seyn lassen.

Es werden der Cometen vielerley Geschlecht angemercket / unter welchen etliche sehr schröcklich gewesen / als A. Christi 504. wurde ein Comet gesehen / welcher hell flackerte / und wie ein gehörnter feuriger Drache außgesehen. Deßgleichen im Jahr Christi 1527. hat sich den 11. October / früh um 4. Uhr ein schröcklicher / sehr langer / und feuriger Comet / durch gantz Europam sehen lassen / und allezeit gleichsam fünffviertl Stund gebrandt / sein Obertheil war wie ein gekrümter Arm / welcher in der Faust ein mächtig grosses Schwert hielte / an dessen Spize ein heller Stern stund, an beiden Seiten aber der Schärffe waren zwey tunckele Stern zusehen; von dem Stern der Spize / sahe man tunckle Strahlen / in Form eines viel-härigten Schweiffes herauß gehen / an der Seiten schossen Strahlen / wie Spisse / und viel kleine Schwerter von Farben / wie Blut; dergleichen erblickte man allerhand seltzame Menschliche Angesichter / von Haaren / Bart / und Farben schwartzlicht / welche sich regten / und so greßlich bewegten / daß etliche darüber in Kranckheit gefallen.

Deßgleichen war der jüngsthin 1681. erschienene Comet sehr schröcklich / also / daß ihrer viel sich schwere Gedancken gemachet; weilen aber der meiste Theil der Menschen noch ruchloß dahin leben: siehe! da lässet der Höchste abermal / zu End deß Augustmonats / dises 1682. Jahrs / einen nicht minder entsetzlichen Comet / und Wunder-Stern / an dem Himmel leuchten. Diser ist hier in Augspurg / den 19. 29. Augusti / früh um 3. Uhr / erstlich observirt worden / stehend / über der Scheer deß Krebs / den Schweiff gegen die vordern Klauen deß grossen Bern kehrend; selbigen Tags / schiene der Schweiff bey dritthalb Elen lang / wiewoln er noch länger gewesen / wañ ihn nicht deß Monds Liecht verdunckelt hätte. Der Kern oder Stern ist groß / uñ schiene an disem Tag röthlich / und gleichsam mit einem weissen Flor überzogen. Die folgende Täge aber scheinet er weiß zu seyn. Sein Lauff ist wunderlich / dann er leuchtet Abends / nach der Sonnen Untergang / biß gegen 10. Uhr / gehet alsdann Nordwerts unter / und früh gegen 2. Uhr / an der andern Seiten / Nord Nord Ostwerts kommet er wiederum herfür / (daher welche vermeinet / es liessen sich zwey Cometen sehen) seiner Länge nach / stund er disen Tag in dem Anfang deß Löwen. Weilen er nun etlich Tag vorher anderwerts gesehen worden / als muß er seinen Anfang genommen haben / in dem Krebs. Dergleichen Comet-Stern ist erschienen An. Ch. 745. welcher eine grosse Pest angekündiget / so gar / daß allein zu Constantinopel / über dreymalhunderttausend Menschen gestorben seynd. Was nun dises Comets fernerer Lauff / und was seine vermuthliche Bedeutung / wird nechstens in einem besondern Bericht in Druck kommen / da dann der Leser vilerhand seltzame Fälle mit Verwunderung wird zuvernehmen haben. Der Höchste wende alles zum Besten.

Augspurg / gedruckt bey Jacob Koppmayer.

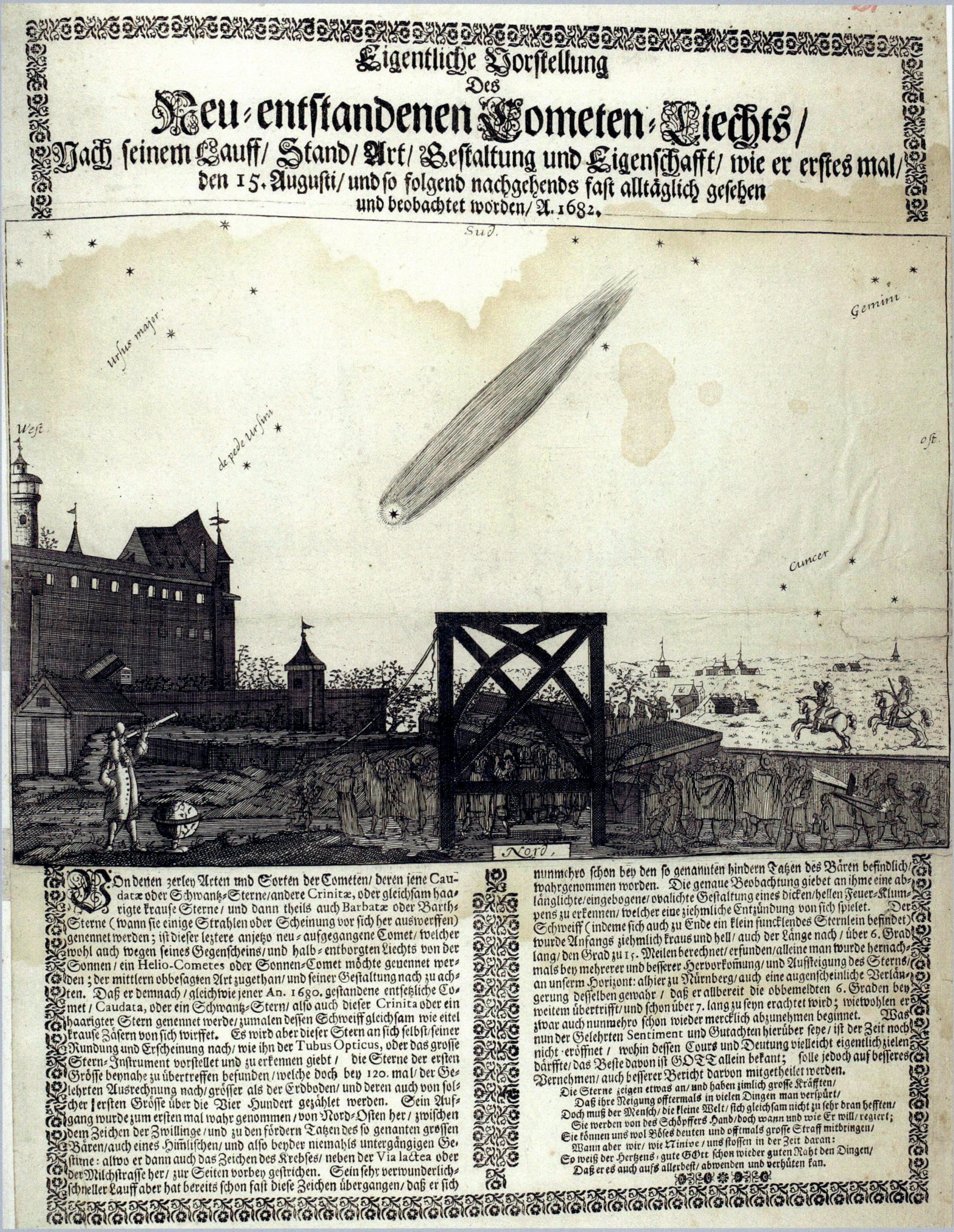

Eigentliche Vorstellung Des Neu-entstandenen Cometen-Liechts/

Nach seinem Lauff/ Stand/ Art/ Gestaltung und Eigenschafft/ wie er erstes mal/ den 15. Augusti/ und so folgend nachgehends fast alltäglich gesehen und beobachtet worden/ A. 1682.

Von denen zerley Arten und Sorten der Cometen/ deren jene Caudatæ oder Schwantz-Sterne/andere Crinitæ, oder gleichsam haarigte krause Sterne/ und dann theils auch Barbatæ oder Barth-Sterne (wann sie einige Strahlen oder Scheinung vor sich her auswerffen) genennet werden; ist dieser leztere anjetzo neu-aufgegangene Comet/ welcher wohl auch wegen seines Gegenscheins/ und halb-entborgten Liechts von der Sonnen/ ein Helio-Cometes oder Sonnen-Comet möchte genennet werden; der mittlern obbesagten Art zugethan/ und seiner Gestaltung nach zu achten. Daß er demnach/ gleichwie jener An. 1680. gestandene entsetzliche Comet/ Caudata, oder ein Schwantz-Stern/ also auch dieser Crinita oder ein haarigter Stern genennet werde/ zumalen dessen Schweiff gleichsam wie eitel krause Zäsern von sich wirffet. Es wird aber dieser Stern an sich selbst/ seiner Rundung und Erscheinung nach/ wie ihn der Tubus Opticus, oder das grosse Stern-Instrument vorstellet und zu erkennen giebt/ die Sterne der ersten Grösse beynahe zu übertreffen befunden/ welche doch bey 120. mal/ der Gelehrten Ausrechnung nach/ grösser als der Erdboden/ und deren auch von solcher ersten Grösse über die Vier Hundert gezählet werden. Sein Aufgang wurde zum ersten mal wahr genommen/ von Nord-Osten her/ zwischen dem Zeichen der Zwillinge/ und zu den fördern Tatzen des so genanten grossen Bären/ auch eines Himlischen/ und also beyder niemahls untergängigen Gestirne: alwo er dann auch das Zeichen des Krebses/ neben der Via lactea oder der Milchstrasse her/ zur Seiten vorbey gestrichen. Sein sehr verwunderlich-schneller Lauff aber hat bereits schon fast diese Zeichen übergangen/ daß er sich

nunmehro schon bey den so genannten hindern Tatzen des Bären befindlich/
wahrgenommen worden. Die genaue Beobachtung giebet an ihme eine ab-
länglichte/eingebogene/ ovalichte Gestaltung eines dicken/hellen Feuer-Klum-
pens zu erkennen/ welcher eine ziehmliche Entzündung von sich spielet. Der
Schweiff (indeme sich auch zu Ende ein klein funcklendes Sternlein befindet)
wurde Anfangs ziehmlich kraus und hell/ auch der Länge nach/ über 6. Grad
lang/ den Grad zu 15. Meilen berechnet/ erfunden/ alleine man wurde hernach-
mals bey mehrerer und besserer Hervorkomung/ und Auffsteigung des Sterns/
an unserm Horizont: alhier zu Nürnberg/ auch eine augenscheinliche Verlän-
gerung desselben gewahr/ daß er allbereit die obbemeldten 6. Graden bey
weitem übertrifft/ und schon über 7. lang zu seyn erachtet wird; wiewohlen er
zwar auch nunmehro schon wieder mercklich abzunehmen beginnet. Was
nun der Gelehrten Sentiment und Gutachten hierüber seye/ ist der Zeit noch
nicht eröffnet/ wohin dessen Cours und Deutung vielleicht eigentlich zielen
därffte/ das Beste davon ist GOTT allein bekant; solle jedoch auf besseres
Vernehmen/ auch besserer Bericht darvon mitgetheilet werden.

Die Sterne zeigen etwas an/ und haben zimlich grosse Kräfften/
Daß ihre Neigung offtermals in vielen Dingen man verspürt/
Doch muß der Mensch/ die kleine Welt/ sich gleichsam nicht zu sehr dran hefften/
Sie werden von des Schöpffers Hand/ doch wann und wie Er will/ regiert;
Sie können uns wol Böses deuten und offtmals grosse Straff mitbringen/
Wann aber wir/ wie Ninive/ uns stossen in der Zeit daran:
So weiß der Hertzens-gute GOtt schon wieder guten Raht den Dingen/
Daß er es auch aufs allerbest/ abwenden und verhüten kan.

◄ Flugblatt zum Erscheinen des Kometen über Ausgburg. Gravur. *J. C. Wagner*

▲ Ansicht des Kometen über der Nürnberger Burg. Im Vordergrund die Instrumente der Eimmartschen Sternwarte. *Anonym*

Großer Komet 1744

Der Schweif des Großen Kometen von 1744 am Morgen des 8.3.1744 über den Alpengipfeln. Der Kometenkern steht bereits unbeobachtbar am Südhimmel. *F. Chambers*

Ein früher Märzmorgen im Jahr 1744: Über dem südlichen Horizont ragen sechs riesige gebogene Strahlen auf. Gebannt starren die Menschen auf dieses Schauspiel, denn sein Verursacher, der Große Komet von 1744, war schon seit einigen Tagen von der Himmelsbühne verschwunden. Die Strahlen waren die Spitzen des riesigen Schweifes, der sich nach dem Perihel entfaltet hatte, und so weit nach Norden reichte, dass er diesen beeindruckenden letzten Gruß nach Europa schicken konnte.

Bahn und Sichtbarkeit

Der Komet stand in etwa gegenüber der Sonne am Nachthimmel im Sternbild Dreieck, als er entdeckt wurde. Damit war er fast die ganze Nacht zu sehen – ideale Bedingungen für das Auffinden. Zum Jahreswechsel 1743/44 bewegte sich C/1743 X1 von den Fischen Richtung Westen auf das Pegasusquadrat zu, in das er Mitte Januar eintrat. Bis Mitte Februar stand der Komet weiterhin sehr günstig am Abendhimmel und konnte vor seinem Untergang mehrere Stunden beobachtet werden.

Am 17./18. Februar 1744 passierte er den Stern α Pegasi in südwestliche Richtung auf die Sonne zu. Damit verschlechterten sich die Sichtbarkeitsbedingungen am Abendhimmel, jedoch öffnete sich ab dem 24. Februar ein zweites Sichtbarkeitsfenster am Morgenhimmel. Der nach Norden gerichtete Schweif konnte dabei schon deutlich vor dem Kometenkopf gesehen werden, da seine Spitzen

Daten	
Nr.:	10
Bezeichnung:	C/1743 X1
Alte Bezeichnung:	1744 I
Entdeckungsdatum:	29.11.1743
Entdecker:	Jan de Munck
Periheldatum:	1.3.1744
Periheldistanz:	0,2222AE
Erdnähe:	26.2.1744
Erdentfernung:	0,8266AE
Maximalhelligkeit:	-5^m
Maximale Schweiflänge:	90°
Länge des Perihels:	151,5°
Länge des aufsteigenden Knotens:	49,3°
Bahnneigung:	47,1°
Exzentrizität:	1,00000000

mehr als eine Stunde vorher aufgingen. In diese Zeit fiel die Erdnähe am 26. Februar.

Am 29. Februar zog der Komet in 10,5° Abstand nordwestlich an der Sonne vorbei. Dabei schwenkte die Schweifrichtung von nördliche auf südliche Orientierung um. In den ersten Märztagen nach der Sonnenkonjunktion stand der Kometenkopf für nördliche Breiten bereits ungünstig südlich der Sonne und konnte nicht mehr gesehen werden. Jedoch war der Schweif so lang, dass er bis um den 10. März für mitteleuropäische Beobachter über den Morgenhorizont ragte. Gleichzeitig stand Venus als Morgenstern im größten Glanz.

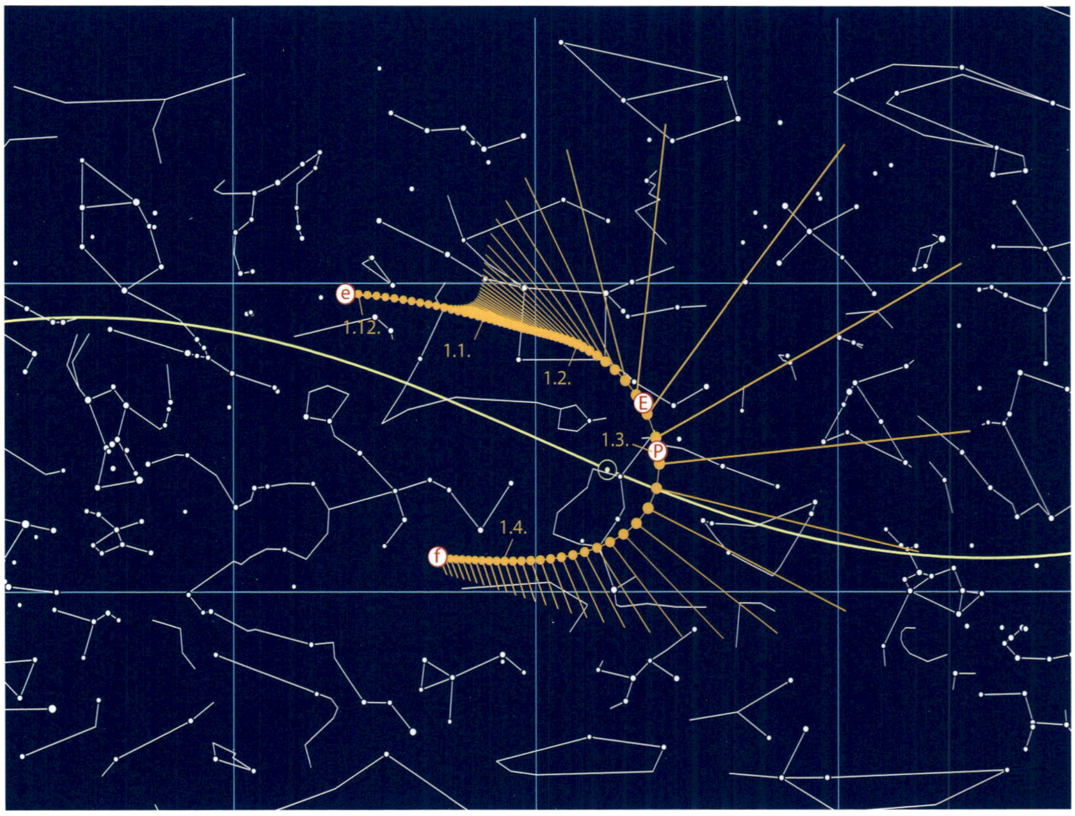

Der Komet zog danach zunächst in südliche Richtung durch den Wassermann, dann nach Osten an die Grenze der Sternbilder Walfisch und Bildhauer. Damit war er endgültig mitsamt seinem Schweif den Blicken der Europäer entzogen. Dies blieb bis zu den letzten Sichtungen im April 1744 der Fall.

Entdeckung und Beobachtungen

Drei Beobachter – allesamt Amateurastronomen – entdeckten den Kometen unabhängig voneinander zum Jahresende 1743. Der erste war wohl der Holländer Jan de Munck, der von Middelburg aus den Kometen schon am 29. November sichtete. Am 9. Dezember tat es ihm sein Landsmann Dirk Klinkenberg nach. Zum 13. Dezember folgte Philippe-Loys de Chéseaux in der Schweiz. Letzterer verglich die Helligkeit mit M 31, welche ihm jedoch schwächer erschien. Demnach dürfte der Komet etwa $3,^m5$ besessen haben und war schon mit bloßem Auge sichtbar. Die Ausdehnung gab de Chéseaux mit 5' an.

Ende Dezember war C/1743 X1 mit etwa $2,^m5$ bereits deutlich heller geworden. Im Teleskop war ein kurzer Schweif zu sehen. Dieser entwickelte sich erst ab Januar 1744 schneller und kam schon auf eine Länge von 6° bis 8° zum Ende des Monats. Jedoch waren nur die ersten 2,5° wirklich hell. Der Komet hatte um diese Zeit eine Helligkeit von ca. 2^m.

Im Februar zog die Geschwindigkeit der Helligkeitszunahme stark an, der Komet wurde nun von Abend zu Abend glänzender. Anfang Februar war bereits die 1^m-Marke überschritten, Mitte Februar erschien er den Beobachtern schon heller als der hellste Stern am Himmel, Sirius mit $-1,^m5$. Der Schweif bildete sich im Februar zu einem schönen, nahezu geraden Lichtstreif von 20° bis 25° Länge und 2° Breite aus. Jacques Cassini sah den Schweif am 15. Februar geteilt, der östliche Zweig war 7° bis 8° lang und gekrümmt, der westliche gerade und reichte 24° weit. Diese Schweifteilung hatte schon de Chéseaux am 31. Januar gesehen, sie blieb bis zur Sonnenpassage erhalten.

In den Tagen vor der Sonnenkonjunktion wurde der Anblick immer beeindruckender. Gottfried Heinsius beschrieb den Kometen am 24. Februar als hell und rötlich-gelb, »wie eine Feuermauer«. Die Helligkeit des Kometen erreichte den Glanz von Venus, die mit etwa -4^m ebenfalls am Morgenhimmel stand.

Am 28. Februar machte sich C/1743 X1 am Taghimmel bemerkbar. Er war auch mittags mit bloßem Auge zu erkennen, dies erforderte aber genaues Hinsehen. Die Helligkeit mag daher um etwa -5^m gegipfelt haben. Erstmals wurden bei dieser Gelegenheit auch teleskopische Tagbeobachtungen durchgeführt, vor allem in Italien. Bis zum 4. März war dies aufgrund der großen Helligkeit des Kometenkopfes möglich.

Am 1. März begannen die Berichte der Sichtungen des über den Morgenhorizont vor Sonnenaufgang ragenden Schweifes, für die der Große Komet von 1744 berühmt geworden ist. In Europa sah man in der Morgendämmerung einen gewaltigen 30° breiten, »mehrfachen« Schweif etwa 20° über den Horizont ragen, während der Kometenkopf bereits etwa 20° unter den Horizont gesunken war. Der Höhepunkt war am 8. März erreicht: Bis zu sechs Strahlen ragten am Himmel auf! Sie erschienen an den Seiten heller, so dass einige Beobachter auch von einem elf- oder zwölffachen Schweif sprachen. Heinsius hielt die Erscheinung am 7. gar für ein Polarlicht. Es waren aber tatsächlich die Spitzen des durch Striae stark gezeichneten Schweifes – eine ähnliche Erscheinung hat es bei Komet McNaught 2007 gegeben. Am 9. März wurden die letzten Sichtungen berichtet.

Weiter südlich konnten Seefahrer den Kometen in seiner grandiosen Gesamtheit beobachten: Während der Kometenkopf erst kurz vor der Sonne aufging, spannte sich der Schweif als riesiger, stark gekrümmter Bogen über den Himmel. Die Länge betrug zwischen 40° und gewaltigen 90° nach den Berichten verschiedener Schiffskapitäne.

Nach dem 22. April gab es keine Berichte mehr zum Großen Kometen von 1744. Die Helligkeit dürfte zu diesem Zeitpunkt auf 4^m abgesunken gewesen sein.

Anblick des Kometen über London am 26.1.1744. Von einem Dach sind Teleskope auf den Komet gerichtet. Gravur. *Anonym*

Hintergrund und Öffentlichkeit

Der Große Komet von 1744 war der hellste Schweifstern des 18. Jahrhunderts. Er war der letzte Komet, der auf Flugblättern und Einblattdrucken des alten Stils verewigt wurde. Die Rezeption dieser Traktate war aber nicht mit denen des Großen Kometen von 1680 zu vergleichen. Die zunehmend rationale Sicht auf den gestirnten Himmel und seine Objekte spiegelt sich hier wider.

Verwirrend ist die Bezeichnung des Kometen. In den meisten Quellen wird er als »Komet de Chéseaux« geführt, obwohl der Schweizer als letzter der drei unabhängigen Entdecker auftrat. Vielfach ist in der Literatur auch von »Komet Klinkenberg« oder »Klinkenberg-de Chéseaux« die Rede. Die frühere Entdeckung durch de Munck wurde lange nicht als solche erkannt, denn sie ist in einer recht unbekannten Publikation erschienen. Wenn jedoch de Munck die Priorität eingeräumt wird, muss die offizielle Bezeichnung des Kometen eigentlich C/1743 W1 lauten, denn er wurde in der zweiten Novemberhälfte und nicht in der ersten Dezemberhälfte entdeckt.

Berühmt wurde der Komet durch seinen »mehrfachen« Schweif. Diese Illusion eines in mehrere Teile aufgespalteten Schweifes ließ sich erst viel später aufklären. Anders als die Zeitzeugen dachten, wurzelten die einzelnen Strahlen nicht in einem gemeinsamen Kern. Sie waren vielmehr die oberen Teile von Schweifstrahlen, die sich diagonal durch den Schweif zogen. Diese als Striae bezeichneten Formationen entstehen durch aufeinander folgende abgetrennte Schweifstrahlen, die vom Kometenkern ausgestoßen werden.

Ein ähnlicher Anblick wie im März 1744 ergab sich, als C/2006 P1 (McNaught) ebenfalls nahe an der Sonne vorüber zog und dann auf ihre südliche Seite wechselte: Der Kometenkopf war wie 1744 von Europa aus nicht mehr zu sehen, aber die Spitzen des Schweifs, gezeichnet von zahlreichen Striae, reichten über den Horizont. Auch der Eindruck von Komet West 1976 wurde mit dem Kometen von 1744 verglichen.

Charles Messier, der später als erster Kometenjäger Berühmtheit erlangen sollte, sah den Kometen als Junge und schrieb später, dieser hätte sein Interesse für die Astronomie ausgelöst. De Chéseaux hielt ihn für ein periodisches Objekt mit einer Umlaufszeit von 442 Jahren. Heute wird aber meist eine Hyperbelbahn angenommen – der Große Komet von 1744 verschwand also auf Nimmerwiedersehen in den Tiefen des äußeren Sonnensystems.

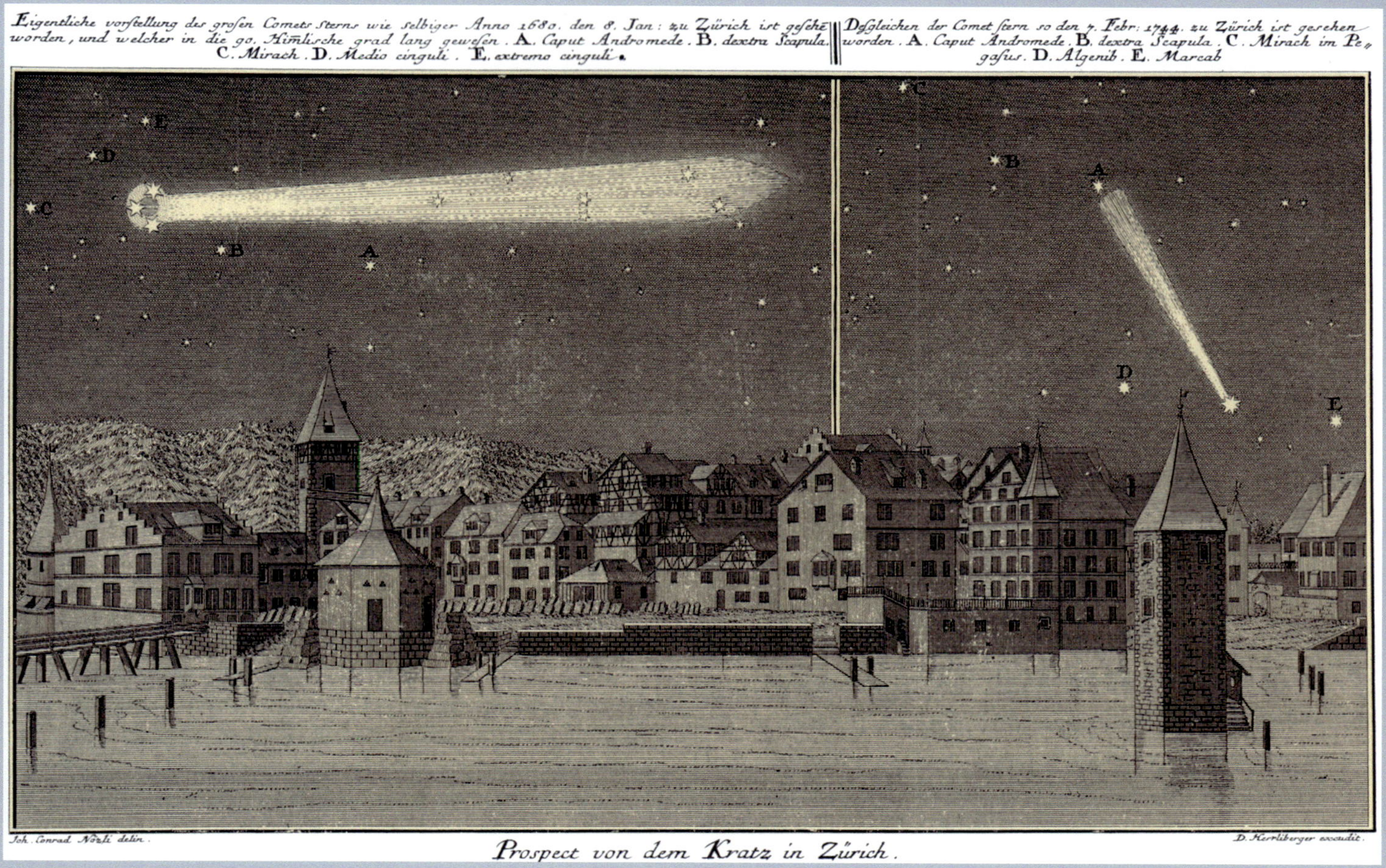

▲ Die Kometen von 1680 (links) und 1744 (rechts) im Vergleich. *D. Herrliberger*

▼ Ansichten des Kometen im Januar und Februar 1744. *J. G. Puschner*

Der Eindruck von sechs oder mehr über den europäischen Horizont ragenden Schweifen (links) verleitete zu dem Glauben, sie hätten einen gemeinsamen Ursprung im Kern des Kometen. Tatsächlich entsprach die Situation aber eher dem Anblick McNaughts 2007. Die Skizze (unten) zeigt die angenommene Bahn des Kometen vom 13.12.1743 bis 8.6.1744, der Schweif ist am 8.3.1744 sechsfach dargestellt. *Anonym (li.), Philippe Loys de Chéseux (u.)*

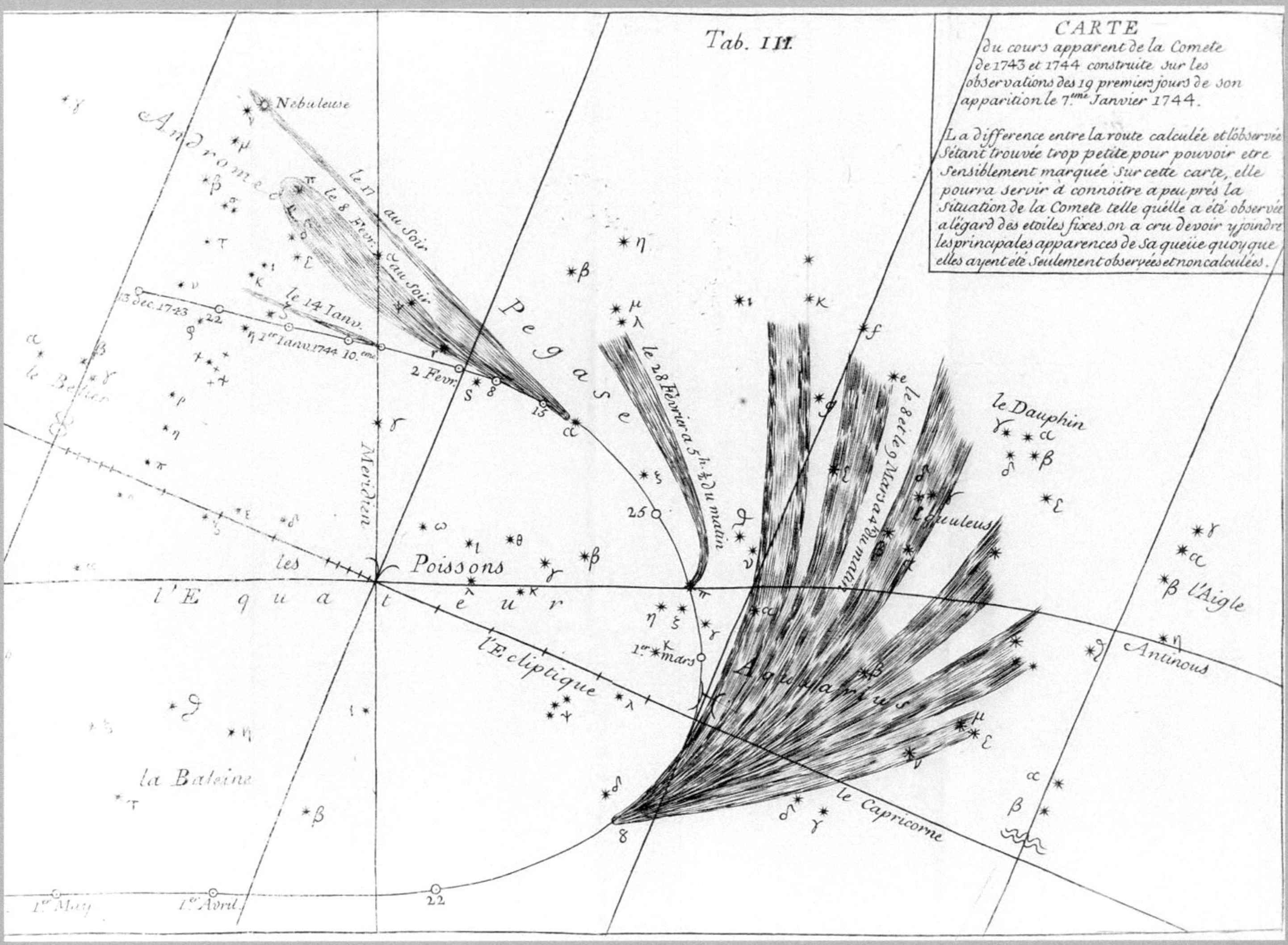

Halley 1759

Die erste Wiederkehr des Kometen nach der Vorhersage von Halley geriet zum Triumph der Wissenschaft. Kometen waren keine unberechenbaren Schreckgespenste mehr, sondern vorhersagbare Himmelserscheinungen. Ausgerechnet ein sächsischer Landwirt spielte dabei eine Hauptrolle, seine Wiederentdeckung des Kometen war ein Weihnachtsgeschenk der besonderen Art. In Paris war man darüber jedoch nicht amüsiert.

Daten	
Nr.:	11
Bezeichnung:	1P/Halley
Alte Bezeichnung:	1758 I
Entdeckungsdatum:	25.12.1758
Entdecker:	Johann Georg Palitzsch
Periheldatum:	13.3.1759
Periheldistanz:	0,5845AE
Erdnähe:	26.4.1759
Erdentfernung:	0,1225AE
Maximalhelligkeit:	0^m
Maximale Schweiflänge:	47°
Länge des Perihels:	110,7°
Länge des aufsteigenden Knotens:	56,5°
Bahnneigung:	162,4°
Exzentrizität:	0,9676792

Bahn und Sichtbarkeit

Die Bahn des Halleyschen Kometen bei seiner ersten vorhergesagten Wiederkehr 1759 ähnelte stark derjenigen des bislang letzten Auftritts 1986. Lediglich der Beginn und das Ende der Sichtbarkeit waren von Europa aus zu sehen, während der Komet zur Erdnähe am Südhimmel stand. Zudem war die Erscheinung für europäische Beobachter in drei Sichtbarkeitsperioden getrennt, zwischen denen sich jeweils Phasen der Unbeobachtbarkeit schoben.

Zur Entdeckung stand der Komet im Sternbild Fische am Abendhimmel. Anfang 1759 wanderte er auf die Sonne zu in den Wassermann. Dort trat am 1. März die erste Konjunktion mit der Sonne ein; aufgrund der Annäherung an diese bis auf 7° blieb der Komet unbeobachtbar.

Erst Ende März kam der Komet wieder am Morgenhimmel im Steinbock zum Vorschein. In Europa war er dabei nur ungünstig tief am Horizont für etwa drei Wochen zu sehen. Dann verschwand er Richtung Südhimmel. Vom Südlichen Fisch bis zum Zentauren durchquerte der Komet danach innerhalb von 10 Tagen den gesamten Südhimmel mit einer Geschwindigkeit von bis zu 17° am Tag. Er erreichte am 25. April mit –71° seine südlichste Position, am Folgetag stand er in Erdnähe, die somit nicht von Europa aus verfolgt werden konnte.

In den letzten Apriltagen kehrte der Komet in der Wasserschlange an den europäischen Himmel zurück. Dabei stand er der Sonne nahezu gegenüber, so dass er unter dunklem Himmel beobachtet werden konnte. Nun folgte für nördliche Breiten die beste Sichtbarkeitsphase, obwohl der Vollmond am 12. Mai den Anblick störte.

Ende Mai erreichte der sich schnell entfernende Komet das Sternbild Sextant. Hier blieb er bis Ende Juni sichtbar, bevor er in der Abenddämmerung verschwand.

Entdeckung und Beobachtungen

Der sächsische Landwirt und Amateurastronom Johann Georg Palitzsch gönnte sich Weihnachten 1758 eine Mußestunde am Fernrohr. Mit einem Newton-Teleskop von 8 Fuß Brennweite, das nahe seines Bauernhofs in Prohlis bei Dresden stand, beobachtete er am Abend des 25. Dezember Mira im Walfisch. Palitzsch notierte später: »Als ich nach meiner mühsamen Gewohnheit, alles was in der Physik vorfällt, so viel möglich zu betrachten und gegen die Himmelsbegebenheiten aufmerksam zu sein, die Fixsterne durchgienge, um zu sehen, wie sowohl sich der jetzt sichtbare Stern des Wallfisch darstelle, als auch, ob sich nicht etwa der seit längerer Zeit verkündigte und sehnlich erwünschte Komet nähere oder zeige; so wurde mir das unbeschreibliche Vergnügen zutheil, nicht weit von diesem wunderbarem Wallfischstern im Sternbild der Fische und zwar in dem Bande zwischen den beiden Sternen Epsilon und Delta nach Baieri Uranometrie oder O und N derer Doppelmayerischen Charten einen sonst noch niemahlen alldort wahrgenommenen neblichten Stern zu entdecken. Die am 26. und 27. wiederholte Beschauung bestätigte meine Vermutung, dass es ein Comet wäre. Denn er war seit dem 25. wirklich fortgerückt ... binnen 2 Tagen um 3 Grad 24 Sekunden in der Länge und 1 Grad 5 Sekunden in der Breite und zwar rückläufig.«

Palitzsch meldete die Entdeckung dem Dresdner Gelehrten Christian Gotthold Hoffmann, der den Kometen am 28. Dezember beobachtete. Er veröffentlichte zwar eine Notiz über seine Entdeckung, erkannte aber nicht, dass es sich um den lange gesuchten Halleyschen Kometen handelte. Erst nachdem der Leipziger Astronom Gottfried Heinsius den Kometen am 18./19. Januar 1759 ebenfalls beobachtete, stand die Identität fest. Charles Messier gelang unabhängig von den Aktivitäten in Sachsen das Auffinden des Kometen am 21. Januar mit einem Newton-Teleskop von 4,5 Fuß Brennweite.

Im Januar erschien der Komet rund und mit hellem Kern bei einer Helligkeit von etwa $6{,}^{m}5$. Ein Schweif war nicht sichtbar. Der Komet wurde nun rasch heller, wegen schlechten Wetters in Europa gelangen aber nur wenige Beobachtungen. Messier sah den Kometen zum Ende des ersten Sichtbarkeitsabschnitts letztmalig am 14. Februar, nur 20 Minuten nach Sonnenuntergang etwa 20° von der Sonne entfernt. Am nächsten Abend gelang ihm die Sichtung nicht mehr.

Von der Insel Réunion aus erspähte Jean Baptiste François de la Nux den Kometen am 26. März. Messier sah ihn in Paris am 1. April wieder. Er erschien heller als vor der Sonnenkonjunktion, Messier verglich den Kopf des Kometen mit einem Stern von 1^m und bemerkte, dass der Komet heller sei. Die Schweiflänge gab er mit beeindruckenden 25°. Doch schon am 15. April verschwand der Komet für Messier wieder, die letzte Sichtung gelang bei nur 4° Höhe über dem Horizont.

Nun folgte die Phase der maximalen Helligkeit, die nur von äquatornahen oder südlichen Breiten aus zu sehen war. Heutige Einschätzungen sprechen von Werten um 0^m, doch leider sind nur spärliche Beobachtungen überliefert, denn regelrechte Sternwarten auf der Südhalbkugel der Erde existierten noch nicht. Nach de la Nux maß der Schweif am 28. April 25°, war aber dünner als zuvor.

Am 29. April konnte Messier den Kometen wieder sehen. Er schätzte ihn am 1. Mai auf 1^m, am 3. Mai war er trotz Mondschein einfach mit bloßem Auge zu sehen, der Schweif maß jedoch nur 1,5° im Teleskop. De la Nux berichtete dagegen am 5. Mai eine sagenhafte Schweiflänge von 47° – dunklerer Himmel und höherer Stand über dem Horizont bevorzugten ihn vor den europäischen Beobachtern.

Während de la Nux auch am 14. Mai noch einen Schweif von 19° Länge sah, verglich Messier den Kometen bereits mit einem 4^m-Stern. Ab dem 18. Mai nahm die Helligkeit deutlich ab, der Komet wurde zu schwach für das bloße Auge. Messiers letzte Beobachtung datiert vom 3. Juni. João Chevalier konnte ihn mit einem 7-füßigen Gregory-Teleskop noch bis zum 22. Juni verfolgen.

Hintergrund und Öffentlichkeit

Das Auftreten 1758/59 war die erste vorhergesagte Wiederkehr des Halleyschen Kometen. Die Voraussage des Engländers wurde zum Prüfstein und Triumph der Wissenschaft, die der Prodigiendeutung von Kometen endgültig den Garaus machte.

Edmond Halley hatte 1695 vermutet und 1705 postuliert, dass die Kometen von 1531, 1607 und 1682 auf ein Objekt zurückgingen. Nachdem er erkannt hatte, dass der Komet 1681 dicht an Jupiter vorbei gegangen war und sich dadurch seine Bahn geändert hatte, legte er die Wiederkehr auf Ende 1758 oder Anfang 1759 fest – er selbst sollte die Bewahrheitung dieser Vorhersage jedoch nicht mehr erleben.

In der Folge gab es einige neue Berechnungsversuche. Leonard Euler verlegte das Perihel auf 1757 vor, weil er an eine stetige Abnahme der Periode glaubte. Jérôme Lalande nannte den November 1757 ideal für die Wiederentdeckung. Alexis-Claude Clairault verbesserte diese An-

gaben mit der Vorhersage des Perihels für den 13. April 1759 – nur einen Monat vom wahren Wert entfernt – jedoch wurde diese Bahn erst im November 1758 publik.

Viele Beobachter suchten ab 1757 nach dem Kometen. Darunter war auch der junge Sternwartenassistent Charles Messier, dem sein Chef Joseph-Nicholas Delisle diese Aufgabe zuwies. Messier benutzte eine Karte von Delisle, die jedoch auf einem Termin basierte, an dem die Entdeckung mit bloßem Auge gelingen sollte. Teleskopisch aber würde sich der Komet noch vor diesem Zeitpunkt aufspüren lassen, Delisle verbot Messier jedoch, an anderen Stellen zu suchen.

So überließ er das Feld unfreiwillig dem sächsischen »Bauernastronomen« Johann Georg Palitzsch. Unter erschwerten Umständen mitten im Siebenjährigen Krieg – Sachsen war von Preußen und Österreichern besetzt – gelang ihm die epochale Entdeckung. Die offizielle Astronomie, namentlich die französische, war düpiert. Messier hatte den Kometen am 21. Januar 1759 gefunden, ohne etwas von der Entdeckung zu wissen. Doch am selben Tag traf die Nachricht in Paris ein, dass der Komet bereits gefunden worden war – fast einen Monat zuvor.

Delisle untersagte Messier, seine Entdeckung bekannt zu geben, denn er glaubte nicht, dass es sich um den Halleyschen Kometen handelte. Erst am 1. April durfte Messier seine Beobachtungen veröffentlichen. Doch zu diesem Zeitpunkt glaubten ihm viele Astronomen, insbesondere diejenigen der königlichen Sternwarte, die mit Delisles Marine-Observatorium in Konkurrenz stand, die unabhängige Entdeckung nicht mehr. Dieses Verwirrspiel sollte Messiers Ruf für viele Jahre untergraben.

Messiers Suche nach Halleys Komet sollte sich im Nachhinein doch noch als gelungen erweisen. Messier war nämlich schon im August 1758 bei der Suche auf einen anderen Kometen gestoßen, den de la Nux entdeckt hatte. Dieser Komet passierte am 28. August einen Nebelfleck, den Messier nicht kannte – prompt verwechselte er ihn mit dem Kometen. Dieses Erlebnis war für den französischen Astronomen der Anlass, eine Liste von Nebeln zu erstellen, die im Teleskop Kometen ähneln. Heute ist der Messier-Katalog die bekannteste Auflistung von Deep-Sky-Objekten und das berühmteste Erbe des Kometenbeobachters.

Halleys Komet wurde 1759 stärker wissenschaftlich dokumentiert als jeder Schweifstern zuvor. Aufgrund der ungünstigen Sichtbarkeitsbedingungen startete die allgemeine Aufmerksamkeit jedoch erst im April und gipfelte schließlich im Mai, als der Komet in Europa wieder hoch am Himmel stand. Das Hauptaugenmerk lag dabei auf Positionsbestimmungen, um die himmelsmechanischen Berechnungen zur Bahn des Kometen zu verbessern. Die Breitenwirkung des Kometen war jedoch gering, da er während der größten Helligkeit nicht in Europa zu sehen war.

Lieferten sich ein Wettrennen um die Wiederentdeckung des Halleyschen Kometen: Johann Georg Palitzsch, »Bauernastronom« aus Prohlis bei Dresden (oben), und Charles Messier, junger Assistent an der Sternwarte der Marine in Paris (unten).
M. Keyl (o.), N. Ansiaume (u.)

Die Karten zeigen die beiden von Europa aus sichtbaren Bahnteile vom 16.1. bis 19.4.1759 (oben) und 29.4. bis 15.6.1759. *Charles Messier*

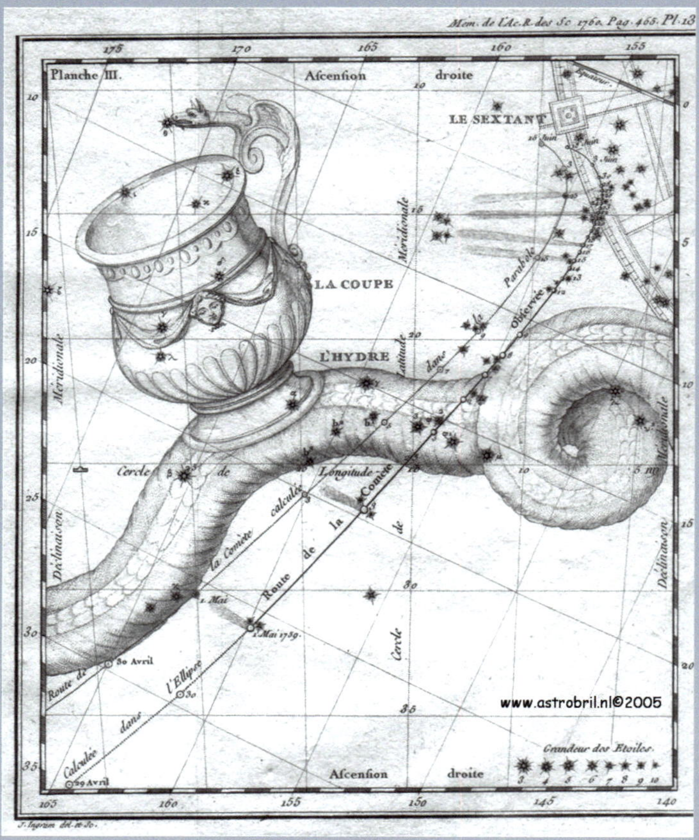

Messier 1769

Zehn Jahre waren seit der Niederlage Charles Messiers im Rennen um die Wiederentdeckung des Halleyschen Kometen vergangen, als das »Kometenfrettchen« mit einer spektakulären Entdeckung aufwartete. Messiers Fund avancierte innerhalb kürzester Zeit zum zweithellsten Kometen des Jahrhunderts. Beeindruckend war die Schweiflänge des Großen Kometen von 1769. Für Messier bedeutete der Komet nationale und internationale Anerkennung.

Daten	
Nr.:	12
Bezeichnung:	C/1769 P1 Messier
Alte Bezeichnung:	1769 I
Entdeckungsdatum:	8.8.1769
Entdecker:	Charles Messier
Periheldatum:	8.10.1769
Periheldistanz:	0,1228AE
Erdnähe:	10.9.1769
Erdentfernung:	0,3229AE
Maximalhelligkeit:	0^m
Maximale Schweiflänge:	60°
Länge des Perihels:	329,1°
Länge des aufsteigenden Knotens:	178,3°
Bahnneigung:	40,7°
Exzentrizität:	0,99924900

Bahn und Sichtbarkeit

Charles Messier entdeckte seinen Großen Kometen im Sternbild Widder. Von dort zog er im August 1769 in den Stier. Das bedeutete eine günstige Sichtbarkeit am Morgenhimmel mit relativ großen Horizonthöhen.

In den ersten Septembertagen wanderte der Komet durch den nördlichen Bereich des Sternbilds Orion. Am 5. September stand er etwa 3° südlich von Beteigeuze. Die Erdnähe am 10. September wurde im Einhorn erreicht.

Im Anflug auf das Perihel erhöhte sich nun die Winkelgeschwindigkeit des Kometen am Himmel deutlich. Gleichzeitig nahm die Sichtbarkeitsdauer am Morgenhimmel ab. Im Sternbild Wasserschlange stehend näherte sich der Komet Mitte September der Sonne, so dass er nicht mehr gesehen werden konnte.

In den ersten Oktobertagen fand die Passage an der Sonne zum Perihel statt. Der dabei unsichtbare Komet zog südlich an ihr vorbei. Kurze Zeit später begann die zweite Sichtbarkeitsphase am Abendhimmel. Vom Sternbild Jungfrau entfernte sich der Komet schnell von der Sonne und trat am 21. Oktober in die Schlange, um den 1. November in den Schlangenträger. Zwischen den zahllosen Sternen der Sommermilchstraße verlor sich hier seine Spur.

Verschiedene Autoren berechneten parabolische und elliptische Bahnen für C/1769 P1. Allgemein anerkannt ist die von Friedrich Wilhelm Bessel stammende Bahnberechnung, die eine elliptische Bahn und eine Umlaufszeit von 2090 Jahren ergibt.

Entdeckung und Beobachtungen

Der zu dieser Zeit in Fachkreisen bereits als Kometenentdecker berühmte französische Astronom entdeckte den Kometen am 8. August 1769 mit einem Teleskop an der Sternwarte der Marine in Paris. Messier beschrieb seinen Fund als »schwach«, konnte den Kometen aber schon in derselben Nacht bei höherem Stand am Morgenhimmel mit bloßem Auge sehen.

Noch im August steigerte sich Messiers Komet zu einem beeindruckenden Objekt, insbesondere die Schweiflänge nahm rasant zu. Messier schätzte sie am 15. August auf 6°, die an der königlichen Sternwarte von Paris arbeitenden Astronomen Giovanni Domenico Maraldi und César Francois Cassini bestimmten am 25. August schon 10°, während Messier drei Tage später auf 15° kam. James Cook, der zu dieser Zeit in der Südsee auf seiner ersten Exkursion unterwegs war, notierte am 30. August stolze 42° Länge – während die in Paris ansässigen Astronomen nur etwa die Hälfte dieser Ausmaße erkennen konnten.

Der ziemlich schmale, nach Westen gerichtete und nach Norden gekrümmte Schweif war tatsächlich nur auf seiner ersten Hälfte auffällig hell. Im September konnte auch Messier ein weiteres Ansteigen der Schweiflänge beobachten, die Längenwerte bestimmte er am 3. mit 36°, am 6. mit 49° und am 9. mit 55°. Gleichzeitig vergrößerte sich die Koma auf einen Durchmesser von etwa 1°, der flächig erscheinende Kernbereich maß 4'.

Die Maximalhelligkeit erreichte Messiers Komet um den Zeitpunkt der Erdnähe am 10. September, als er in der Nähe von Prokyon im Kleinen Hund stand. Mit einer Helligkeit von 0^m und Schweiflängen um 60° bot er einen prächtigen Anblick am Morgenhimmel. Alexandre Guy Pingré konnte auf See sogar über 90° ausmachen, berichtete aber, dass der Schweif gegen sein Ende zu so schwach erschien, dass er beim Aufgang von Venus teilweise verschwand. Nur die ersten 40° waren hell und bis 2° breit.

Messier konnte den Kometen am 16. September das letzte Mal vor der Sonnenkonjunktion sehen, Maraldi am 18. Bis zuletzt wurden Schweiflängen von 40° berichtet. Bei den ersten Sichtungen am Abendhimmel um den 23. und 24. Oktober nach seinem Wiedererscheinen wirkte der Komet wesentlich schwächer. Messier schätzte die Helligkeit am 26. Oktober auf 3^m und beobachtete einen 3° langen Schweif, am 1. November konnte er 6° erkennen.

Am 18. November wurde C/1769 P1 letztmals mit bloßem Auge gesehen. Der Schweif war zu dieser Zeit noch 2° lang. Die letzten teleskopischen Beobachtungen erfolgten durch Messier am 1. Dezember, der schwedische Astronom Pehr Wilhelm Wargentin sah ihn zuletzt am 3. Dezember 1769.

Hintergrund und Öffentlichkeit

Charles Messier war der erste Kometenjäger der Geschichte. Der Misserfolg bei der Suche nach Halleys Komet 1758/59 hatte ihn angestachelt, auf die Pirsch nach anderen Schweifsternen zu gehen. Zwischen 1760 und 1785 entdeckte er insgesamt zwölf Kometen. Er war der erfolgreichste Entdecker des 18. Jahrhunderts und bis weit in das 19. Jahrhundert übertraf ihn kein anderer Beobachter.

Für Messier bedeutete die Entdeckung des Großen Kometen von 1769 Ruhm. Endlich wurde er in die damals so wichtigen wissenschaftlichen Akademien aufgenommen. Der französische König Ludwig XV. empfing ihn, Messier durfte ihm seine Karte des Kometen zeigen. Der König nannte Messier bei dieser Gelegenheit »Nesträuber der Kometen«, da er, kaum dass ein Komet »geschlüpft« war, diesen auch schon aufgespürt hatte. Daraus entwickelte sich der populäre Spitzname Messiers, das »Kometenfrettchen«. Der damit verbundene Prestigegewinn ermöglichte es ihm später sogar, eine Adelige zu heiraten.

Messier war auch der eifrigste Beobachter des Kometen. In 42 Nächten suchte er ihn aus der Mitte der französischen Hauptstadt heraus auf. 1808 gab es noch einmal Aufregung um Messier und seinen Kometen: Der inzwischen 78 Jahre alte Astronom widmete ihn nachträglich Napoleon, der nur eine Woche nach seiner Entdeckung geboren worden war. Diese Verknüpfung des astronomischen Objekts mit der Geburt des Kaisers der Franzosen wurde ihm von zeitgenössischen Astronomen als Rückschritt in die Ära astrologischer Interpretationen übel genommen. Messier versprach sich davon hauptsächlich eine Verbesserung seiner zu dieser Zeit prekären Lebensumstände.

Erstaunlich sind die außergewöhnlich großen Schweiflängen des Kometen vor dem Perihel. Legt man den berichteten Maximalwert von 90° zu Grunde, ergibt sich eine tatsächliche Schweiflänge von 3,5 Astronomischen Einheiten. Dieser Wert ist sicher nicht reell, eher sind Werte um 1,5 Astronomische Einheiten anzunehmen. Nach dem österreichischen Kometenexperten Johann Holetschek, der zu Anfang des 20. Jahrhunderts alle bis dahin bekannten Kometen-Erscheinungen systematisch erforschte und auswertete, sind die großen Längen auf die Sichtgeometrie Anfang September 1769 zurückzuführen: Der Kometenschweif zeigte exakt in die Richtung, aus der der Komet gekommen war. Danach hätte auf der Kometenbahn zurückbleibendes Material zu einer optischen Verlängerung des Schweifes aus Sichtrichtung der Erde geführt.

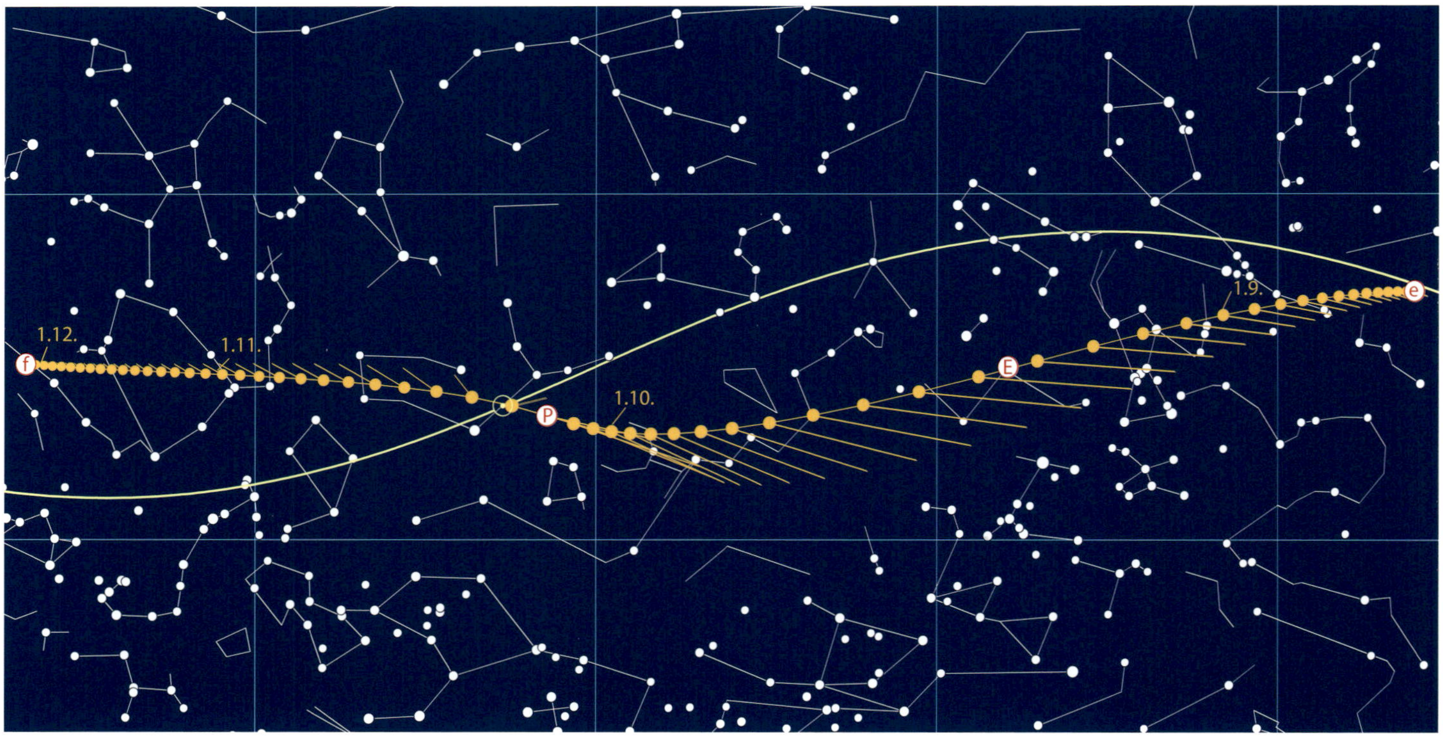

Ansichten des Kometen über Amsterdam (oben) und Nürnberg (9.9.1769, unten). *Aert Schouman (o.), Paul Küfner (u.)*

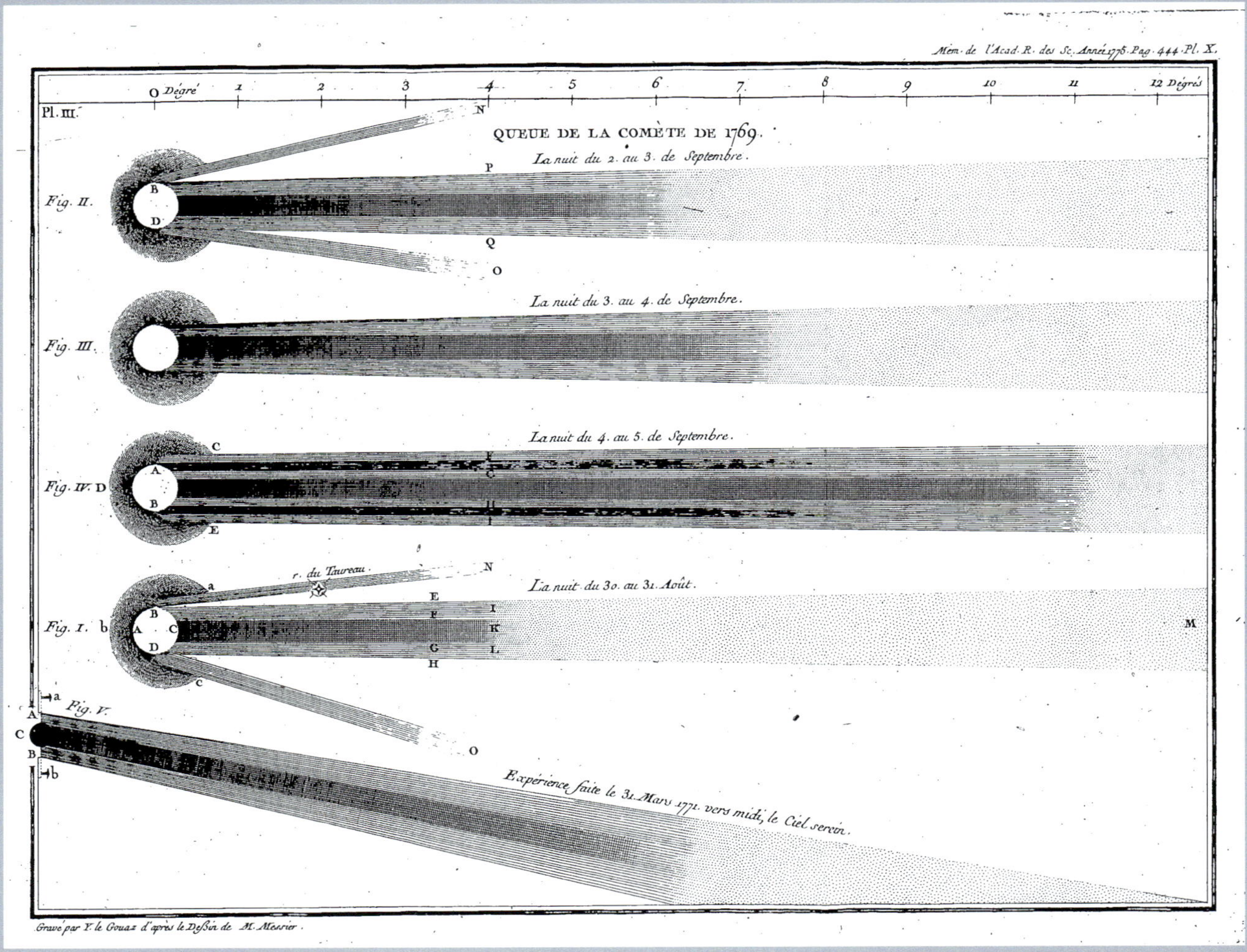
Mém. de l'Acad. R. des Sc. Année 1775. Pag. 444. Pl. X.
Pl. III.
0 Dégré 1 2 3 4 5 6 7 8 9 10 11 12 Dégrés
QUEUE DE LA COMÈTE DE 1769.
La nuit du 2. au 3. de Septembre.
Fig. II.
La nuit du 3. au 4. de Septembre.
Fig. III.
La nuit du 4. au 5. de Septembre.
Fig. IV.
τ. du Taureau.
La nuit du 30. au 31. Août.
Fig. I.
Fig. V.
Expérience faite le 31. Mars 1771. vers midi, le Ciel serein.
Gravé par Y. le Gouaz d'après le Dessin de M. Messier.

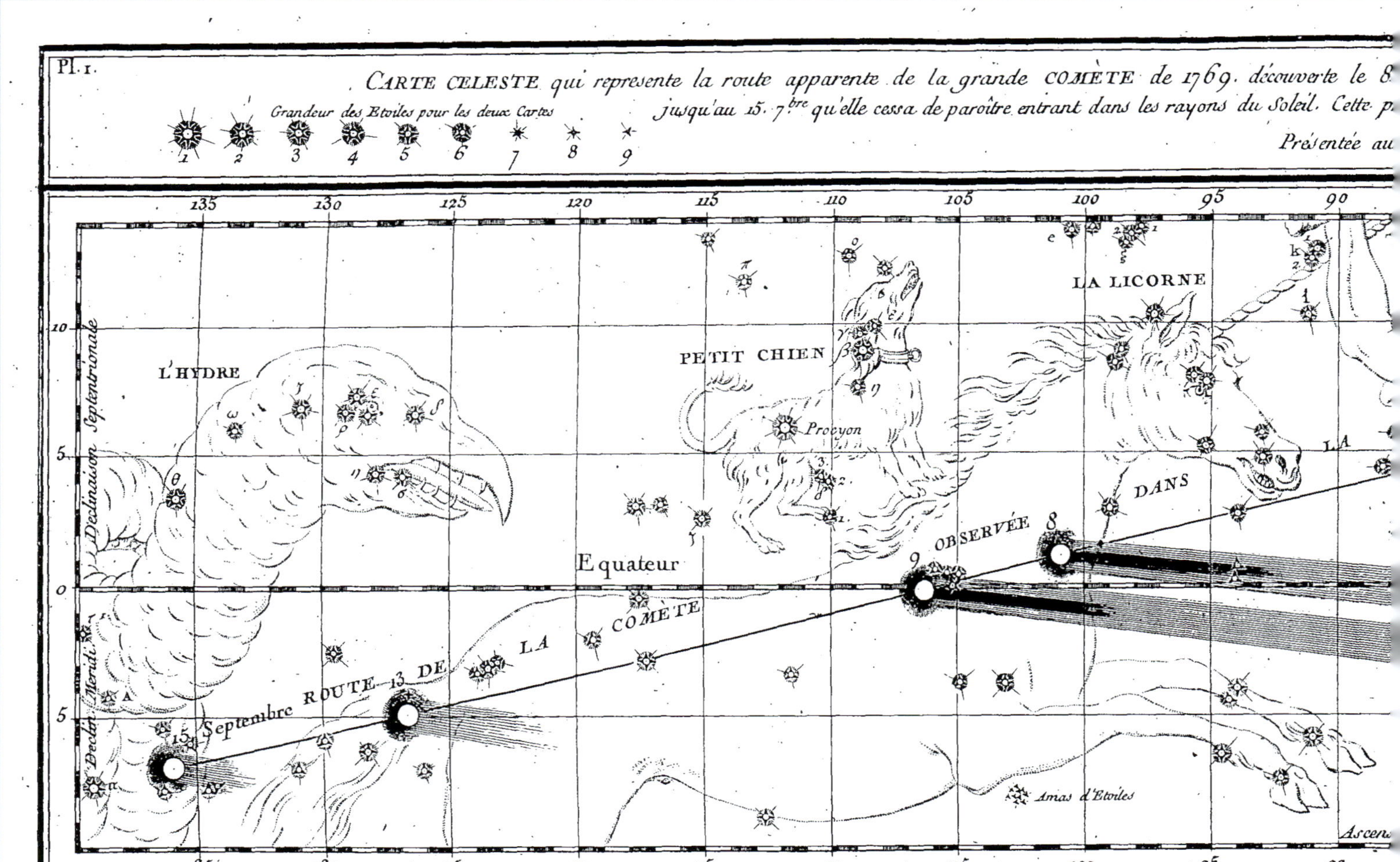
Pl. I.
CARTE CÉLESTE qui represente la route apparente de la grande COMÈTE de 1769. découverte le 8
jusqu'au 15. 7.bre qu'elle cessa de paroître entrant dans les rayons du Soleil. Cette p
Présentée au
Grandeur des Etoiles pour les deux Cartes
1 2 3 4 5 6 7 8 9
135 130 125 120 115 110 105 100 95 90
L'HYDRE
PETIT CHIEN
Procyon
LA LICORNE
Declinaison Septentrionale
Declin. Merid.
Equateur
15. Septembre ROUTE 13 DE LA COMÈTE 9 OBSERVÉE 8 DANS LA
Amas d'Etoiles
Ascens
Gravé par Y. le Gouaz d'après le desein de M. Messier

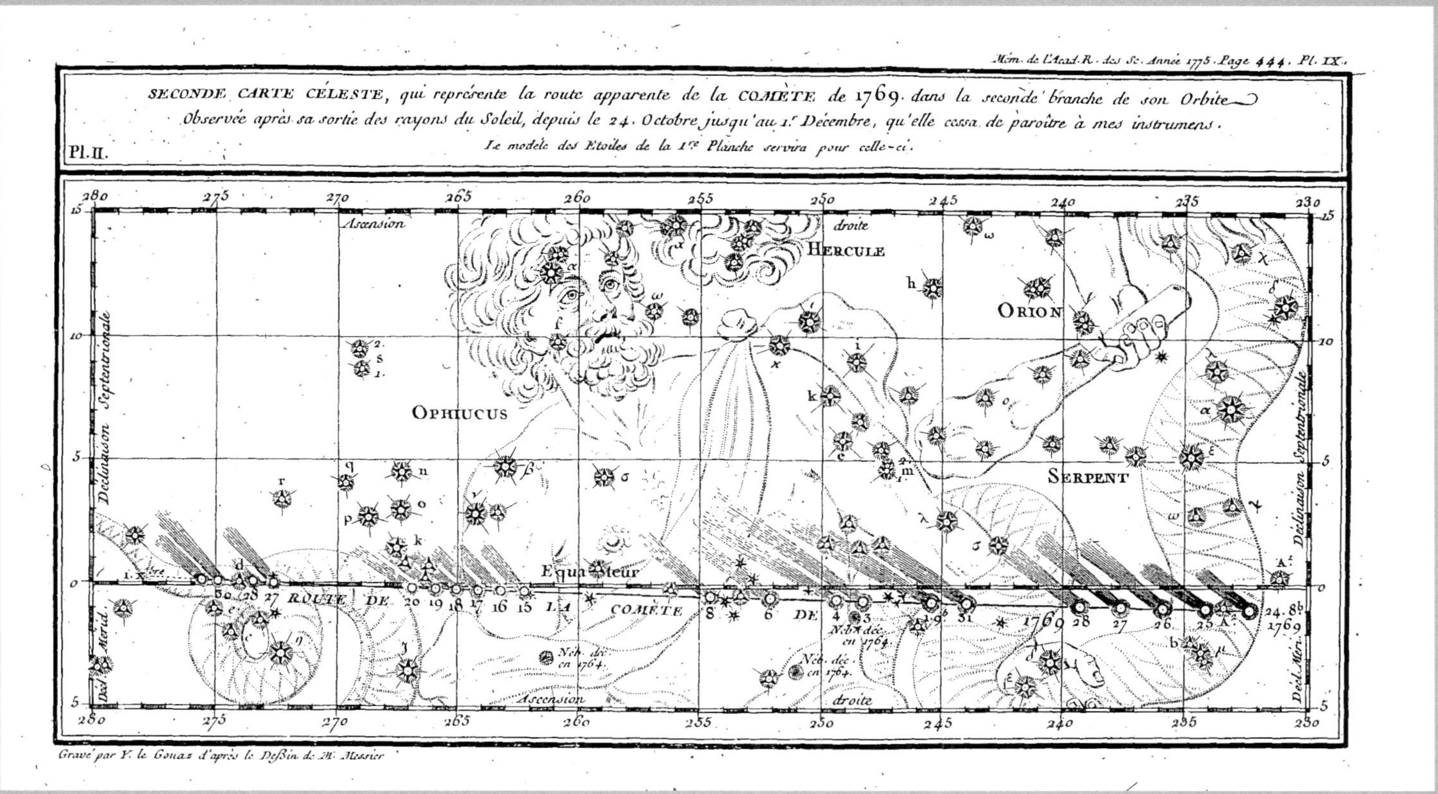

Karten und Ansichten des Kometen von 1769, erstellt durch seinen Entdecker: Schweifstrukturen mit Strahlen (links oben), Karte der Sichtbarkeit vor dem Perihel (unten) und nach dem Perihel (oben). *Charles Messier*

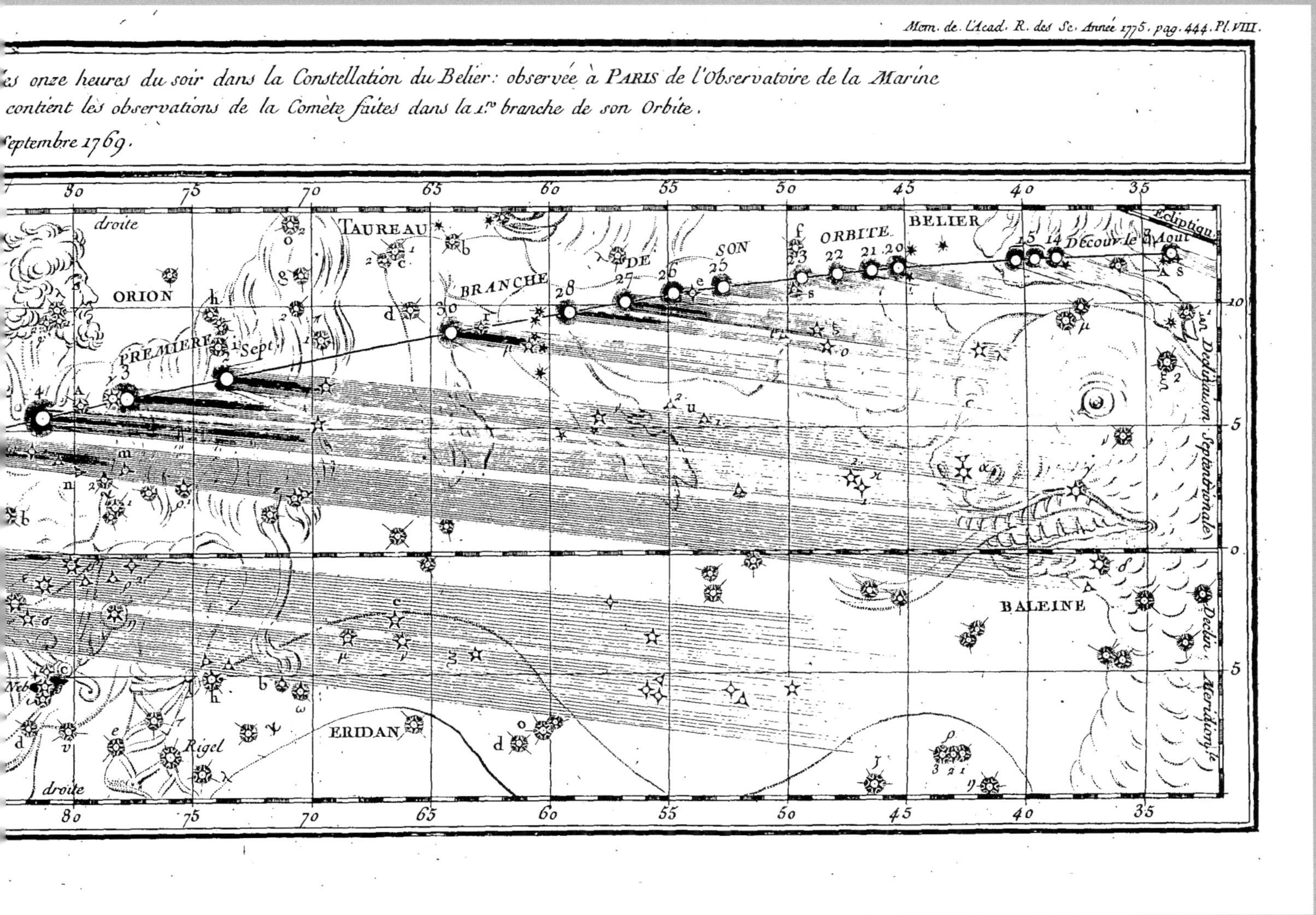

Flaugergues 1811

Napoleons Herrschaft über Europa erreichte ihren Zenit, als der Komet von 1811 am Firmament erschien. Neun Monate lang stand er für das bloße Auge am Himmel, obwohl er weder der Sonne noch der Erde besonders nahe kam. Damit erinnert sein Auftreten an die Erscheinung von Hale-Bopp, mit dem er tatsächlich viele Gemeinsamkeiten besitzt.

Komet Flaugergues am Morgen des 15.10.1811 bei Winchester. Gravur.*H. R. Cook / A. Pether*

Bahn und Sichtbarkeit

Die Bahn des Großen Kometen von 1811 ist einzigartig unter den hellen Schweifsternen der Neuzeit: Weder kam der Komet der Sonne besonders nahe, noch erreichte er eine Position nahe der Erde. Tatsächlich betrugen sowohl Periheldistanz als auch Erdnähe mehr als eine Astronomische Einheit – mehr als bei jedem anderen hellen Kometen der letzten 500 Jahre – mit Ausnahme von Hale-Bopp, der noch weiter entfernt von der Erde seine Bahn zog, aber näher an die Sonne kam.

Die Entdeckung des Kometen im März 1811 erfolgte tief am Winterhimmel im Sternbild Hinterdeck. Dank einer direkt nach Norden gerichteten Bahn wurde er in den folgenden Wochen immer besser sichtbar. Ende April wurde das Sternbild Einhorn erreicht, Ende Mai zog der Komet an Prokyon im Kleinen Hund vorbei. Der Komet entfernte sich dann zunächst wieder von der Erde bis in eine Entfernung von 2,41 Astronomischen Einheiten am 25. Juni. Danach begann eine erneute Annäherung. Dabei war der Komet jedoch im Juli und August nicht zu sehen, da er mit weniger als 10° Abstand die Sonne im Krebs passierte.

Ende August wurde der Komet wieder am Abendhimmel sichtbar. In Mitteleuropa stand er im Nordwesten nahe des Horizonts, ein zweites Beobachtungsfenster ergab sich am Morgenhimmel im Nordosten. Erst ab September konnte er unter dunklem Himmel gesehen werden, denn seine Bahn erklomm nördlichere Deklinationen und führte ihn in den südlichen Bereich des Großen Bären und in die

Daten	
Nr.:	13
Bezeichnung:	C/1811 F1 Flaugergues
Alte Bezeichnung:	1811 I
Entdeckungsdatum:	25.3.1811
Entdecker:	Honoré Flaugergues
Periheldatum:	12.9.1811
Periheldistanz:	1,0354AE
Erdnähe:	16.10.1811
Erdentfernung:	1,2213AE
Maximalhelligkeit:	0^m
Maximale Schweiflänge:	23°
Länge des Perihels:	65,4°
Länge des aufsteigenden Knotens:	143,0°
Bahnneigung:	106,9°
Exzentrizität:	0,99512500

Jagdhunde. Dabei wurde er sogar für kurze Zeit zirkumpolar, stand also die ganze Nacht am Himmel – just ab der Zeit seines Perihels am 12. September. Bis in den Oktober hielten diese für nördliche Breiten sehr guten Bedingungen an.

Mitte Oktober durchzog der Komet die nördlichen Bereiche des Sternbilds Bärenhüter und wechselte dann in den Herkules. Am 31. Oktober wurde der maximale Sonnenabstand mit 67° erreicht – der Komet war in Europa noch immer fast die ganze Nacht zu sehen. Im November wanderte der Komet durch die Sommermilchstraße im Adler. Im Dezember zog er sich an den Abendhimmel zurück.

Am 17. Februar kam es zur zweiten Sonnenpassage, die die Hauptsichtbarkeit des Kometen beendete. Der Abstand zum Tagesgestirn betrug 9,5°. Danach erschien der Komet wieder am Morgenhimmel, befand sich nun allerdings in deutlich größerer Entfernung. Im Laufe des Jahres 1812 blieb er im Sternbild Wassermann. Hier waren die Beobachtungsbedingungen im Sommer ideal, als er der Sonne gegenüber stand – zu diesem Zeitpunkt erfolgten die letzten Beobachtungen.

Entdeckung und Beobachtungen

Der französische Amateurastronom Honoré Flaugergues entdeckte am 25. März 1811 teleskopisch einen Nebelfleck tief am Horizont. In der darauf folgenden Nacht konnte die Bewegung des Objekts bestätigt werden. Beobachtungen anderer Astronomen setzten erst im April ein. Die Helligkeit des Kometen betrug zu diesem Zeitpunkt etwa 6^m.

Mitte Mai wurde der Komet mit dem bloßen Auge sichtbar. Durch die bevorstehende zweite Sonnenpassage verschlechterte sich die Beobachtungsmöglichkeit jedoch, Flaugergues bekam den Kometen am 29. Mai zuletzt zu Gesicht, Franz Xaver von Zach am 2. Juni. Alexander von Humboldt konnte ihn am 16. Juni bei 40° Sonnenabstand letztmals sichten

Flaugergues selbst gelang am 18. August das Wiederauffinden. Friedrich Wilhelm Bessel sah den Kometen am 23. August bei nur 4° Horizonthöhe in der Dämmerung, er schätzte die Helligkeit auf 2^m. In Berlin wurde am selben Tag von Johann Elert Bode ein Schweif bemerkt. Er wurde in den folgenden Tagen besser sichtbar, Wilhelm Herschel beschrieb ihn am 9. September als gekrümmt und 10° lang, am 18. gab er 12°. Herschel bemerkte Schweifstrahlen an den Seiten des Hauptschweifes und verglich das neblige Aussehen mit dem Orionnebel.

In der zweiten Oktoberhälfte erreichte der Komet seine größte Helligkeit. Mit etwa 0^m stand er unübersehbar am Nachthimmel. Beeindruckend war der sehr helle Schweif, der selbst bei Vollmond gut sichtbar blieb. Die Schweiflänge wurde von Herschel am 12. Oktober mit 17° gegeben, am 15. mit 23°. Charakteristisch blieben mehrere Schweifstrahlen, darunter zwei besonders helle. Die Koma

erschien etwa so groß wie der Mond, eine Kernscheibe von ca. 1' Durchmesser umhüllend.

Im November wurden zwei Schweifkomponenten deutlich. Herschel berichtete am 9., der Helligkeitseindruck des Kometen ähnele dem der Milchstraße. Im Dezember war der Komet nur noch mit Mühe ohne optische Hilfsmittel zu sehen. Die Schweiflänge hatte sich auf 7° verkürzt.

Zach sah den Kometen am 11. Januar 1812 letztmalig vor der zweiten Sonnenpassage, als er nur noch einen Abstand von 29° zum Tagesgestirn besaß. Die Helligkeit betrug noch etwa 5^m. Wiedergefunden wurde er am 11. Juli 1812 von José Joaquin de Ferrer auf Kuba mit einem 4-zölligen Refraktor, der Komet wies noch etwa 8^m Helligkeit auf, sogar ein Schweif war noch vorhanden. Die letzte Sichtung des Kometen ist aus Russland vom 17. August überliefert, der Komet stand bereits in einer Entfernung von 3,55 Astronomischen Einheiten und war schon 10^m schwach.

Hintergrund und Öffentlichkeit

Über einen Zeitraum von fast neun Monaten konnte Komet Flaugergues mit bloßem Auge am Himmel gesehen werden – bis zum Auftritt Hale-Bopps 1997 war er damit der Rekordhalter. Insgesamt wurde C/1811 F1 für 511 Tage verfolgt. Neben der langen Sichtbarkeit erinnert auch die Bahngeometrie an den Auftritt Hale-Bopps: Wie dieser stand Komet Flaugergues sowohl sehr weit von der Sonne als auch der Erde entfernt. Die dennoch große Helligkeit weist auf einen äußerst großen und aktiven Kometen hin. Die Koma erreichte eine riesige Größe von 1,7 Millionen Kilometern und war damit größer als die Sonne, der Schweif besaß eine Länge von bis zu 180 Millionen Kilometern!

Wie bei Hale-Bopp waren es die lange Sichtbarkeitsdauer und die hohe Flächenhelligkeit des Schweifes, die das öffentliche Interesse weckten. Napoleon betrachtete den Kometen als gutes Omen für seinen Russlandfeldzug, der im Juni 1812 begann. In England bemerkte man dazu spöttisch, dass seit Neros Zeiten kein Komet mehr so lange am Himmel gestanden habe. In Amerika hingegen galt der Komet als Anzeiger des Erdbebens vom 16. Dezember 1811 in Missouri und des Krieges mit England 1812.

1811 ging als »Kometenjahr« in die Geschichte des Weinbaus ein. Es war ein besonders gutes Jahr für die Winzer, der 1811er Château Lafite gilt als einer der besten jemals hergestellten Weine. »Kometenwein« war lange ein Synonym für einen besonders guten Tropfen. Die auf das Jahr 1811 zurückgehende Tradition spezieller Abfüllungen zum Erscheinen eines Kometen wurde im 19. und 20. Jahrhundert wiederholt aufgegriffen.

Wissenschaftlich war die Ausbeute eher gering. Von Wilhelm Herschel und Johann Hieronymus Schröter sind Skizzen überliefert, aber eine systematische Beobachtungsreihe fand kaum statt. William Smyth hielt den Kometen von 1811 für interessanter als Donatis Kometen fast 40 Jahre später, vor allem wegen des aufgefächerten Schweifes mit den seitlichen Strahlen. Für die in vielen Quellen berichteten Schweiflängen von 70° im Dezember können keine Anhaltspunkte gefunden werden, sie sind zwei Monate nach dem eigentlichen Höhepunkt der Sichtbarkeit auch recht unwahrscheinlich. Es dürfte sich um einen Übertragungsfehler handeln, wahrscheinlich sind 7° Länge gemeint.

◀ Der Wein-Jahrgang 1811 gilt als einer der besten der Geschichte. In Erinnerung an den zur Lese am Himmel stehenden Kometen nannte man ihn »Kometenwein«. Einzelne Winzer nahmen für ihre Abfüllungen den Kometen als Motiv. Heute sind solche Flaschen ein Vermögen wert.

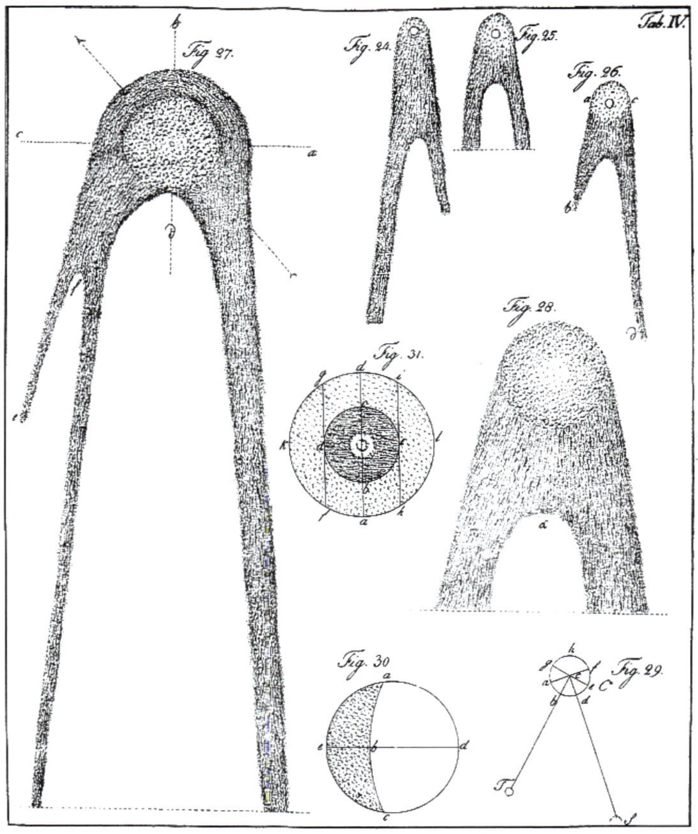

▶ Teleskopische Skizzen des Kometen von 1811. *Johann Hieronymus Schröter*

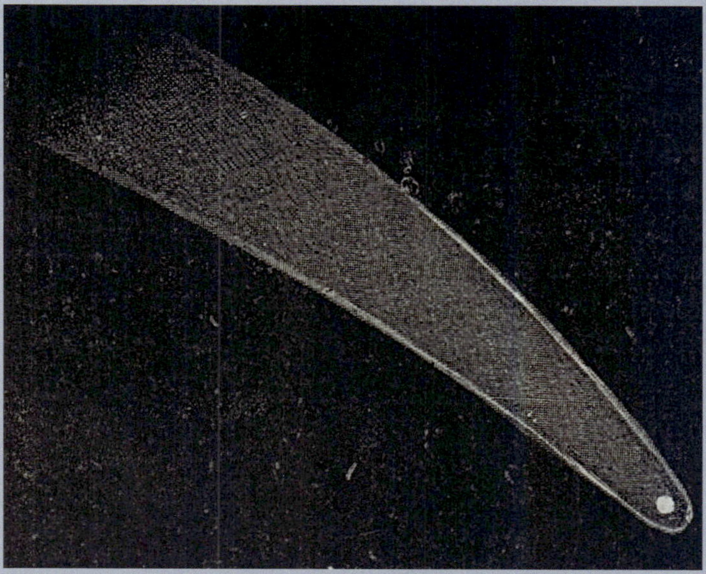

▲ Typische Ansicht des Kometen. Die hellen Ränder sind kein Darstellungsfehler, sondern eines der Kennzeichen des Kometen. *F. CHambers*

▼ Handschriftliche Notiz und Skizze des Kometen. *Dominikus Debler*

Verschiedene Ansichten des Kometen von 1811: über dem Rhein bei St. Goar (oben) und einer schlesieschen Stadt (unten). *C. H. R. Schreiber (o.), R. Knötel (u.)*

Aufregung um den Kometen von 1811 in Paris (oben). Andere Version dieser Szene mit unterschiedlicher Darstellung des Kometen (unten). *Anonym*

▶ Zeichnungen vom 10.9. und 14.10.1811, den Anblick mit dem bloßen Auge wiedergebend. Deutlich sind die für den Kometen Flaugergues typischen hellen Schweifränder. *Anonym*

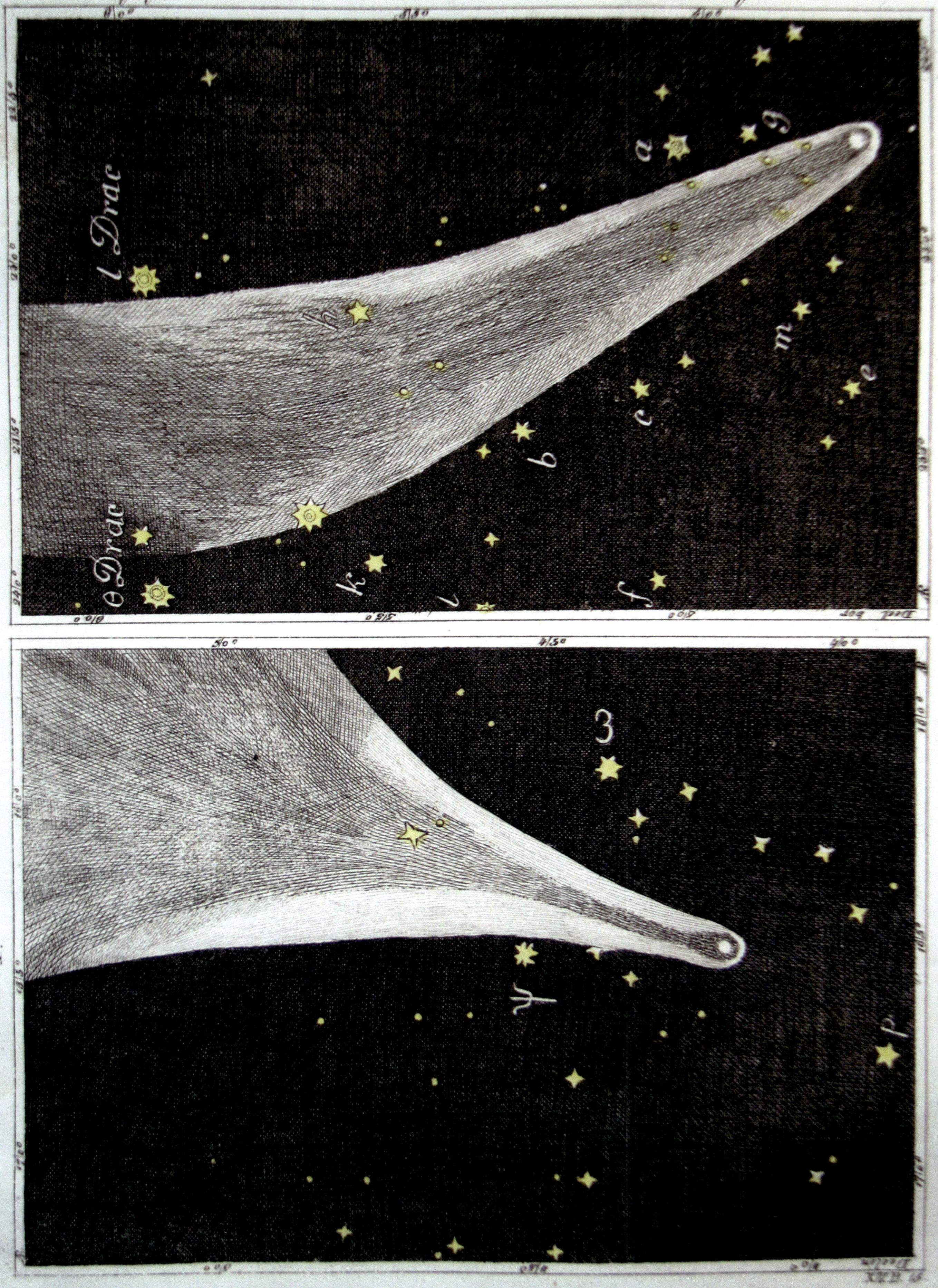
ι Drac
θ Drac

Halley 1835

Sehnsüchtig wurde er schon Jahre zuvor erwartet: Halleys Wiederkehr 1835 war ein Triumph für die Wissenschaft. Frei von abergläubischen Ängsten verfolgten Astronomen den Kometen in aller Welt und überwachten ihn wie keinen Schweifstern zuvor. Die systematischen Beobachtungen brachten neue Erkenntnisse über die Natur der Kometen. In der Bevölkerung jedoch hinterließ er keinen bleibenden Eindruck – anders als die folgenden Kometen des Jahrhunderts.

Der Halleysche Komet 1835. Wasserfarben und Kohle. *John James Chalon*

Daten	
Nr.:	**14**
Bezeichnung:	**1P/ Halley**
Alte Bezeichnung:	**1835 III**
Entdeckungsdatum:	**5.8.1835**
Entdecker:	**Dominique Dumouchel**
Periheldatum:	**16.11.1835**
Periheldistanz:	**0,5865AE**
Erdnähe:	**12.10.1835**
Erdentfernung:	**0,1865AE**
Maximalhelligkeit:	**1^m**
Maximale Schweiflänge:	**40°**
Länge des Perihels:	**110,7°**
Länge des aufsteigenden Knotens:	**56,8°**
Bahnneigung:	**162,3°**
Exzentrizität:	**0,9673860**

Bahn und Sichtbarkeit

Beim einzigen Auftreten des Halleyschen Kometen im 19. Jahrhundert war die Nordhemisphäre der Erde bezüglich der Sichtbarkeitsbedingungen eindeutig begünstigt. Zum Zeitpunkt der Erdnähe stand der Komet sehr weit nördlich. Diese fand mehr als einen Monat vor dem Perihel statt – im Gegensatz zu 1759, 1910 und 1986, als die Erdnähe jeweils auf das Perihel folgte.

Als der Komet am 5. August entdeckt wurde, stand er in der Nähe des Scheitelpunkts der Ekliptik im Bereich der Sternbilder Stier und Zwillinge. Zuvor hatte am 2. Juni eine Passage an der Sonne stattgefunden. Der Komet entfernte sich Richtung Nordosten von dieser und stand somit am Morgenhimmel, als er entdeckt wurde. Für europäische Beobachter verbesserten sich die Bedingungen in den nächsten Wochen stark. Im September zog der Komet zwischen Fuhrmann und Zwillingen hindurch, und strebte anschließend über den Luchs in Richtung Großer Wagen. Ab Ende September war er somit für den deutschen Sprachraum zu einem die ganze Nacht sichtbaren zirkumpolaren Objekt geworden.

Zwischen den Vorderfüßen des Großen Bären fand am 8. Oktober die Erdnähe statt. Wenige Tage später erreichte der Komet mit +64° seine nördlichste Deklination – der Maximalwert aller Sichtbarkeiten des Halleyschen Kometen in der Neuzeit.

Nachdem er durch den Kasten des Großen Wagens gezogen war, wendete sich Halley Mitte Oktober wieder nach Süden. Nach dem 15. Oktober zog er sich an den Abendhimmel zurück. Am Bärenhüter vorbei ging die Bahn Richtung Sonne, die Sichtbarkeit verschlechterte sich damit zusehends. Das Perihel trat am 16. November ein, der Komet stand zu diesem Zeitpunkt zwar noch nordöstlich der Sonne im Schlangenträger, ging aber zum Ende der Dämmerung in Mitteleuropa unter.

Nach der zweiten Sonnenpassage am 7. Dezember wechselte der Komet auf die südliche Seite der Sonne. In den Sternbildern Skorpion und Wolf konnte er zunächst nur sehr tief am Morgenhimmel beobachtet werden. Erst Ende März 1836 stieg er wieder in nördliche Richtung, südlich am Sternbild Rabe vorbei ziehend. Die letzten Beobachtungen gelangen im Mai, als der Komet zwischen Sextant und Wasserschlange stand.

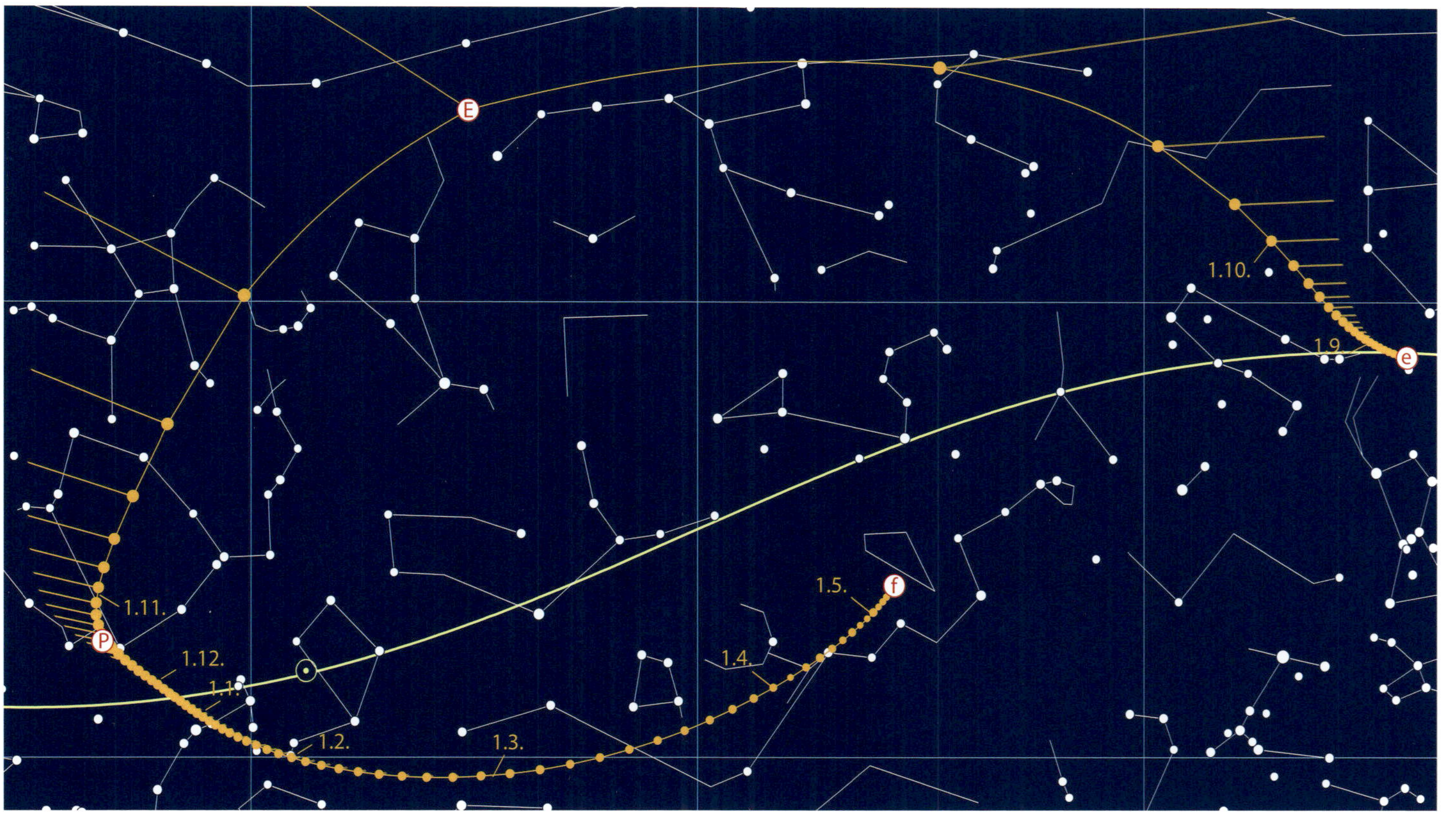

Entdeckung und Beobachtungen

Wie 1759 war die Suche nach dem wiedererscheinenden Kometen ein Wettlauf. Diesen gewann der französische Jesuit Dominique Dumouchel, der die Sternwarte des Collegio Romano in der Ewigen Stadt leitete. Er beobachtete den Kometen am 5., 6. und 7. August 1835 mit dem 6,5-Zoll-Refraktor der Vorgängerinstitution der heutigen Vatikansternwarte. Am 20. August fand ihn auch Georg Friedrich Wilhelm Struve in Dorpat (heute Tartu, Estland) mit dem berühmten Neunzöller von Fraunhofer, an den Folgetagen wurde er auch an anderen Sternwarten gesehen.

Zum Entdeckungstermin betrug die Helligkeit etwa 12^{m}, als Struve ihn sah waren es bereits $10{,}^{m}5$. Im August erschien der Komet jedoch noch schweiflos. Vom 19. September ist die erste Sichtung mit bloßem Auge überliefert. Dies wiederholte Vater Struve am 23. September mit seinem Sohn Otto. Der Komet hatte zu dieser Zeit etwa 5^{m} Helligkeit. Einen Tag später wurde die Beobachtung eines Schweifansatzes gemeldet, und am 2. Oktober sah Friedrich Wilhelm Bessel teleskopisch erstmals einen der für diese Sichtbarkeit des Kometen typischen Jets, den er als »flammenähnlich« bezeichnete.

Die Helligkeit stieg nun deutlich. Am 4. Oktober wurden $2{,}^{m}5$ geschätzt, der Schweif wuchs auf über 1°. Am 8. Oktober hatten sich diese Werte auf 1^{m} und 20° gesteigert – obwohl gerade die Schweiflänge sehr unterschiedlich berichtet wurde, offenbar der Klarheit des Himmels geschuldet.

Am 10. und 12. Oktober beobachtete Struve einen ausgeprägten Jet, der aus dem Kern austrat. Er verglich den Anblick mit dem »Feuerstrom einer Kanone, dessen Funken vom Wind vertrieben werden«. Auch William Smyth in England und Bessel in Königsberg hatten den Jet bemerkt, der nach letzterem eine Länge von 30" aufwies und entgegen der Schweifrichtung orientiert war. Bessel versuchte dessen Rotation zu bestimmen.

Die Schweiflänge gipfelte in den Tagen um den 12. Oktober bei 40°, wobei dieser Wert nur von sehr dunklen Standorten erreicht wurde, Bessel schätzte am 15. Oktober 28°. Smyth berichtete am 19. Oktober von 15° bis 20°. Die Helligkeit betrug zu diesem Zeitpunkt $1{,}^{m}5$, nahm aber gegen Ende des Monats deutlich ab. Um die Monatswende Oktober/November war der Komet noch 3^{m} hell, die Jets am Kern waren immer noch sichtbar.

Die letzte Beobachtung vor der Sonnenpassage gelang an der Sternwarte im österreichischen Kremsmünster am 22. November nur 3,5° über dem Horizont in der Abenddämmerung. Nach der Sonnenpassage wurde der Halleysche Komet am 30. Dezember 1835 von Karl Kreil an der Sternwarte in Mailand wiedergefunden. Er hatte eine Helligkeit von etwa 4^{m}. Dank seiner südlichen Position war er nun auch für den am Kap der Guten Hoffnung weilenden John Herschel in Reichweite, der sich später erinnerte, »sich die Augen nach dem Kometen ausgeguckt« zu haben, bevor er ihn sehen konnte.

Im März 1836 war kein Schweif mehr zu sehen, und der Komet sank unter die Sichtbarkeitsschwelle für das bloße Auge. Herschel beobachtete den Kometen »die ganze und jede Nacht« bis zum 20. Mai. »Um ehrlich zu sein bin ich froh dass er verschwunden ist«, notierte er danach in einem Brief an seine Tante Caroline. Vom selben Datum ist auch eine letzte Beobachtung aus Deutschland berichtet, Palm Heinrich Ludwig von Boguslawksy sah den Kometen von Breslau aus, bei einer stattlichen Entfernung von mittlerweile 2,73 Astronomischen Einheiten.

Hintergrund und Öffentlichkeit

1835 wurde die zweite Wiederkehr des Halleyschen Kometen nach der Vorhersage von Edmond Halley erwartet. Für die Berechnung der zu erwartenden Bahn am Himmel und den Termin des Perihels lobten die Turiner und Pariser Akademien der Wissenschaften Preisausschreiben aus. Es gab deshalb zahlreiche konkurrierende Berechnungen im Vorfeld des Auftritts des Kometen. Periheldaten zwischen dem 4. und 15. November wurden genannt. Es war diesen rechnenden Astronomen zu verdanken, dass der Komet schon bei einer Entfernung von 2,5 Astronomischen Einheiten wiedergefunden werden konnte.

Erstmals in der Geschichte der Beobachtung des Halleyschen Kometen fand eine wissenschaftlich genaue Dokumentation der Position statt. Über 1500 Ortsbestimmungen wurden von zahlreichen Sternwarten in aller Welt vorgenommen. Im Fokus der Wissenschaftler lag außerdem der Kern mit seinem wechselnden Anblick: Herschel, Smyth und Bessel versuchten, durch genaue Zeichnungen Veränderungen nachzuweisen.

Bessels Leben war ganz besonders mit dem Halleyschen Kometen verknüpft. Als 20-Jähriger hatte er die Bahn der Erscheinung von 1607 neu berechnet und daraufhin seine erste Anstellung erhalten. Bessel erkannte 1835 den Zusammenhang zwischen den Jets im Kernbereich und dem Austritt von Material auf der Sonnenseite des Kometen. Er zeigte, dass die gekrümmten Schweifformen durch eine von der Sonne weg gerichtete Kraft entstehen, die das Kometenmaterial vom Kopf fortträgt, das zuvor unter der Sonnenstrahlung verdampft ist. Er berechnete den täglichen Massenverlust mit einem Tausendstel der Gesamtmasse des Kometen. Daraus leitete er ab, dass sich die Wiederkehr des Kometen beim nächsten Perihel um 1107 Tage verfrühen würde, tatsächlich war diese Abschätzung jedoch viel zu hoch – die Periode erhöht sich im Mittel von Perihel zu Perihel um vier Tage. Aber nicht nur Bessel gelangen epochale Einsichten: Francois Arago bestimmte erstmals die Polarisation des Kometenlichts.

Die Entwicklung der Koma- und Schweifstrukturen des Halleyschen Kometen 1835. Vier Ansichten des Kernbereichs mit deutlich sichtbarem Jet (links oben). Schweif und Koma am 29.9./3.10. (oben rechts), 14./27.10. (unten links) und 29.10. (unten rechts). *John Herschel (ol.), Friedrich Wilhelm Struve (or., u.)*

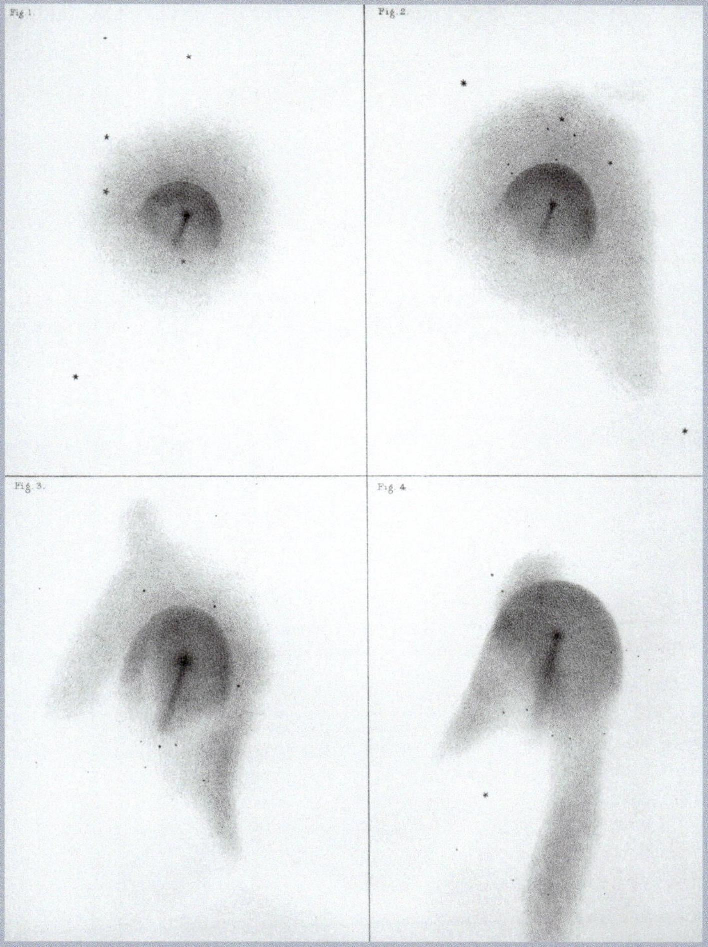
Fig. 1.
Fig. 2.
Fig. 3.
Fig. 4.

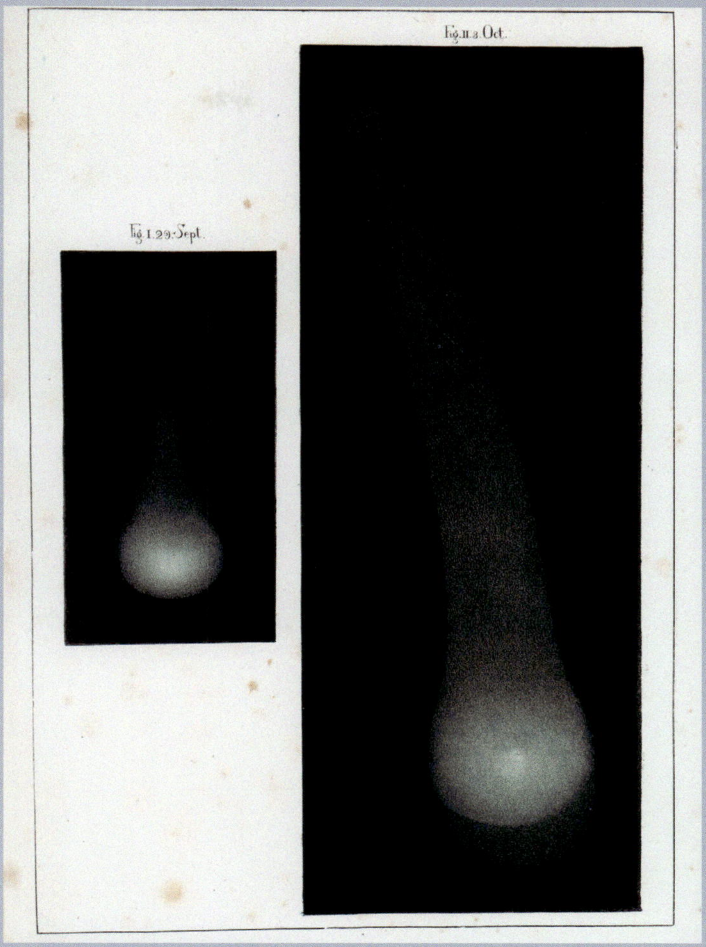
Fig. II. 8. Oct.
Fig. I. 29. Sept.

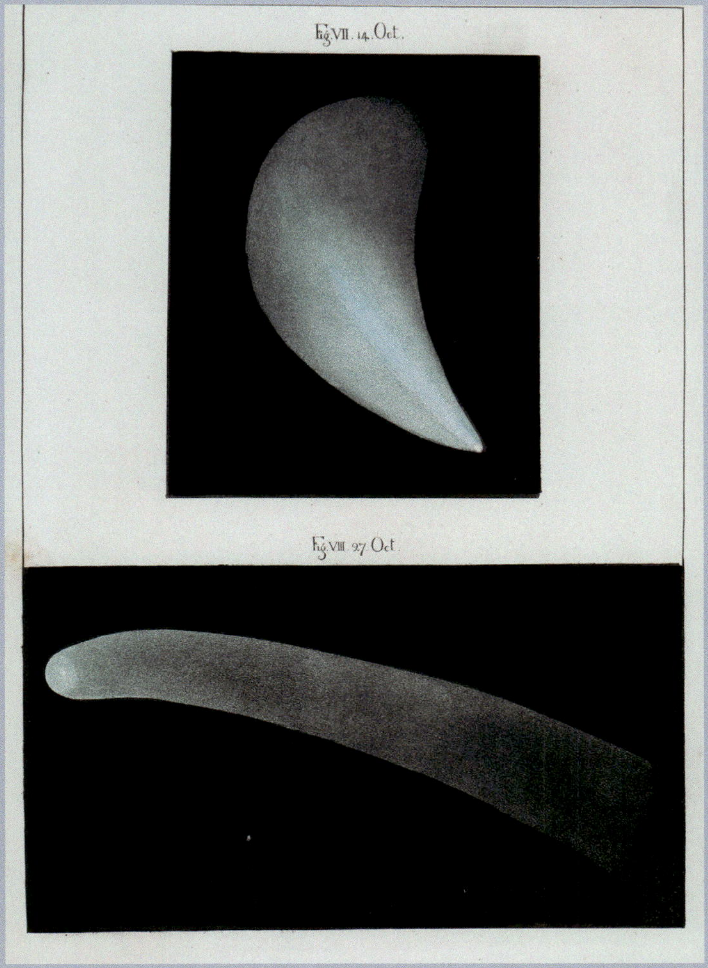
Fig. VII. 14. Oct.
Fig. VIII. 27. Oct.

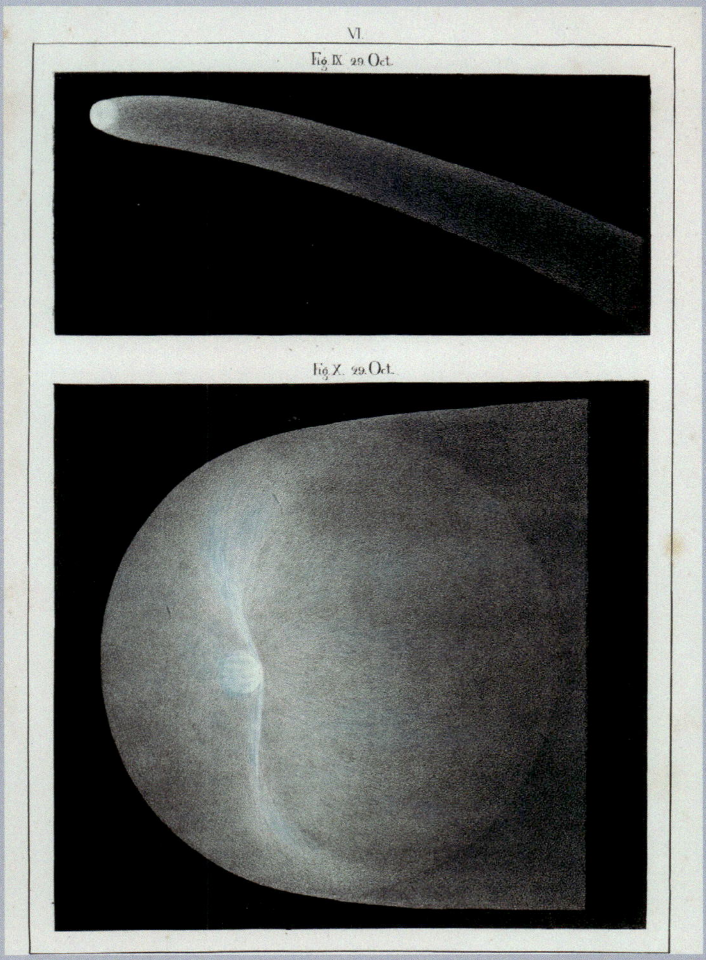
VI.
Fig. IX. 29. Oct.
Fig. X. 29. Oct.

Großer Märzkomet 1843

Er stand plötzlich neben der Sonne: Der Große Märzkomet im Jahr 1843 war so hell, dass er von vielen Menschen auf allen Kontinenten am Taghimmel gesehen wurde. Einige Tage später zeigte sich ein riesiger Schweifstern am Himmel, der bis heute den Rekord für die absolute Schweiflänge hält. Zeitzeugen bezeichneten ihn als »Jahrhundertkomet«. Die Ursache für das grandiose Schauspiel: Kein heller Komet der Neuzeit ist der Sonne so nahe gekommen.

Der Große Märzkomet 1843 über dem Bergland von Tasmanien. Aquarell. *Walter Synnot*

Daten	
Nr.:	15
Bezeichnung:	C/1843 D1
Alte Bezeichnung:	1843 I
Entdeckungsdatum:	6.2.1843
Entdecker:	unbekannt
Periheldatum:	27.2.1843
Periheldistanz:	0,0055AE
Erdnähe:	6.3.1843
Erdentfernung:	0,8420AE
Maximalhelligkeit:	-10^m
Maximale Schweiflänge:	70°
Länge des Perihels:	82,6°
Länge des aufsteigenden Knotens:	3,5°
Bahnneigung:	144,4°
Exzentrizität:	0,99991400

Bahn und Sichtbarkeit

Nur 830.000 Kilometer trennten ihn von der Sonnenoberfläche: Der Märzkomet von 1843 war einer der extremsten Sonnenstreifer und war unter den hellen Kometen der Neuzeit derjenige mit dem geringsten Perihelabstand. Mit 570 Kilometern pro Sekunde raste er am 27. Februar an der Sonne vorbei. Er wird der Kreutz-Kometengruppe zugeordnet, von deren Mitgliedern angenommen wird, dass sie aus einem gemeinsamen, im Jahr 371 v. Chr. zerbrochenen Ursprungskörper entstanden sind. Seine nächste Wiederkehr wird nach Kreutz selbst im Jahr 2356 erwartet, andere Berechnungen gehen von einem Termin 100 bis 200 Jahre später aus.

Als der Märzkomet das erste Mal gesehen wurde, war es noch Februar. Der Komet stand zu dieser Zeit im Sternbild Bildhauer und damit für Mitteleuropa ungünstig sehr tief am abendlichen Himmel, erst von der Breite des Mittelmeers oder weiter südlich war er besser sichtbar. Nördliche Beobachter hatten zudem das Pech, dass der Schweif parallel zum Horizont ausgerichtet war.

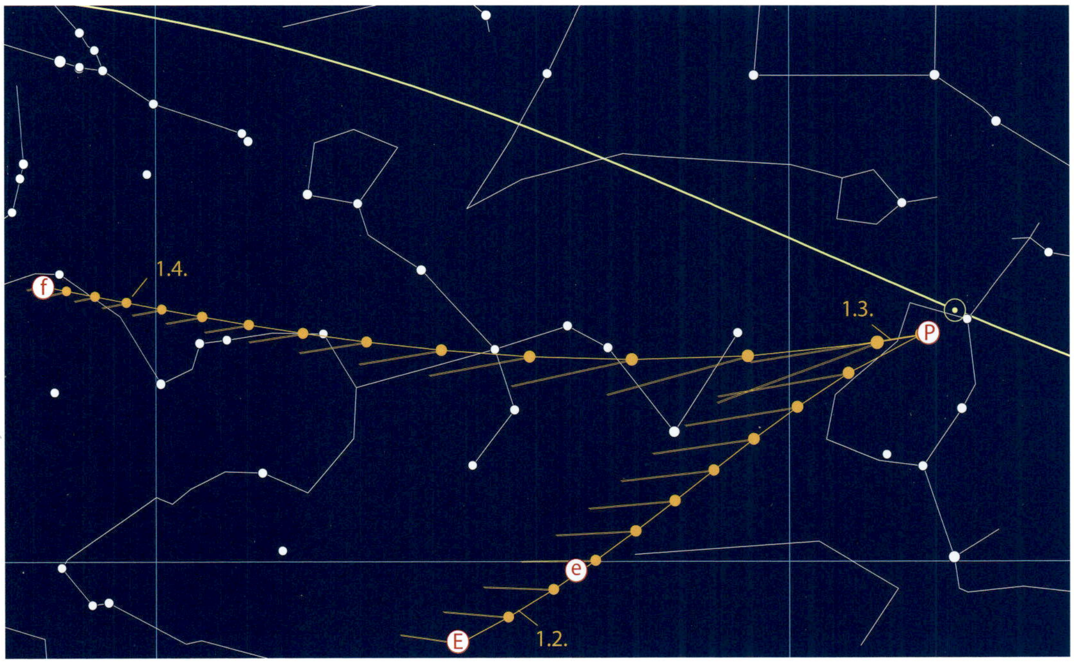

Die Bahn kam den europäischen Beobachtern jedoch entgegen, der Komet lief Richtung Nordwesten. Am 11. Februar 1843 trat er in das Sternbild Walfisch und passierte dessen hellen Stern Deneb Kaitos südwestlich. Gleichzeitig strebte er aber auf die Sonne zu, und somit zahlte sich die nördlichere Position nicht in besserer Sichtbarkeit aus.

Am 27. Februar fand das Perihel im Wassermann statt. Der Komet ging zunächst gegen 21 Uhr hinter der Sonne vorbei und zog dann nur zwei Stunden später zwischen 23:16 und 0:29 Uhr Weltzeit aus Sicht irdischer Beobachter vor ihrer Scheibe durch.

Nun begann die Hauptzeit der Sichtbarkeit. Der Komet entfernte sich geradlinig von der Sonne Richtung Osten. Damit war er für Beobachter auf der Nordhalbkugel besser am Abendhimmel postiert als vor dem Perihel. Weil die Sonne selbst aber gleichzeitig nördlichere Deklinationen erklomm, ging der Kopf des Kometen in Mitteleuropa bis Mitte März noch zeitgleich mit der Sonne unter.

Bis um den 15. März stand der Komet im Sternbild Walfisch am Abendhimmel, bewegte sich dann durch den Eridanus auf den Orion zu. Dessen Gürtelsterne erreichte er jedoch erst Ende Mai, als er bereits nicht mehr zu sehen war.

Entdeckung und Beobachtungen

Es kann nicht mehr nachvollzogen werden, wer den Großen Kometen von 1843 zuerst gesehen hat. Jedenfalls waren es keine Astronomen, sondern verschiedene Einwohner in Nordamerika und der Karibik, von denen spätestens zum 6. und 12. Februar Sichtungen überliefert sind. Der Komet hatte zu dieser Zeit eine Helligkeit von 3^m bis 4^m.

Die Augenzeugenberichte und die Aufmerksamkeit ebbten im Verlauf des Februars wieder ab, da sich der Komet der Sonne näherte. Erst am Tag des Perihels kehrte er ins Rampenlicht zurück. Aus Chile berichtete Peleg Ray am 27. Februar, dass er den Kometen in unmittelbarer Sonnennähe vor dem Perihel am Taghimmel sehen konnte. Es war die erste von außerordentlich vielen Meldungen von Menschen überall auf der Welt, die den Kometen nach dem Perihel ohne optische Hilfsmittel neben der Sonne sehen konnten. Berichte aus Europa, Nordamerika, Südafrika und Asien beschrieben den Kometen als »hellweiß« oder »so hell wie der Mond um Mitternacht«, obwohl der Komet nur 2° bis 4° neben der Sonne stand. Mit bloßem Auge konnte teilweise ein Schweif

Der Große Märzkomet am 19.3.1843 über Paris. Lithograph. *Anonym*

von bis zu 5° Länge gesehen werden, teleskopisch waren es 10° – am Taghimmel! Die Helligkeit von C/1843 D1 dürfte zu diesem Zeitpunkt mindestens -10^m betragen haben.

Am 1. März, als der Komet sich schon genug von der Sonne abgesetzt hatte, dass er von südlichen Standorten in der hellen Dämmerung zu sehen war, reichte ein sehr schmaler Schweif von imposanten 70° Länge bis an den Nachthimmel. Im Teleskop erschien der Kern wie eine Planetenscheibe von 10" Durchmesser.

Mit jedem Tag rückte der Komet nun mit zunehmender Entfernung von der Sonne kontrastreicher an den Abendhimmel. Am 3. und 4. März zeigte sich ein spektakuläres Bild mit zwei sehr schmalen geraden Schweifen; während der Gasschweif 25° maß, erreichte der Staubschweif 65° Länge. Prägend für das Bild des Märzkometen war der sehr kleine Kopf im Vergleich zum langen Schweif. Der im Teleskop planetenähnlich erscheinende Kern zeigte eine goldene Farbe und deutliche Jets in Schweifrichtung.

Der extrem lange feine Schweif blieb auch in den nächsten Tagen sichtbar. Am 9. März wurde eine Länge von 60° gemeldet. Extrem hell trotz Vollmond, sah der Komet wie eine feine Cirrostratuswolke aus – aus heutiger Sicht würde er wohl mit einem Kondensstreifen verglichen werden. Er war unter spitzem Winkel zweigeteilt, und kaum 2° breit.

Schweiflängen von 35° bis 60° wurden bis Mitte März beobachtet. Ab Ende März wurde der Komet abrupt deutlich schwächer. Die Schweiflänge betrug zwar noch über 30°, Friedrich Wilhelm Bessel meinte jedoch, der Komet habe »seine Potenzen dem Haarwuchs geopfert«. Die letzte Sichtung mit dem bloßen Auge datierte vom 1. April – nur einen Monat lang hielt die Pracht des Märzkometen. Thomas Maclear sah den Kometen am 19. April letztmalig teleskopisch nahe Kapstadt.

Hintergrund und Öffentlichkeit

Der Große Märzkomet von 1843 galt Zeitzeugen als »Jahrhundertkomet«. Er übertraf die Kometen Flaugergues und Donati an Eindrücklichkeit. John Herschel nannte ihn 1849 den »bei weitem bemerkenswertesten Komet des Jahrhunderts«. Aus heutiger Sicht muss man aber die Kometen von 1861 und 1882 mindestens gleichberechtigt daneben stellen.

Die Besonderheit des Kometen von 1843 war der sehr helle, gleichzeitig sehr lange und ungewöhnlich schmale Schweif. Er maß mehr als 350 Millionen Kilometer und trägt damit bis heute den Rekord für die Schweiflänge eines Kometen. Die naturalistischen Zeichnungen und Aquarelle von Charles Piazzi Smyth, der beim Auftreten des Kometen am Kap der Guten Hoffnung arbeitete, sind die eindrucksvollsten Wiedergaben dieser Kometen-Erscheinung.

Unerreicht war auch die Auffälligkeit am Taghimmel. Während bei den meisten Taghimmelkometen optische Mittel oder wenigstens eine Abdeckung der Sonne nötig sind, um sie zu sehen, war der Große Märzkomet so hell, dass er ohne weiteres auffällig neben der Sonne zu sehen war. Die große Aufmerksamkeit, die er in der Bevölkerung Europas am 28. Februar erzeugte, ist dafür ein Zeugnis.

Der Komet spielte auch eine unrühmliche Rolle. In den USA hatte William Miller, ein Farmer aus Neuengland, nach ausgiebigem Bibelstudium den Weltuntergang und Christus' Wiederkehr für ungefähr 1843 vorausgesagt. Miller erwarb sich in Amerika seit 1831 eine große Anhängerschaft mit seinen Prophezeiungen, als »Milleriten« folgten ihm mehrere Zehntausend Menschen. Miller selbst scheute sich ein bestimmtes Datum zu nennen, er sagte, es würden »himmlische Zeichen« erscheinen, um die Ankunft des Heilands anzukündigen. Doch in einer Zeitung wurde schließlich das Datum des 3. April 1843 kolportiert.

Als der Große Märzkomet auftrat, brach unter Millers Anhängern eine Hysterie aus. Sie sahen den Kometen als Zeichen und Beweis für die Richtigkeit seiner Lehre. Doch der April verging, und nichts passierte. Ein neues Datum tauchte auf, auf das sich die Mehrheit der Milleriten als endgültig richtiges Datum einigte – doch auch am 22. Oktober 1844 blieb das Weltende aus, stattdessen ging der Tag als »Great Disappointment« in die Geschichte ein. Millers Anhänger zerstreuten sich, aus den Überbleibseln bildeten sich verschiedene, heute noch aktive Adventistengemeinschaften.

▼ Der Komet über Kapstadt am 9.3.1843 (links) und neben der Sonne über dem Tafelberg am 28.2.1843 (rechts). Ölgemälde. *Charles Piazzi Smyth*

▲ Der Große Märzkomet in der Phase seiner größten Helligkeit, wie er von Europa aus erschien. *Anonym*

Der Große Märzkomet 1843 über Aldridge Lodge auf Tasmanien. *Mary Morton Allport*

Donati 1858

Kaum ein Komet ist öfter in der Kunst dargestellt worden: Donatis Komet 1858 löste eine Welle der Kometen-Romantik aus. Tatsächlich soll es im ganzen 19. Jahrhundert keinen schöneren Kometen gegeben haben. Dazu trug auch bei, dass er seine größte Helligkeit weitab der Sonne am Nachthimmel entfalten konnte und in Europa hoch am Himmel stand. Komet Donati war aber auch der erste jemals fotografierte Komet und wurde eingehend wissenschaftlich untersucht.

Donatis Komet über Markree, Irland. Lithographie. *Unbekannter Künstler*

Daten	
Nr.:	16
Bezeichnung:	C/1858 L1 Donati
Alte Bezeichnung:	1858 VI
Entdeckungsdatum:	2.6.1858
Entdecker:	Giovanni Battista Donati
Periheldatum:	30.9.1858
Periheldistanz:	0,5785AE
Erdnähe:	10.10.1858
Erdentfernung:	0,5378AE
Maximalhelligkeit:	$-0^{m}5$
Maximale Schweiflänge:	40°
Länge des Perihels:	129,1°
Länge des aufsteigenden Knotens:	167,3°
Bahnneigung:	117,0°
Exzentrizität:	0,99629500

Bahn und Sichtbarkeit

Komet Donati wurde am Abendhimmel gefunden. Er stand bei seiner Entdeckung am 2. Juni 1858 im Sternbild Löwe, nahe dem Kopf der mythologischen Figur. Die scheinbare Bewegung war zunächst recht gering, da sich der Komet auf die Erde zu bewegte. Langsam zog er erst nach Norden und dann nach Osten. Dabei verschlechterten sich die Sichtbarkeitsbedingungen am Abendhimmel, da die Sonne immer näher kam. Am 10. August war der minimale Sonnenabstand mit 18° erreicht.

Am 1. September stand der Komet im Sternbild Kleiner Löwe und wanderte kurz darauf in die südlichen Ausläufer des Großen Bären. Dabei konnte er in Mitteleuropa sowohl abends als auch morgens gesehen werden. Gegen Ende September beschleunigte sich die scheinbare Bewegung des Kometen am Himmel. Er zog über die Jagdhunde Richtung Südosten. Zum Perihel stand er fast 40° nördlich der Sonne – am Südhimmel war er somit kaum zu sehen, für nördliche Breiten war diese Position jedoch ideal. Der Komet war jetzt vor allem ein Abendhimmelobjekt.

Die nun folgende Phase der größten Helligkeit bis zur Erdnähe am 10. Oktober verbrachte Donatis Komet im Sternbild Bärenhüter. Am Abend des 5. Oktober passierte der Komet den Hauptstern des Bärenhüter, Arktur, in nur 20' Abstand. Zwischen Schlange, Waage und Schlangenträger hindurch, richtete sich sein Weg nach Südosten. Am 20. Oktober passierte Donati Antares und Venus. Der Schweif hatte seine Richtung geändert und zeigte nicht mehr nach Norden, sondern parallel zum europäischen Horizont nach Osten.

Damit endete seine Sichtbarkeit für Mitteleuropa, für die letzte Etappe waren Südhimmel-Beobachter bevorzugt. Zur Monatswende November/Dezember 1858 zog der Komet vor der Milchstraße im Skorpion vorbei, und wandte sich weiter Richtung Südosten. Die letzten Beobachtungen erfolgten im Sternbild Tukan am Südhimmel.

Entdeckung und Beobachtungen

Am 2. Juni 1858 fand der italienische Astronom Giovanni Batista Donati an der Sternwarte von Florenz einen kleinen Nebel von etwa 3' Durchmesser. Er entdeckte insgesamt fünf Kometen, jedoch sollte keiner so hell werden wie dieser Fund, der seinen Namen bald überall bekannt machte.

Zur Entdeckung war der Komet 7^{m}, nach anderen Quellen nur 10^{m} hell. Erst im August steigerte sich die Helligkeit, der Komet stand aber tiefer am Horizont als zuvor. Als die Sonne Ende des Monats wieder von ihm abrückte, traf am 28. August von Karl Bruhns aus Berlin die

erste Sichtung mit dem bloßen Auge ein. Der Komet hatte eine Helligkeit von 4^m und zeigte einen Schweif von 0,5° Länge.

Im Lauf des Septembers steigerte sich die Helligkeit deutlich. Wurden Anfang des Monats noch 3^m geschätzt, waren es zur Mitte bereits 1^m. Die Schweiflänge stieg im gleichen Zeitraum auf 7°. Nach Samuel Heinrich Schwabe erschien der Schweif »gestreift«, Ende des Monats maß er schon stattliche 25°. Am 29. September beschrieb der österreichische Astronom A. Reslhuber in Kremsmünster: »Der Schweif, bei 20 Grade lang, reicht in der Nacht selbst bei tiefstem Stande des Kometen (10° unter dem Horizonte) über den Horizont gut sichtbar herauf.«

Ende des Monats lag die Helligkeit bei 0^m. Im Teleskop waren um den Monatswechsel September/Oktober sechs bis sieben Nebelschalen um den Kometen zu sehen, sogenannte Enveloppen. Nach Julius Schmidt entstanden sie mit einer Periode von 4,27 Stunden.

Anfang Oktober stand Komet Donati in voller Pracht am nächtlichen Himmel. Die Helligkeit betrug zwischen 0^m und -1^m. Ein heller gekrümmter Staubschweif reckte sich in den Himmel. Johann Heinrich Mädler schrieb in Dorpat (heute Tartu, Estland): »Der Schweif, der vom Kopfe aus in der Mitte eine Längspalte zeigte, so dass nur die äussersten Theile einen einfachen Zug bildeten, erreichte η Ursa Majoris, war also 24° lang.« Am 22. September gelang es Mädler in Dorpat, den Kometen mit dem 9-Zoll-Fraunhofer am Taghimmel zu sehen. Am 4. und 5. Oktober taten es ihm Bruhns in Berlin (10-Zoll-Refraktor) und George Bond am Harvard Observatory (15-Zoll-Refraktor) gleich. Dabei war jeweils nur der Kernbereich zu sehen.

Faszinierend war der Schweif des Kometen. Die Länge des Staubschweifs stieg von ca. 25° am 1. Oktober auf 40° am 10. Er war etwa 5° bis 15° breit. Zwei parallele Schweifstrahlen durchzogen ihn zeitweise. Der Gasschweif war wesentlich schwächer, aber bis 40° lang. Der englische Amateurastronom William Smyth meinte, er sei »eines der schönsten Objekte, das ich je gesehen habe«. Genau in die Phase der größten Helligkeit fiel die Passage an Arktur am 5. Oktober. Dabei erschien der Kometenkern etwas heller als der Stern. Diese Begegnung wurde auf zahlreichen Ansichten und Zeichnungen festgehalten.

Nach Mitte Oktober 1858 wurde der Gasschweif nicht mehr gesehen. Die markanten Enveloppen um den Kern verschwanden, und auch der Staubschweif verblasste zusehends. Um den 20. Oktober lag die Helligkeit bereits bei $3\overset{m}{.}5$, der Schweif war noch 5° lang.

Mit dem bloßen Auge konnte Komet Donati bis in den November 1858 verfolgt werden. Die letzte Beobachtung gelang William Mann am Kap der Guten Hoffnung am 4. März 1859.

Hintergrund und Öffentlichkeit

Komet Donati war zweifellos der meistbeachtete Komet des 19. Jahrhunderts. Dazu trug seine für Europa günstige Bahn am Nordhimmel mit der Position zum Perihel weit nördlich der Sonne bei. Der Komet konnte seine größte Helligkeit somit unter dunklem Himmel entfalten. Zudem herrschte verbreitet gutes Wetter zum Höhepunkt der Sichtbarkeit Ende September/Anfang Oktober.

C/1858 L1 gilt als der schönste Komet der jüngeren Geschichte. Insbesondere der in klassischer Weise leicht gekrümmte Staubschweif und der feine Gasschweif trugen zu diesem Urteil bei. Donatis Komet traf auf eine naturbegeisterte Künstlerschar, die sich romantischen Themen verschrieben hatte. Zahlreiche Maler nahmen den Kometen als Motiv auf und verewigten ihn in Gemälden und Zeichnungen.

Wissenschaftliche Zeichnungen fertigte vor allem George Bond in den USA an. Er dokumentierte die veränderlichen Strukturen um den Kometenkern. Der Donatische Komet war jedoch auch das Motiv der ersten fotografischen Kometenaufnahme. Am 27. September belichtete William Usherwood mit einer f/2,4-Linse sieben Sekunden lang den Kern des Kometen, auf der Aufnahme ist jedoch kaum etwas zu erkennen. Nicht viel besser ist die erste teleskopische Kometenfotografie, die Bond am 28. September anfertigte, hier wurden sechs Minuten mit dem 15-Zoll-Refraktor belichtet.

Dem Auftreten von Komet Donati ging eine Hysterie voraus. Der namhafte englische Astronom John Russell Hind hatte nach eigenen Bahnberechnungen die Kometen von 1264 und 1556 als einen Körper identifiziert. Er sagte seine Wiederkehr für 1857 voraus und berechnete, dass der Komet am 13. Juni 1857 mit der Erde zusammenstoßen würde. Dies wurde insbesondere in Paris mit großer Verunsicherung in der Bevölkerung aufgenommen. Es kam zu einer Panik, der Verkauf von »kometensicheren« Anzügen und »Kometenversicherungen« blühte. Die Beichtstühle der Pariser Kirchen waren tagelang voll. Heute gelten die Kometen von 1264 und 1556 als getrennte Körper.

Donatis Komet besaß eine Schweiflänge von etwa der Hälfte des Abstandes von der Erde zur Sonne, er war also ca. 75 Millionen Kilometer lang. 1979 gelang es Fred Whipple, aus alten Zeichnungen und Notizen Rückschlüsse auf die Rotationsperiode des Kometenkerns zu nehmen. Er gab dafür eine Periode von 4,62 Stunden an.

Donatis Komet über der Sternwarte in Cambridge am 11.10.1858.
W. H. Smyth

Solche typischen Ansichten des Kometen wurden vielfach kopiert und mit Motiven europäischer Großstädte (links Florenz, unten London und Paris) versehen. Sie zeigen den Komet enwährend der Passage des Sterns Arktur.

▲ Zahlreiche Künstler verewigten den Kometen auf Gemälden. *H. Griesbach (o.), J. Poole (m.), unbekannt (u.)*

▲ Der Komet am 10.10.1858. Radierung. *Cornelis van der Grient*

R.H. Digeon del. R.H. Digeon sc.

La Comète de Donati vue à l'œil nu

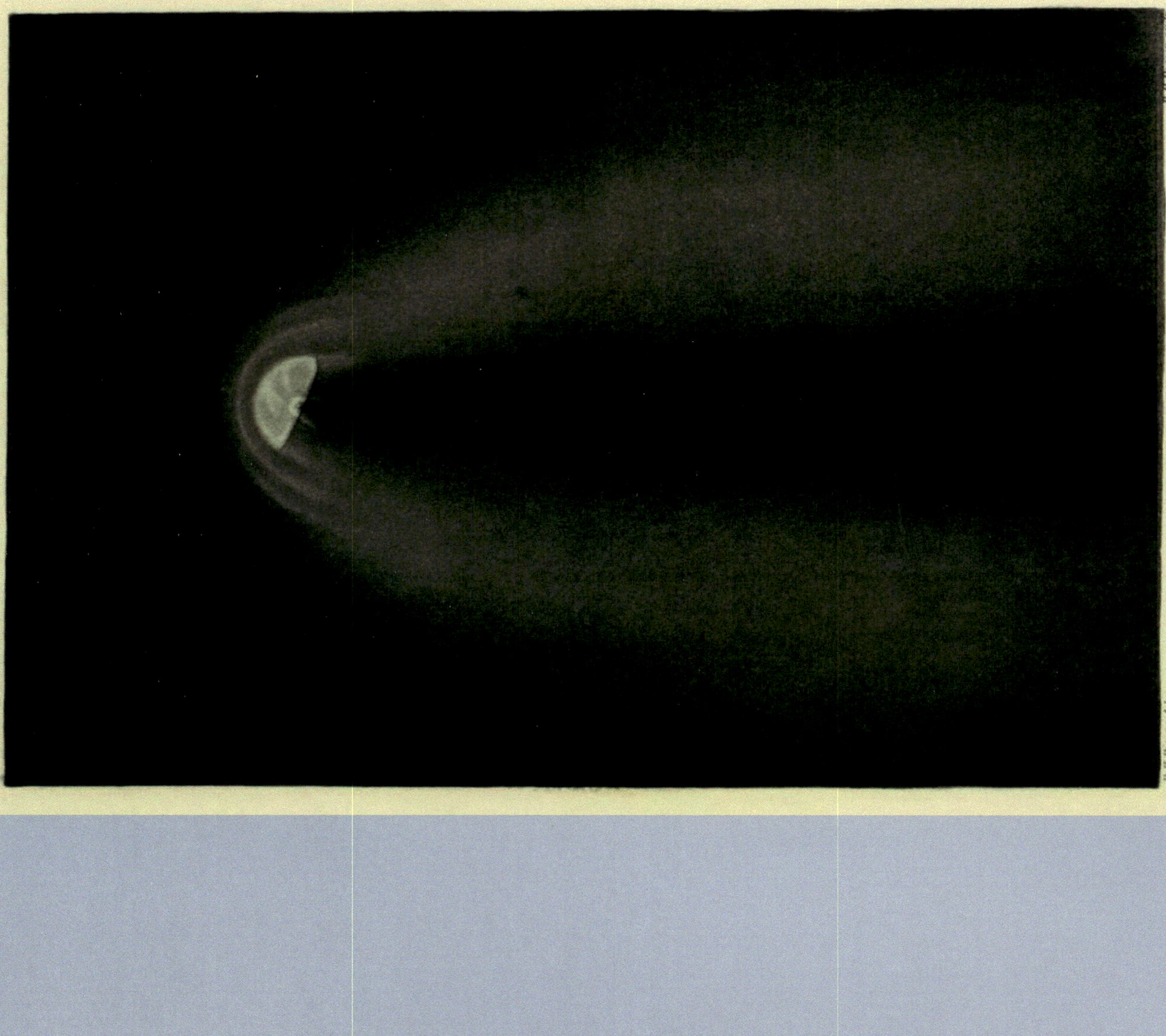

R.H. Digeon del. R.H. Digeon sculp.

Comète de Donati (1858)

Komet Donati bot nicht nur eine faszinierende Gesamtansicht (am 4.10.1858), sondern auch beeindruckendes Feindetail am Kopf des Kometen (oben am 2.10., unten am 10.10.1858. *G. P. Bond*

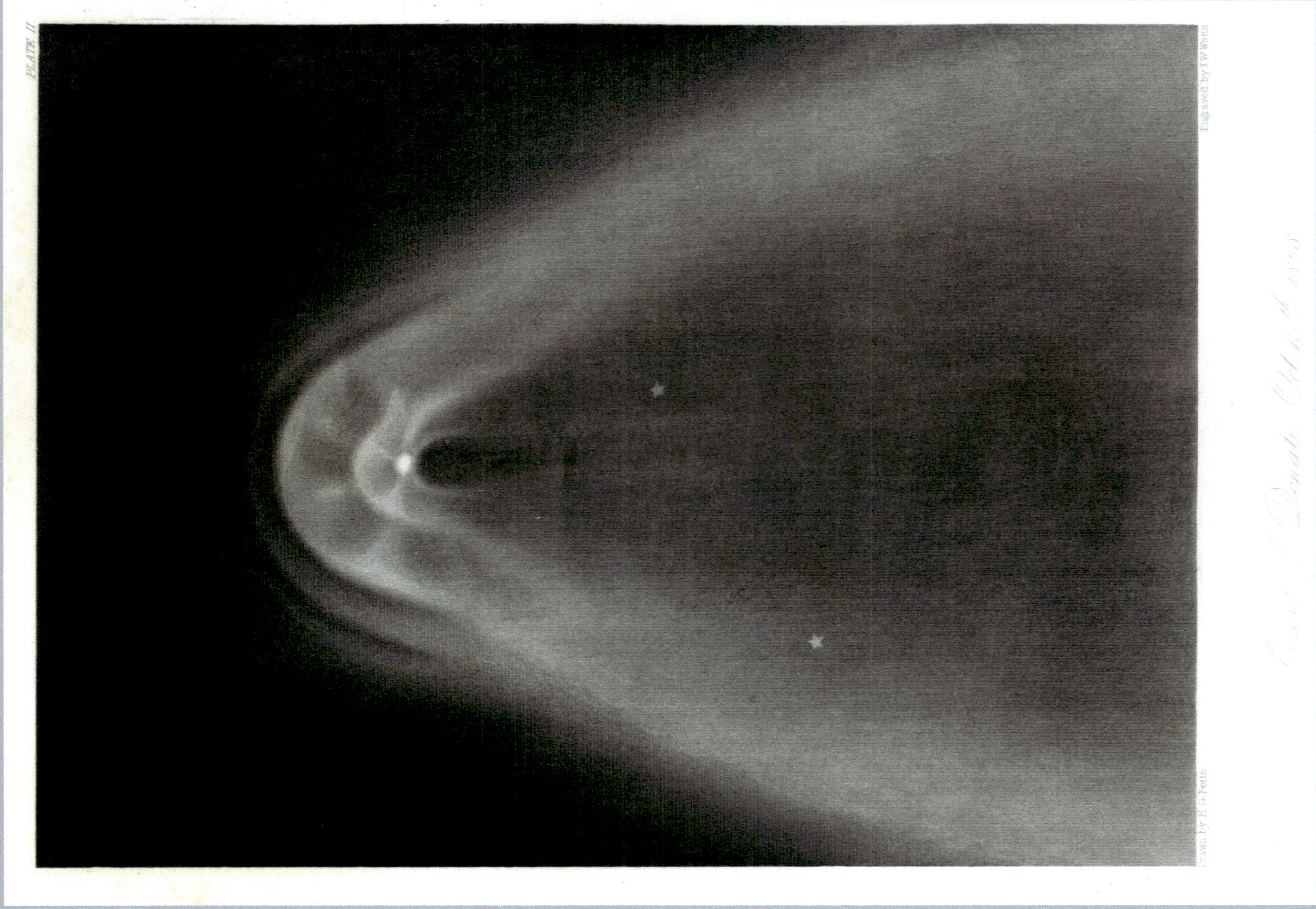

Tebbutt 1861

Der Große Komet von 1861, Komet Tebbutt. *E. Weiß*

Unter den großen Kometen des 19. Jahrhunderts war er der größte: Der von einem australischen Amateur entdeckte Komet Tebbutt wurde so hell, dass er nach Augenzeugenberichten Schatten warf. Gleichzeitig zeigte der Schweif eine immense Länge von bis zu 120° und war außerordentlich breit und hell. Günstige Bahnbedingungen hatten den Schweifstern nahe an die Erde geführt, gleichzeitig überstrahlte die Sonne das Schauspiel nicht.

Bahn und Sichtbarkeit

Die beeindruckende Erscheinung von Tebbutts Komet im Jahr 1861 ist vor allem auf den geringen Erdabstand zurückzuführen. Der niedrige Wert von lediglich 19 Millionen Kilometern ist etwas größer als bei Hyakutake 1996. Auch die Bahn des Kometen am Himmel erinnert an Hyakutake: Sie steht nahezu senkrecht auf der Erdbahnebene. Die Erdnähe fand einen halben Monat nach dem Perihel statt.

Als der junge John Tebbutt seinen Großen Kometen im Mai 1861 fand, stand er im Sternbild Eridanus in einem für europäische Breiten schlecht sichtbaren südlichen Teil der Konstellation. Die Lage südlich der Sonne machte es unmöglich, den Kometen von nörd-

Daten	
Nr.:	17
Bezeichnung:	C/1861 J1 Tebbutt
Alte Bezeichnung:	1861 II
Entdeckungsdatum:	13.5.1861
Entdecker:	John Tebbutt
Periheldatum:	12.6.1861
Periheldistanz:	0,8224AE
Erdnähe:	30.6.1861
Erdentfernung:	0,1326AE
Maximalhelligkeit:	-3^{m}
Maximale Schweiflänge:	120°
Länge des Perihels:	330,1°
Länge des aufsteigenden Knotens:	280,9°
Bahnneigung:	85,4°
Exzentrizität:	0,98507000

lichen Breiten aus zu sehen, er blieb bis kurz vor der Erdnähe ein reines Südhimmelobjekt.

Der Komet war zunächst am Morgenhimmel zu sehen. Im Juni beschleunigte er seinen Lauf deutlich und stieg am Himmel schnell nach Norden. Ende Juni führte ihn seine Bahn westlich am Orion vorbei in den Stier. Erst ab dem 29. Juni war er damit auch in Europa und Nordamerika sichtbar geworden. Er blieb westlich der Sonne und war somit am Morgenhimmel zu sehen.

Am 30. Juni erreichte der Komet den erdnächsten Punkt seiner Bahn. Er stand dabei im Fuhrmann nördlich der Sonne, und war somit nördlich von 50° nördlicher Breite die ganze Nacht zu sehen. Gleichzeitig stieß die Erde durch den 50 Millionen Kilometer langen Schweif des Kometen.

In den folgenden Tagen zog der Komet weiter nach Norden in das Sternbild Luchs. In der ersten Juliwoche wanderte C/1861 J1 dann oberhalb des Großen Wagens hinweg. Der Schweif schwenkte dabei um den 11. Juli von einer westlichen in östliche Richtung um. Ende Juli wechselte der Komet ins Sternbild Bärenhüter. Da er nun nicht mehr auf hohen nördlichen Deklinationen stand, zog er sich damit an den Abendhimmel zurück.

Im November 1861 befand sich Komet Tebbutt im Sternbild Herkules, ab März 1862 im Kepheus, wo er auch letztmalig gesichtet wurde.

Die Periode des Kometen beträgt nach Kreutz 409 Jahre. Die japanischen Kometenforscher Ichiro Hasegawa und Syuichi Nakano identifizierten Tebbutt mit einem Kometen aus dem Jahr 1500 und sagen seine Wiederkehr für Dezember 2265 voraus.

Entdeckung und Beobachtungen

C/1861 J1 wurde am 13. Mai 1861 von dem 26-jährigen australischen Amateurastronomen John Tebbutt in der Nähe von Windsor bei Sydney entdeckt. Tebbutt dachte zunächst, dass es sich um einen Nebel handle, da sich das Objekt nicht bewegte. Er konnte den »Nebel« am 17. Mai wieder beobachten und keine Bewegung feststellen. Erst am 21. war eine Positionsänderung wahrzunehmen. Dieses »seltsame« Verhalten war auf die Bahn des Kometen zurückzuführen, die nahezu genau auf die Erde zuführte.

Bereits Ende Mai war der Komet mit bloßem Auge von Australien aus sichtbar. Anfang Juni betrug die Helligkeit schon 2^{m}, ein Schweif von 3° Länge war sichtbar. Die Helligkeit steigerte sich weiterhin deutlich: Am 8. Juni war der Komet bereits so hell, dass er bis 40 Minuten vor Sonnenaufgang sichtbar blieb. Der Schweif maß 18°, am 20. Juni bereits 40° Länge. Dazu hatte sich ein zweiter Schweif von 5° gesellt.

Als der Komet ab dem 30. Juni in Europa sichtbar wurde, war Tebbutts Entdeckungsmeldung dort noch nicht angekommen. An diesem Tag war der Kopf des Kometen sowohl abends als auch morgens über dem Horizont zu sehen. Der Schweif erstreckte sich über den halben Himmel vom Fuhrmann bis in den Adler. Der deutsche Astronom Julius Schmidt, Direktor der Sternwarte in Athen, beschrieb den Anblick: »Der mondgrosse trüb gelbrothe Kopf stand dem Horizonte sehr nahe; der unten gekrümmte Schweif, breit glänzend, und von allen anwesenden Beobachtern sogleich mit dem fernen Scheine einer beträchtlichen Feuersbrunst verglichen, war zunächst auf den Polarstern gerichtet und konnte mit Leichtigkeit auf eine Erstreckung von 120 Graden erkannt werden.« Schmidt verglich die Helligkeit des Kopfes mit Jupiter und sprach von einem »glänzenden, schattenwerfenden Schweif«. Die Helligkeit dürfte somit jenseits von -2^m gelegen haben.

Der Kern des Kometen maß etwa 3" im Durchmesser. Um ihn zeigten sich schon in kleinen Teleskopen bis zu sechs Nebelschalen (Enveloppen). Im sehr breiten, vom Kopf aus gesehen einen Winkel von 80° umfassenden Schweif waren zahlreiche Streifen zu sehen. Seine Farbe war weiß, aber auch grünliche Tönungen wurden berichtet. Einige Beobachter hielten ihn für ein Polarlicht, als der Kopf noch unter dem Horizont stand. Östlich des Hauptschweifes war ein ca. 30° langer zweiter Schweif zu sehen.

Am 1. Juli betrug die Helligkeit ca. -2^m. Der Schweif wurde auf mindestens 70° Länge gesehen, war im Vergleich zum Vortag jedoch schmaler geworden. Am 2. Juli hatte die Helligkeit auf 1^m nachgelassen. Jedoch wurde die Schweiflänge nun mit 100° bis 120° angegeben. Am 3. Juli waren die beobachteten Längen ähnlich.

In den folgenden Tagen wurden sinkende Helligkeiten und Schweiflängen beobachtet, aber bis zum 7. Juli blieb der Anblick des Kometen äußerst beeindruckend. Er war bei einer Helligkeit von 2^m immer noch stattlich, der Schweif ragte um 50° über den Nachthimmel. Im Teleskop zeigte der Kern deutlich Jets und Enveloppen.

Bis Mitte Juli nahm die Helligkeit deutlicher ab und betrug nur noch 3^m. Die Schweiflänge reduzierte sich auf 12°. Auch im August blieb der Schweif noch gut sichtbar, hatte sich aber auf 2,5° verkürzt. Die Helligkeit des Kometen sank auf 5^m.

Teleskopisch war Komet Tebbutt bis weit in das Jahr 1862 hinein zu sehen. Die letzte Beobachtung an der Pulkowa-Sternwarte bei St. Petersburg datierte vom 30. April, der Komet besaß zu diesem Zeitpunkt eine Helligkeit von nur mehr 14^m.

Hintergrund und Öffentlichkeit

Extreme Schweiflängen und große Helligkeiten treffen bei den meisten Kometen nicht gleichzeitig ein. Komet Tebbutt war aufgrund seiner Bahngeometrie, die ihn dicht an die Erde heranführte, während der Komet am Himmel der Sonne nicht allzu nahe kam, eine Ausnahme. John Herschel meinte, Komet Tebbutt »übertraf in der Helligkeit alle Kometen die ich je gesehen habe, sogar die von 1811 und 1858«.

Anders als 50 Jahre später bei Halley löste die Durchquerung des Kometenschweifes durch die Erde keine Massenpanik aus. In England und Australien wurden bei dieser Gelegenheit Polarlicht-ähnliche Lichterscheinungen am Himmel wahrgenommen. Diese Sichtungen gelten aber heute als unsicher, weil die Beobachter durch ihr Wissen um die Schweifpassage voreingenommen waren und erwarteten, etwas zu sehen.

Schmidt beobachtete periodische Fluktuationen der Schweiflänge von 25,6 Tagen und des Komadurchmessers von 25,4 Tagen. Es wurden auch Pulsationen des Kerns berichtet, dies ist jedoch wahrscheinlich nur auf teleskopische Luftunruhe zurückzuführen. Real waren jedoch wohl die Beobachtungen der rotierenden Jets am Kometenkern von Faddej Bridichin am 30. Juni, der damit erstmals zeigte, dass auch diese Körper eine Umdrehung vollführen.

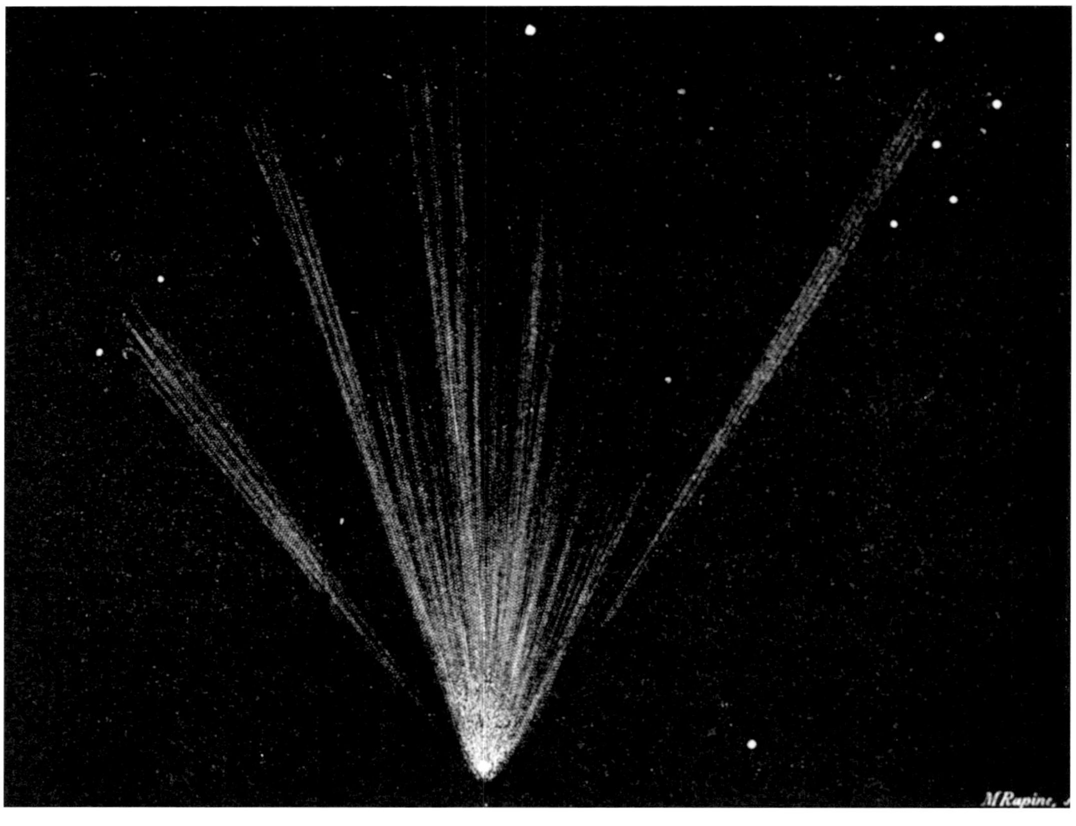

Die Skizze vom 30.6.1861 verdeutlicht die Ausdehnung des Schweifs. Rechts oben ist das Sternbild Kassiopeia zu erkennen, rechts unten der Stern Kapella, am oberen Bildrand der Polarstern. *F. Chambers*

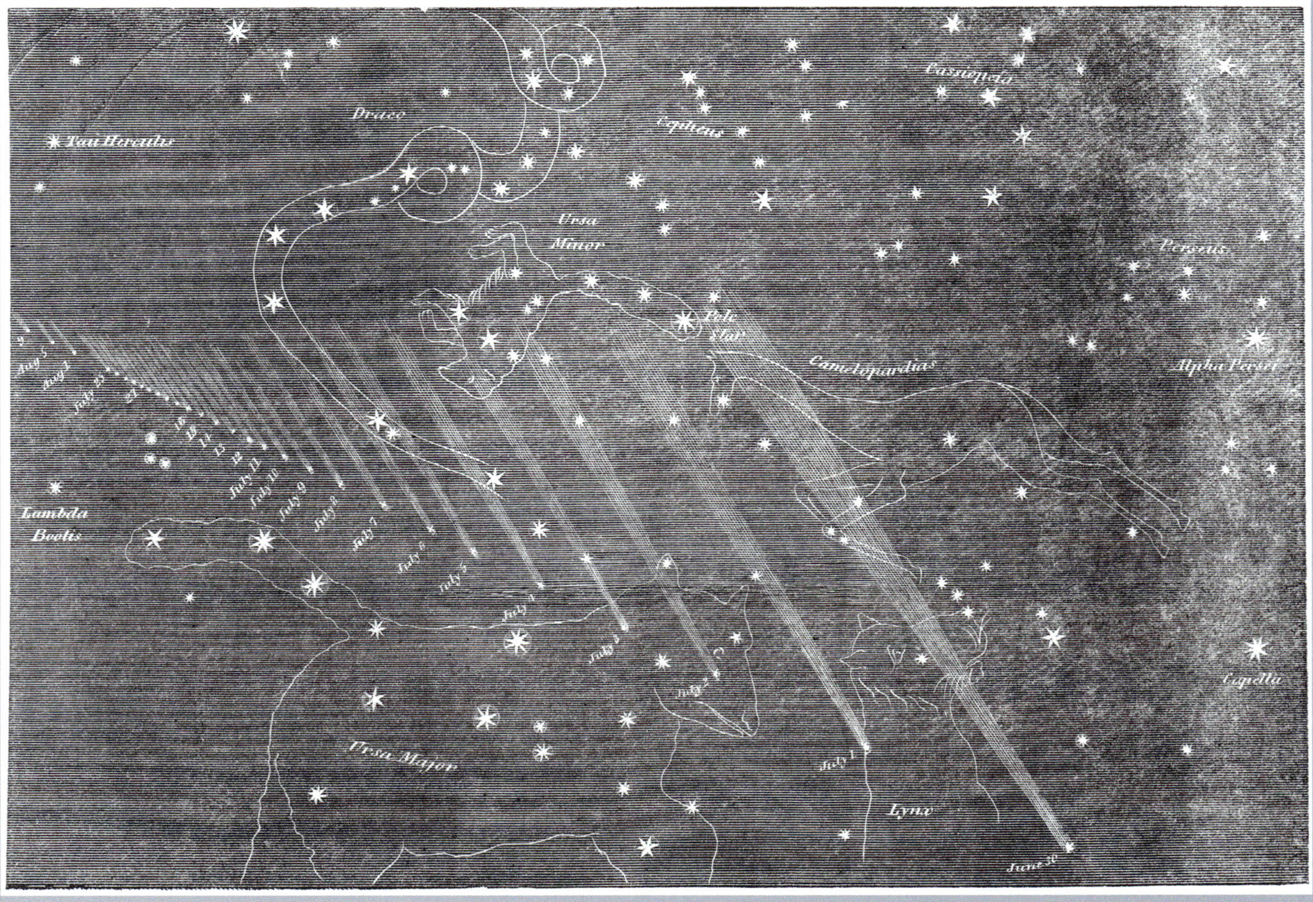

Die Kartenskizze zeigt die scheinbare Bahn des Kometen zwischen dem 30.6. und 9.8.1861 (oben). Die Detailansicht des Kopfes stammt vom 30.6.1861 (links), die Ansicht (unten) hat ein unbekanntes Datum.

Großer Septemberkomet 1882

Seine Extremwerte bleiben bis heute unerreicht: C/1882 R1 war mit einer geschätzten Helligkeit von -17^m der hellste Komet der Neuzeit. Er wurde so hell, dass er ohne Schwierigkeiten direkt neben der Sonne am Taghimmel gesehen werden konnte. Seinen Glanz hatte er seiner extremen Nähe zur Sonne zu verdanken, die er in weniger als einer Million Kilometer Abstand passierte. Danach entwickelte er einen beeindruckend hellen Schweif, der sich vor allem am Südhimmel prächtig entfaltete.

▲ Der Große Septemberkomet am 6.10.1882. *L. Weinek*

Daten	
Nr.:	18
Bezeichnung:	C/1882 R1
Alte Bezeichnung:	1882 II, 1882b
Entdeckungsdatum:	1.9.1882
Entdecker:	unbekannt
Periheldatum:	17.9.1882
Periheldistanz:	0,0078AE
Erdnähe:	17.9.1882
Erdentfernung:	0,9773AE
Maximalhelligkeit:	-17^m
Maximale Schweiflänge:	20°
Länge des Perihels:	69,6°
Länge des aufsteigenden Knotens:	347,7°
Bahnneigung:	142,0°
Exzentrizität:	0,99989400

Bahn und Sichtbarkeit

Mit einem Sonnenabstand von weniger als einer Million Kilometer war der Große Septemberkomet von 1882 ein Paradebeispiel für einen Sonnenstreifer. Der extremen Sonnennähe verdankte er sowohl seine große Helligkeit, als auch die beeindruckende Schweifentwicklung. Aufgrund des geringen Perihelabstands fiel die Erdnähe nahezu mit dem Perihelzeitpunkt zusammen.

Zum Zeitpunkt der ersten Sichtungen Anfang September 1882 stand C/1882 R1 südlich des Kopfes der Wasserschlange. Damit war er am Morgenhimmel zu sehen, wobei die Position für auf der Südhalbkugel der Erde befindliche Beobachter etwas besser als für Bewohner der Nordhalbkugel war.

Von der Wasserschlange zog der Komet in den ersten beiden Septemberwochen geradewegs auf die Sonne zu, die sich zwischen Löwe und Jungfrau befand. Mit der Annäherung an die Sonne verschlechterten sich die Sichtbarkeitsbedingungen jedoch zusehends.

Am 17. September fand die Doppel-Konjunktion mit der Sonne statt. Zunächst zog der Komet für die Dauer von einer Stunde und 17 Minuten vor dem Tagesgestirn vorüber. Der Komet entfernte sich danach aber kaum von der Sonne, sondern kehrte nach einem maximalen Abstand von nur 27' um und wanderte wieder auf die Sonne zu. Es folgte die zweite Begegnung, bei der der Komet für die Dauer von knapp zwei Stunden bedeckt wurde. Durchgang und Bedeckung fanden wenige Stunden nacheinander am 17. September statt.

Nach dem Tanz um die Sonne zum Perihel zog der Komet Richtung Südwesten, was seine zweite Morgensichtbarkeit einläutete. Die südlichere Bahn als vor dem Perihel bewirkte eine deutlich schlechtere Sichtbarkeit für die Nordhalbkugel, erst im Oktober konnte der Komet wieder vor der Sonne gesehen werden. In südlichen Gefilden war die Sichtbarkeit in der Morgendämmerung dagegen deutlich günstiger.

Am 1. Oktober war der Komet im Sternbild Sextant anzutreffen, am 11. Oktober in der Wasserschlange. Er setzte seine Bahn in südwestliche Richtung fort und wechselte im Dezember 1882 in das Sternbild Kompass. Damit konnte C/1882 R1 nun die ganze Nacht beobachtet werden, stand jedoch nur im südlichen Europa hoch genug über dem Horizont.

Im Januar 1883 zog der Komet durch die Beine des Großen Hundes tief am Winterhimmel. Während sich sein Weg wieder nach Norden Richtung Orion wandte und er damit auch in nördlicheren Regionen wieder sichtbar wurde, nahm auch die Entfernung stark zu. Im Februar und März wurde C/1882 zum Abendhimmel-Objekt, wo er je nach Breitengrad bis in den Juni 1883 hinein sichtbar blieb.

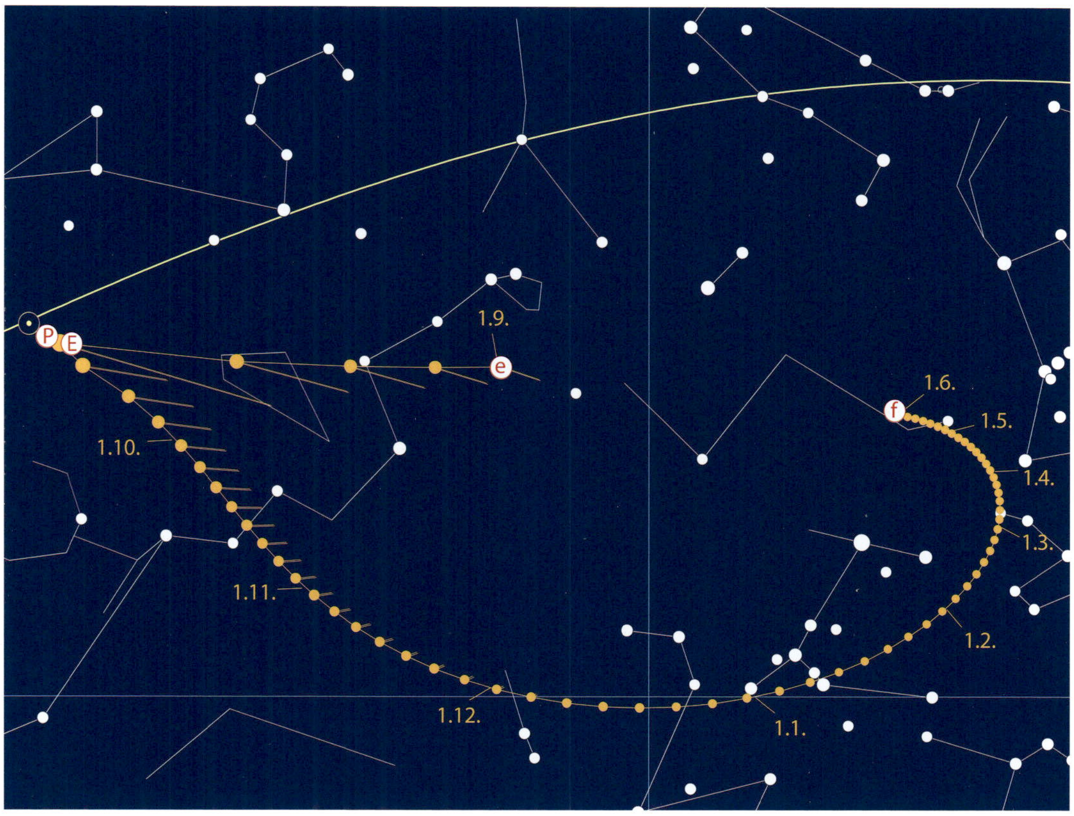

Entdeckung und Beobachtungen

Als die ersten Beobachtungen des Großen Septemberkometen am 1. September 1882 aus Zentral- und Südafrika eintrafen, war C/1882 R1 bereits ein strahlend helles Objekt. Ein nicht namentlich genannter argentinischer Beobachter beschrieb ihn am 6. September als »so hell wie Venus mit einem hellen Schweif«. Es lässt sich nicht mehr nachvollziehen, wer den Kometen als erster sah. Aufgrund der Helligkeit gab es wohl gleichzeitig viele Personen, die den Kometen in der Morgendämmerung bemerkten.

Erst eine Woche nach den ersten Sichtungen sah der südafrikanische Astronom William Finlay den Kometen. Er schätzte die Helligkeit des Kopfes auf 3^m, die Gesamthelligkeit wird jedoch deutlich darüber gelegen haben. Zu dieser Zeit war bereits ein Schweif von etwa 3° Länge zu sehen.

Bereits am 12. September war der Komet so hell geworden, dass er bis Sonnenaufgang verfolgt werden konnte. Am Folgetag wurde seine Helligkeit mit der von Jupiter verglichen, lag also bereits deutlich im negativen Magnitudenbereich. Der Schweif war bereits 12° lang. In den nächsten Tagen wurde es trotz der zunehmenden Sonnennähe immer leichter, den Kometen zu sehen.

Am 17. September zum Perihel war der Komet schließlich am Taghimmel zu sehen. Dabei erschien er direkt neben der Sonne »so hell, dass ein Blick zur Sonne den Kometen ohne Suchen zeigte«. Der Komet war viel heller als Venus und konnte sogar durch leichte Bewölkung hindurch am Taghimmel gesehen werden. Die schnelle Bewegung auf die Sonne zu war auch von Laien zu bemerken.

Zu dieser Phase war C/1882 R1 der vielleicht hellste Komet der Geschichte, sicher aber der hellste Komet der Neuzeit. Mit einer geschätzten Helligkeit zwischen -15^m und -17^m war er sogar mit Sonnenfilter sichtbar. Finlay beschrieb den Anblick: »Das silbrige Licht des Kometen ergab einen beeindruckenden Kontrast zum rötlichgelblichen Licht der Sonne.« William Elkin beobachtete den Kometen, bis er am Sonnenrand verschwand und zum Durchgang vor der Sonne ansetzte. Er verlor den Kometen erst direkt im unruhig wabernden Sonnenrand.

Vor der Sonne war der Komet nicht zu sehen. Nach der dem Durchgang folgenden Bedeckung war der Komet am 18. September wieder mit bloßem Auge neben der Sonne sichtbar. Bei Abdeckung der Sonne zeigte er einen Schweif von 0,5° Länge. Zu diesem Zeitpunkt wurde er auch von weiten Teilen der Bevölkerung wahrgenommen. Die Helligkeit betrug etwa -10^m.

In den folgenden Tagen tauchte der Komet wieder am Morgenhimmel auf und zeigte die spektakulärste Phase seiner Sichtbarkeit. Bis zum 20. September blieb der Komet gleichzeitig am Taghimmel sichtbar. Der Schweif hatte sich inzwischen auf 5° verlängert, am 22. wurden schon 12° gesichtet. Er wurde nun von Tag zu Tag länger und reichte schließlich 20° weit. Seine Breite betrug jedoch nur 1°, und durch die leichte Biegung bekam er eine elegante Note. In dieser Form blieb er relativ konstant bis Ende Oktober 1882 sichtbar. Die Helligkeit des Kometen betrug zum Monatswechsel September/Oktober immer noch beeindruckende $0\overset{m}{,}5$.

Am 27. September beobachtete Edward Emerson Barnard die Folgen des nahen Vorübergangs an der Sonne. Mit einem 5-Zoll-Teleskop erschien ihm der Kern des Kometen bei 78-facher Vergrößerung länglich, am 2. Oktober bereits eiförmig und am Folgetag schließlich geteilt. Am 5. Oktober waren drei Fragmente des Kerns zu sehen. In den nächsten Tagen wurden weitere Kernteile sichtbar, die sich am 10. Oktober auf einer scheinbaren Länge von 22" auf gerader Linie aufgereiht hatten. Am 15. Oktober waren fünf, später sechs Kerne zu sehen, die von Nacht zu Nacht ein wechselndes Spiel boten, und wie eine »Perlenkette« erschienen.

Mitte Oktober schien C/1882 R1 immer noch 1^m hell. Teleskopisch waren nun fünf bis sechs Nebelhüllen um den Kern sichtbar, sogenannte Enveloppen. Die innerste davon begann im länglichen mehrkernigen Zentrum des Kometen. Um den Schweif des Kometen war ab Ende September ein sehr schwaches Leuchten zu erkennen, das nicht wie der Schweif gekrümmt, sondern gerade ausgebildet war. Es erschien an den Rändern heller und in der Mitte dunkel, am auffälligsten war es Mitte Oktober zu sehen. Scheinbar aus diesem Leuchten heraus entwickelte sich ein Gegenschweif, beide Phänomene waren jedoch am 17. Oktober wieder verschwunden.

Am 5. Oktober wurde erstmals ein vom Hauptteil des Kometen losgelöster Nebel sichtbar. Er konnte nur bei sehr dunklem Himmel erkannt werden und hatte einen Abstand von 1,5° zum Hauptkörper, entfernte sich aber bald. Am 10. Oktober sah er wie ein blasser zweiter Komet aus. Barnard konnte in den Folgetagen insgesamt sechs weitere, wie eigene kleine Kometen erscheinende Objekte ausmachen, am 14. Oktober lagen sie bis zu 6° vom Hauptkometen entfernt.

Im November maß der Schweif immer noch 20° Länge. Seine prägnante Form aus zwei ungleichen Ästen, die an den Buchstaben γ erinnerte, hielt sich bis Mitte Dezember 1882. Die Schweiflänge blieb bis zum Jahreswechsel bei mehr als 10°. Zu dieser Zeit waren auch die vielen Kerne noch teleskopisch sichtbar.

Im Februar 1883 lag die Helligkeit des Kometen bei ca. 5^m bis 6^m. Dem bloßen Auge zeigte sich noch ein Schweif von 5° Länge. Bis Anfang März blieb der Komet ohne optische Hilfsmittel zu sehen. Die letzte Beobachtung stammte vom 1. Juni von dem argentinischen Astronomen Juan Thome. Benjamin Gould bemerkte, dass der Komet »nicht wegen mangelnder Helligkeit, sondern wegen der geringen Höhe in der Dämmerung« nicht länger zu beobachten gewesen war.

Hintergrund und Öffentlichkeit

Die Helligkeitswerte des Septemberkometen von 1882 von zwischen -15^m und -17^m wurden bis heute von keinem Schweifstern übertroffen. C/1882 R1 gilt als einer der hellsten Kometen der Geschichte. Er ist der Prototyp eines Sonnenstreifers und wird wie Ikeya-Seki 1965 der Kreutz-Gruppe zugerechnet, die auf ein gemeinsames Mutterobjekt zurückgehen soll, das um das Jahr 371 v. Chr. zerbrochen ist. Ein Teil davon könnte mit dem Kometen von 1106 identisch sein.

In den Jahren 1880 und 1887 traten zwei weitere Sonnenstreifer auf, die noch geringere Periheldistanzen als der Septemberkomet erreichten. Beide werden ebenfalls der Kreutz-Gruppe zugeordnet, jedoch einer anderen Untergruppe als C/1882 R1. Sie gingen als »Große Südkometen« in die Geschichte ein, da sie während ihrer besten Sichtbarkeit am Südhimmel standen. Sie erreichten jedoch beide nicht annähernd den Glanz des Kometen von 1882.

Trotz seiner erheblichen Sonnennähe und der Fragmentierung seines Kerns überstand der Septemberkomet das Perihel und blieb lange ein helles Objekt. Die Umlaufszeiten der Fragmente wurden mit 671 bis 955 Jahren berechnet, während der Hauptkomet in 773 Jahren wiederkehren dürfte, wenn er sich nicht ebenfalls in mehrere Teile aufgelöst hat.

C/1882 R1 ist der erste Komet, von dem gelungene Fotografien überliefert sind. Dazu gehören die berühmten Abbildungen, die David Gill am Kap der Guten Hoffnung gelangen. Zwischen dem 20. Oktober und dem 15. November fotografierte er den Kometen mit einer huckepack auf ein Teleskop montierten 60mm-Porträtlinse, die Belichtungszeiten betrugen zwischen einer halben und über zwei Stunden. Gill war derart fasziniert von den vielen abgebildeten Sternen, dass er darauf mit der Cape Photographic Durchmusterung begann, dem ersten fotografischen Sternkatalog.

Am 18. September gelang es L. Thollon und A. Guoy in Nizza bei einer Tagbeobachtung, anhand der kurz vorher erstmals in Kometen nachgewiesenen Natrium-Doppellinie den Dopplereffekt zu zeigen. Die Verschiebung der Spektrallinien ließ auf eine Geschwindigkeit von 61 bis 76 Kilometern pro Sekunde weg von der Erde schließen.

Ansicht des Septemberkometen in den Tagen seiner größten Helligkeit.

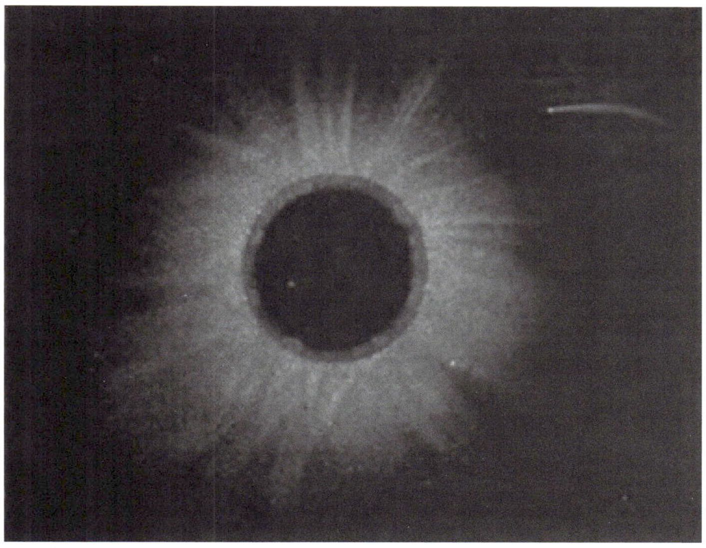

Vier Monate vor dem Großen Septemberkometen machte ein anderer Schweifstern Furore. Während der Beobachtung der Sonnenfinsternis vom 17. 5.1882 in Ägypten wurde zur totalen Phase X/1882 K1 sichtbar, der wenig später in die Sonne stürzte. *A. Schuster (li.), unbekannt (o.)*

Das Foto des Kometen vom 14.11.1882 zählt zu den ersten gelungenen Kometen-Fotografien überhaupt. *David Gill*

◀ Der Große Septemberkomet während der Phase seiner größten Helligkeit am 13.9.1882 vor den ägyptischen Pyramiden. *Garnet Wolseley*

◀ Am Royal Observatory of Good Hope entstandene Aufnahmereihe des Kometen. *David Gill*

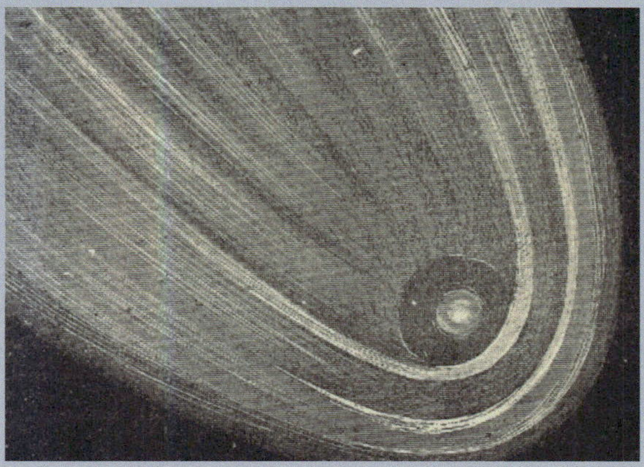

◀ Der Kometenkopf nach einer zeitgenössischen Zeichnung. *Anonym*

Großer Januarkomet 1910

Im Januar 1910 wartete alle Welt auf die groß angekündigte Wiederkehr des Halleyschen Kometen. Doch plötzlich stürmte ein neuer Komet auf die Himmelsbühne und stahl dem berühmten Vorbild die Schau: Der Januarkomet von 1910 war sowohl heller als auch besser zu sehen als der drei Monate nach ihm kommende Halley. Viele Menschen, die sich später an einen beeindruckenden Anblick des Halleyschen Kometen zu erinnern glaubten, hatten in Wahrheit den Großen Januarkomet gesehen.

Eine der wenigen erhaltenen Fotografien des Januarkometen 1910. *Unbekannter Fotograf*

Bahn und Sichtbarkeit

Der Januarkomet 1910 wurde fünf Tage vor seinem Perihel entdeckt. Zu diesem Zeitpunkt stand er im Sternbild Schütze 12° südlich der Sonne und war damit für Beobachter auf der Nordhemisphäre nicht sichtbar. Südlich postierte Betrachter konnten ihn jedoch am Morgenhimmel sehen.

Am 18. Januar passierte der Komet die Sonne in nur 2,8° Abstand, nach Norden ziehend. In den folgenden Tagen tauchte er damit am Abendhimmel der Nordhemisphäre auf. Dabei bewegte er sich vom Steinbock in den Wassermann. Etwas weiter östlich, ebenfalls im Wassermann, stand der helle Planet Venus zu dieser Zeit als Abendstern.

Der Komet zog schnell nach Norden, so dass sich seine Sichtbarkeitsbedingungen am europäischen Himmel deutlich verbesserten.

Daten	
Nr.:	**19**
Bezeichnung:	**C/1910 A1**
Alte Bezeichnung:	**1910 I, 1910a**
Entdeckungsdatum:	**12.1.1910**
Entdecker:	**unbekannt**
Periheldatum:	**17.1.1910**
Periheldistanz:	**0,1290AE**
Erdnähe:	**18.1.1910**
Erdentfernung:	**0,83AE**
Maximalhelligkeit:	**-5^{m}**
Maximale Schweiflänge:	**50°**
Länge des Perihels:	**320,9°**
Länge des aufsteigenden Knotens:	**90,0°**
Bahnneigung:	**138,8°**
Exzentrizität:	**0,99999500**

Zum Monatswechsel Januar/Februar 1910 überschritt er die Grenze zum Sternbild Pegasus. Der helle Mond störte die Beobachtungen Ende Januar. Im Februar und März bewegte sich der Komet westlich am Pegasus-Quadrat vorbei und zog dann Richtung Nordwesten in die Milchstraße, wo sich seine Spur im Juli 1910 verlor.

Der Januarkomet von 1910 wird heute als »frisches« Objekt der Oortschen Wolke bei seinem ersten Besuch des inneren Sonnensystems betrachtet. C/1910 A1 besitzt eine sehr lang gestreckte Bahn. Seine Wiederkehr ist erst in ca. vier Millionen Jahren zu erwarten.

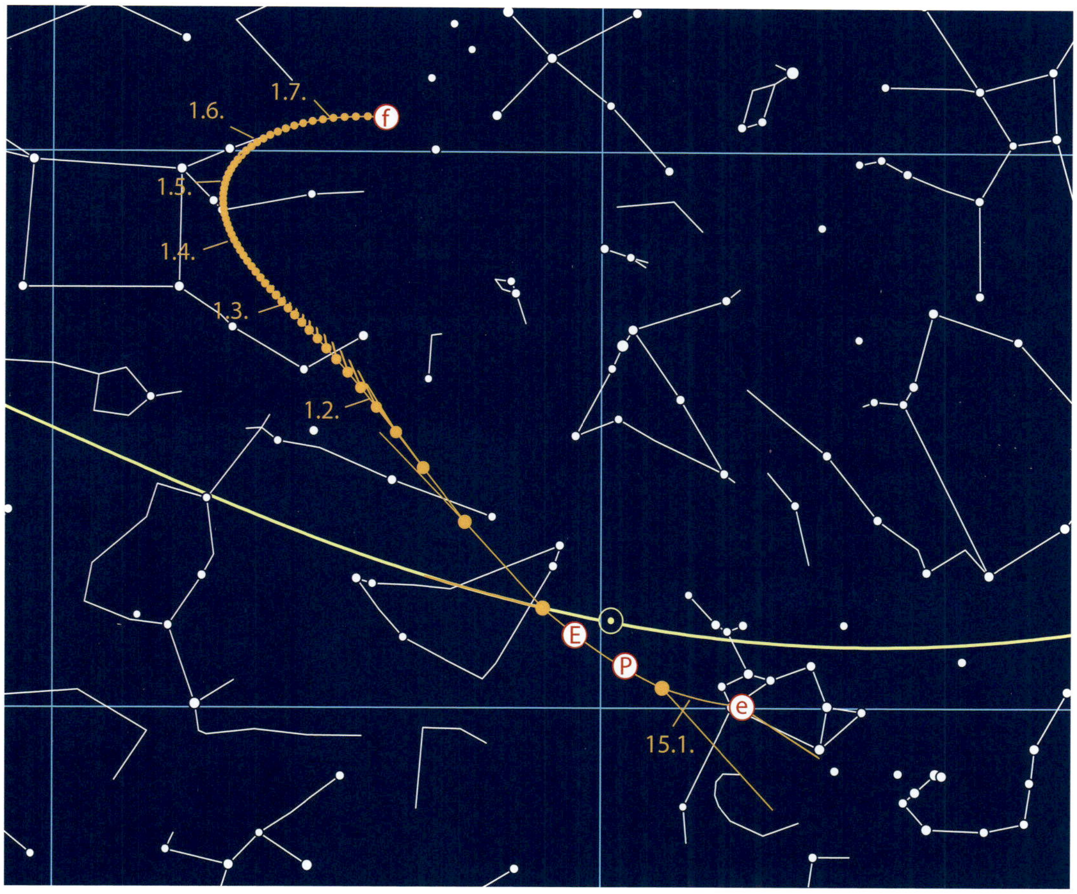

Entdeckung und Beobachtungen

Minenarbeiter in Südafrika waren es, die zum Schichtwechsel den bereits mit bloßem Auge sichtbaren Kometen am Morgenhimmel entdeckten. Auch südafrikanische Eisenbahnarbeiter sahen den Schweifstern. Sie hielten ihn für den Kometen Halley, der jedoch zu diesem Zeitpunkt am Abendhimmel im Widder stand und wesentlich schwächer war, da er sein Perihel erst im Mai erreichen würde. Es vergingen deshalb einige Tage, bis die professionelle Astronomie die Verwirrung aufklären konnte und das Objekt als neuer Komet erkannt wurde.

Am 17. Januar war der Komet so hell, dass er während seiner Sonnenpassage am Taghimmel mit dem bloßen Auge als »schneeweißes« Objekt gesehen werden konnte. Die Helligkeit wurde mit der von Venus im größten Glanz verglichen und dürfte an -5^{m} herangereicht haben. Am 18. Januar berichteten die Sternwarten in Wien, Rom, Algier und Mailand über Tagessichtungen des Kometen.

In den folgenden Tagen folgte die beste Sichtbarkeit am Abendhimmel. Ab dem 19. Januar war der Komet als sehr helles Objekt zu sehen. Die Gesamthelligkeit betrug an diesem Tag etwa $-2{,}^{m}5$. Der sehr helle Staubschweif hatte eine auffällige gekrümmte Form und eine gelbliche oder rötliche Farbe. Seine Länge wurde am 20. Januar mit 7°, am 22. Januar bereits mit 25° und am 30. mit 50° angegeben! Am 28. Januar berichtete E. Silbernagel von der Münchener Sternwarte: »Kern etwa $1{,}^{m}5$. Der Schweif nicht besonders breit, jedoch sehr lang, konnte gegen 1/2 8 Uhr bis auf eine Länge von ungefähr 50° verfolgt werden. Gegen Ende zu war er nach Süden umgebogen und wolkenartig verbreitert.«

Bemerkenswert war die starke Zeichnung des Schweifs durch Striae. Ein schwacher Gasschweif bildete sich ab dem 26. Januar. Im Februar waren Ansätze eines Gegenschweifs zu erkennen. Doch die Pracht des Kometen verlor sich so schnell, wie sie erschienen war: Zur Monatswende ließ die Helligkeit abrupt nach, und ab dem 5. Februar war der Komet nicht mehr mit bloßem Auge zu sehen. Mitte Februar betrug die Helligkeit 6^{m}, Anfang März nur noch 8^{m}. Die letzte Sichtung des Kometen durch Max Wolf ist vom 15. Juli 1910 bei einer Helligkeit von $16{,}^{m}5$ verzeichnet, C/1910 A1 stand an diesem Tag bereits in einem Abstand von 3,4 Astronomischen Einheiten zur Sonne.

Hintergrund und Öffentlichkeit

Zu einem Zeitpunkt, da Komet Halley bereits seit mehreren Monaten am Himmel stand und sich die Menschheit auf die Erdnähe des Kometen im Mai 1910 vorbereitete, trat der Januarkomet als völlig unerwarteter Vorbote von Halley auf. Er erhöhte die Aufmerksamkeit ungemein, steigerte jedoch auch die Erwartungen an Halley. Letztlich konnte jedoch der berühmte Komet nicht die Helligkeit und Schönheit des Januarkometen erreichen. Viele Zeitgenossen, die im Jahr 1910 einen hellen Kometen gesehen hatten, verwechselten ihn in der Erinnerung mit Halley, der ihn erst im April 1910 als Objekt für das bloße Auge ablöste, als der Januarkomet bereits für dasselbe verschwunden war.

Der Januarkomet von 1910 gehört zu den am kürzesten mit bloßem Auge sichtbaren Schweifsternen. Nach dem Perihel blieb nur eine Zeitspanne von zwei Wochen, wobei der Komet nur für etwa eine Woche ein helles und beeindruckendes Objekt darstellte.

C/1910 A1 war ein sehr staubreicher Komet, was die Bildung seines prächtigen Schweifes beförderte. Spektroskopisch konnte an ihm deutliche Natrium-Emission nachgewiesen werden. Die sonst für Kometen typischen Gasemissionen traten erst auf, als die Natrium-Strahlung nachzulassen begann.

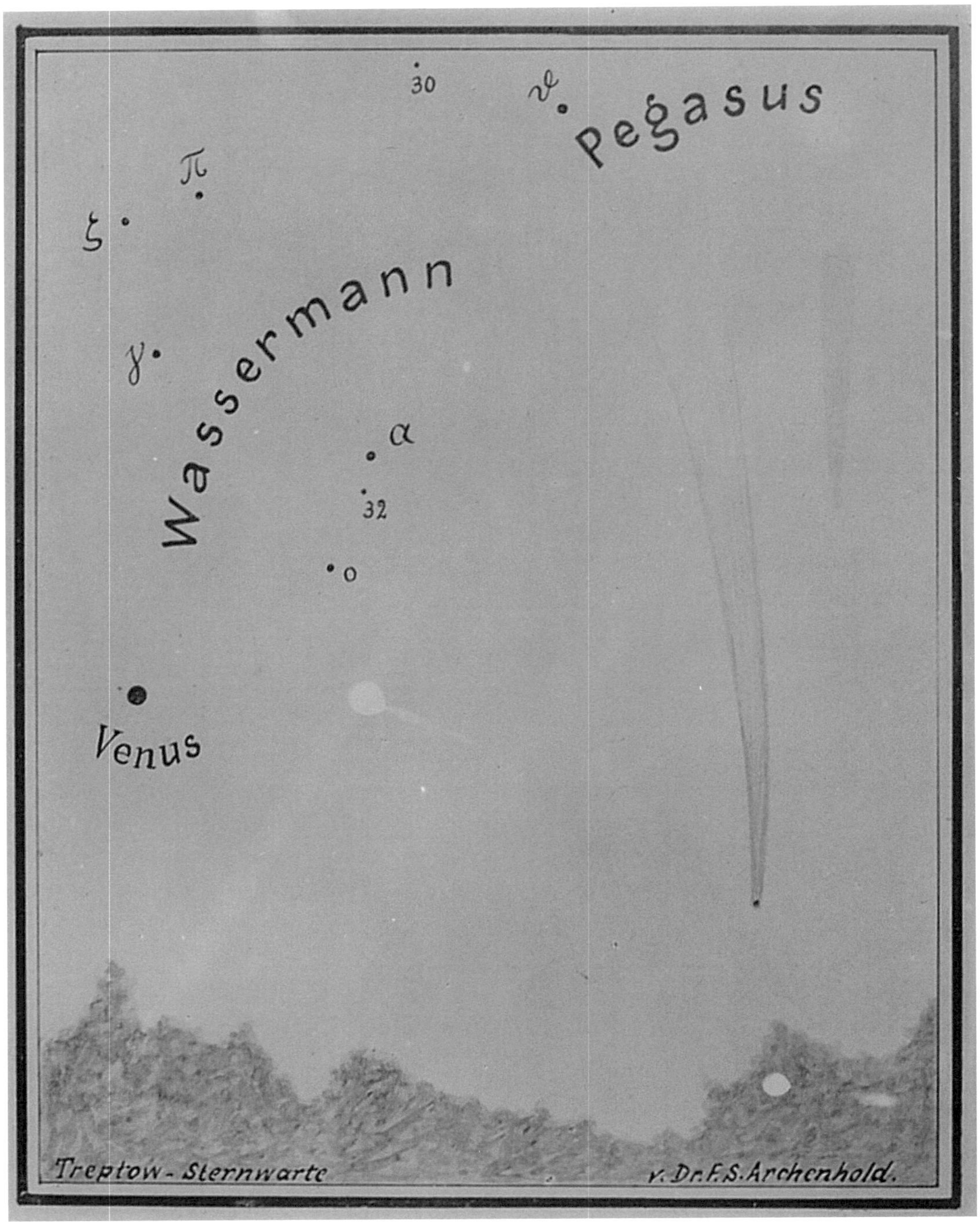

▲ Anblick des Kometen über dem Berliner Nachthimmel Ende Januar 1910. *F. S. Archenhold*

▼ Detailskizzen des Kometenkopfs am großen Teleskop der Treptower Sternwarte. *F. S. Archenhold*

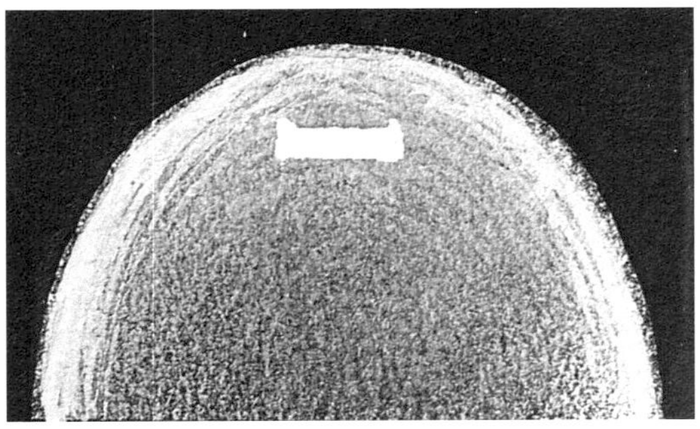

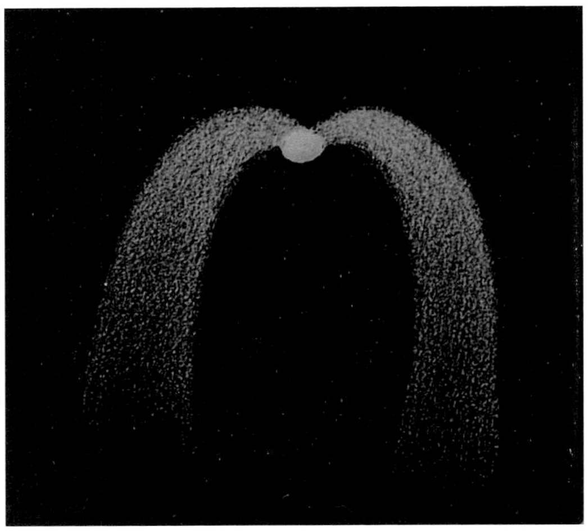

Halley 1910

Der Halleysche Komet hatte schon öfter in der Geschichte Aufsehen erregt, doch zu kaum einer Wiederkehr war die Aufregung so groß wie 1910. In eine Zeit der Technik- und Astronomiebegeisterung, in der viele Menschen außerirdisches Leben auf dem Mars annahmen und die Astrophysik sich eben anschickte, das Bild des Kosmos neu und größer aufzuspannen, trat die Ankündigung, die Erde würde durch den Schweif von Halley mit seinen giftigen Gasen ziehen, eine beispiellose Hysterie los. Doch der Weltuntergang fiel aus, und am Ende blieb mancher sogar enttäuscht zurück, ohne den Kometen gesehen zu haben.

Der Halleysche Komet am 21.4.1910, fotografiert an der Boyden Station nahe Arequipa, Peru. *Unbekannter Fotograf*

Daten	
Nr.:	20
Bezeichnung:	1P/Halley
Alte Bezeichnung:	1910 II
Entdeckungsdatum:	11.9.1909
Entdecker:	Max Wolf
Periheldatum:	20.4.1910
Periheldistanz:	0,5872AE
Erdnähe:	20.5.1910
Erdentfernung:	0,15AE
Maximalhelligkeit:	-3^m
Maximale Schweiflänge:	240°
Länge des Perihels:	111,7°
Länge des aufsteigenden Knotens:	57,8°
Bahnneigung:	162,2°
Exzentrizität:	0,9672968

Bahn und Sichtbarkeit

Die Wiederentdeckung des Halleyschen Kometen gelang im Sternbild Zwillinge, unweit des Sterns Gamma Geminorum. Von September 1909 zog der Komet anschließend durch die Sternbilder Orion und Stier, den er im Dezember erreichte. Damit stand der Komet in dieser frühen Phase der Sichtbarkeit optimal platziert der Sonne gegenüber am dunklen Nachthimmel.

Im Januar 1910 hatte sich der Komet an den Abendhimmel im Sternbild Widder zurückgezogen. Bis um den 12. März war er dort für nördliche Breiten sichtbar. Am 25. März wurde er von der Sonne in den Fischen eingeholt und war damit weltweit unbeobachtbar geworden. Er stand zu diesem Zeitpunkt hinter dem Tagesgestirn.

Anfang April, immer noch im Sternbild Fische stehend, begann die zweite Phase der Sichtbarkeit am Morgenhimmel. Zum 3. Mai stand der Komet mit Venus und der Mondsichel in der Dämmerung. Am 7. Mai erreichte er den maximalen Sonnenabstand dieses Sichtbarkeitsabschnitts mit 41° Elongation. Bis zum 16. Mai ergaben sich morgens passable Beobachtungsbedingungen.

Danach strebte der Halleysche Komet der zweiten Konjunktion mit der Sonne zu. Diesmal stand er vor ihr und zog am 19. Mai gegen 5 Uhr Weltzeit vor der Sonnenscheibe entlang. Am Abend und in der Nacht des 19. auf den 20. Mai erlaubte die Sichtgeometrie, dass der Schweif sowohl abends als auch morgens gesehen werden konnte, denn an diesem Tag zog die Erde fast durch den Schweif. Dabei wurde der Staubschweif wohl um etwa 300.000 Kilometer verpasst, während die Erde den Gasschweif tatsächlich durchstieß.

Der Komet zog im weiteren Verlauf des Mai parallel zur Ekliptik durch Stier, Zwillinge und Kleinen Hund. Im Juni stand er südlich des Löwen, im Juli im Sextant, wo seine Abendsichtbarkeit endete. Im Herbst 1910 war er am Morgenhimmel in den Sternbildern Becher und Rabe zu sehen. Die letzten Sichtungen zeigten ihn im Sternbild Sextant.

Entdeckung und Beobachtungen

Das Wiederauffinden des Halleyschen Kometen galt seit Palitzschs Meisterstück von 1758 als Prestigesache. Es war klar, dass dazu im 20. Jahrhundert eine Technik zum Zuge kommen sollte, die 75 Jahre zuvor noch nicht erfunden worden war: die Fotografie. Den Wettbewerb gewann mit Max Wolf einer der führenden Astrofotografen der damaligen Zeit. Er hatte mit dem 28-Zoll-Waltz-Teleskop der Sternwarte auf dem Heidelberger Königstuhl am 11. September 1909 eine Fotoplatte eine Stunde lang belichtet. Der Komet erschien darauf als Objekt von 16^m.

Später wurde der Komet auch auf noch früher entstandenen Belichtungen des Helwan-Observatoriums in Ägypten vom 24. August und der Sternwarte von Greenwich vom 9. September gefunden. Die erste visuelle Sichtung gelang durch den amerikanischen Astronomen Sherburne Wesley Burnham mit dem 40-Zoll-Teleskop der Yerkes-Sternwarte in den USA am 15. September. Der Komet war zu diesem Zeitpunkt $15{,}^m5$ schwach.

Die Helligkeit stieg auf 12^m Mitte November und 10^m einen Monat später. Im Februar 1910 betrug sie 7^m. Max Wolf konnte den Komet als erster am 11. Februar mit bloßem Auge sehen, dies gelang aber offenbar keinem anderen Beobachter vor der ersten Sonnenpassage.

Nach der Sonnenkonjunktion Anfang April war der Halleysche Komet zunächst nur teleskopisch zu sehen. Mit bloßem Auge konnte er erst gegen Mitte des Monats erkannt werden. Dabei erschien er zunächst als »rötlicher Stern«, wohl aufgrund seiner tiefen Stellung am Horizont. Die Helligkeit stieg jedoch im Lauf des Monats auf 2^m an. Der Schweif war bis zu 2,5° Länge zu sehen. Dieser Wert wuchs Anfang Mai unaufhörlich. Edward Emerson Barnard bestimmte die Schweiflänge unter dunklem Himmel zu 18° am 3. Mai, 53° am 14. Mai und unglaubliche 120° am 18. Mai unmittelbar vor der Sonnenpassage. In Österreich wurden auf dem 1523m hohen Sonnwendstein 32° am 12. Mai, 83° am 17. Mai und 140° am 19. Mai bestimmt. In dieser Zeit war der Komet insgesamt am auffälligsten. Dabei stand er plakativ neben Venus, den Schweif vom Horizont wie einen Finger nach oben gerichtet.

Am 11./12. Mai erfolgte ein erster Helligkeitsausbruch, der die Gesamthelligkeit auf 1^m steigerte. Diesen Wert besaß die Helligkeit des Kometen auch, als er auf die spektakuläre Sonnenkonjunktion mit anschließender Durchquerung der Erdbahnebene zuging.

Der Vorübergang vor der Sonne selbst konnte trotz mehrfacher gegenteiliger Behauptungen sicher nicht beobachtet werden. Der Komet war aber kurz vorher und nachher schon mit kleinen optischen Mitteln am Taghimmel zu sehen, wenn die Sonne dabei abgedeckt wurde. Damit dürfte die Helligkeit wohl deutlich über den allgemein genannten 0^m gelegen haben, Schätzungen sprechen von bis zu -6^m, was aber sicher deutlich übertrieben ist, der Wert dürfte eher bei etwa -3^m gelegen haben. Diese stark erhöhte Helligkeit in den Tagen um die Sonnenpassage ist durch Vorwärtsstreuung des Sonnenlichts an den Kometenpartikeln zu erklären. Unterstützt wurde dieser Effekt durch die am nächsten Tag folgende Passage der Erde durch den Schweif. Für die allgemeine Öffentlichkeit war jedoch davon nichts zu merken.

Der ominöse Durchgang der Erde durch den Schweif hatte keine

Folgen, wenn auch Max Wolf glaubte eine »merkwürdige Bewölkung« durch Cirren wahrgenommen zu haben und berichtete von einer besonders intensiven Dämmerung – auch von anderen Beobachtern gab es ähnliche Beobachtungen, jedoch ist keine von ihnen nachweisbar mit dem Kometen in Zusammenhang zu bringen.

Die Stellung der Erde am 20. Mai hatte jedoch eine andere Folge: Der Schweif des Kometen konnte sowohl am Morgen- wie auch Abendhimmel gesehen werden. Nach Eugène Antoniadi war der Schweif somit insgesamt 240° lang, es gibt sogar einige Sichtungen, die auf einen mit 360° geschlossen Vollkreis hindeuteten. Dies ist denkbar aufgrund der Lichtstreuung der Schweifpartikel auch in Gegensonnenrichtung, als die Erde im Schweif selbst stand. Möglich waren solche Beobachtungen jedoch nur unter sehr dunklem Himmel.

In den Folgetagen, nachdem der Komet wieder am Abendhimmel stand, nahm die Schweiflänge von 140° am 20. Mai auf 65° am 26. ab. Der Schweif wurde dabei rasch schwächer und war nur noch von dunklen Standorten zu erkennen. Am 23. Mai fand über Amerika eine Mondfinsternis stand, während der der Komet gesehen wurde.

Auch die Werte der Gesamthelligkeit nahmen rapide ab von 2^{m} auf etwa 6 am 1. Juli. Ab dem 30. Mai folgte ein weiterer Ausbruch, der auf eine Kernabspaltung zurückzuführen war, die am 2. Juni auf der Fabra-Sternwarte bei Barcelona fotografiert werden konnte. Womöglich auch wegen dieses Ereignisses blieben noch lange erstaunlich große Schweiflängen beobachtbar, so wurden Ende Mai noch 50° berichtet, am 9. Juni immer noch 15°.

Ohne Optik war der Komet bis Juni 1910 zu sehen. Die letzten visuellen Sichtungen erfolgten erst 1911. Die letzte Fotografie gelang Heber Curtis am 16. Juni 1911 bei einer Helligkeit von 18^{m}.

Hintergrund und Öffentlichkeit

In Halleys Wiederkehr 1910 hallte noch die Aufregung der Jahrhundertwende nach. Er fiel in die Zeit der Mars-Hysterie, 1877 angefacht durch die Marskanäle Giovanni Schiaparellis und zu Beginn des 20. Jahrhunderts neu befeuert von Percival Lowell. Der Auftritt des Kometen wirkte noch für Jahrzehnte nach und war ein Auslöser für zahlreiche Werke der Science-Fiction.

Halley spiegelte 1910 die mit Kometen verbundenen Ängste der Vergangenheit als auch der Zukunft wider. Als der englische König Edward VII. im Mai 1910 starb, wurde das Ereignis schnell mit dem Kometen in Verbindung gebracht. Die gleichzeitige Warnung vor einem Meteorregen reflektiert dagegen die wissenschaftlichen Ergebnisse des 19. Jahrhunderts, die Kometen und Meteore miteinander in Verbindung gebracht hatten.

Große Befürchtungen weckte vor allem der Durchgang der Erde durch den Schweif des Halleyschen Kometen. Nachdem beim Kometen Morehouse 1908 Cyangas nachgewiesen worden war, fürchteten sich viele Menschen vor todbringenden Blausäuredämpfen, die in die Erdatmosphäre eindringen könnten. Nachdem auch beim Halleyschen Kometen Ende 1909 spektroskopisch Cyan beobachtet wurde, entfachte dies vor allem in Frankreich eine Hysteriewelle. Das Geschäft mit Gasmasken und Sauerstoffflaschen florierte, zum Höhepunkt der Panik am 18. Mai kam es sogar zu vereinzelten Selbstmorden. Auch andernorts gab es Aufregung: Minenarbeiter in Pennsylvania weigerten sich, in das Bergwerk einzufahren, rettende »Kometenpillen« waren in anderen Teilen der USA der Verkaufsschlager. Dabei ist der giftige Cyanwasserstoff im Kometen nur in extremer Verdünnung vorhanden und ein Einfluss des Schweifes auf die Erdatmosphäre nahezu ausgeschlossen – Wirkungen konnten jedenfalls nicht nachgewiesen werden. Viele aufgeklärte Zeitgenossen machten sich einen Spaß aus der Kometenangst. So fanden in Deutschland Postkarten mit Kometen-Motiven und Aufschriften wie »Der Komet kommt, das Ende naht« reißenden Absatz.

Die Öffentlichkeit war vom Anblick des Halleyschen Kometen eher enttäuscht. Der Januarkomet hatte Anfang 1910 mit einem beeindruckenden Auftritt die Schau gestohlen. Schlechtes Wetter ver-

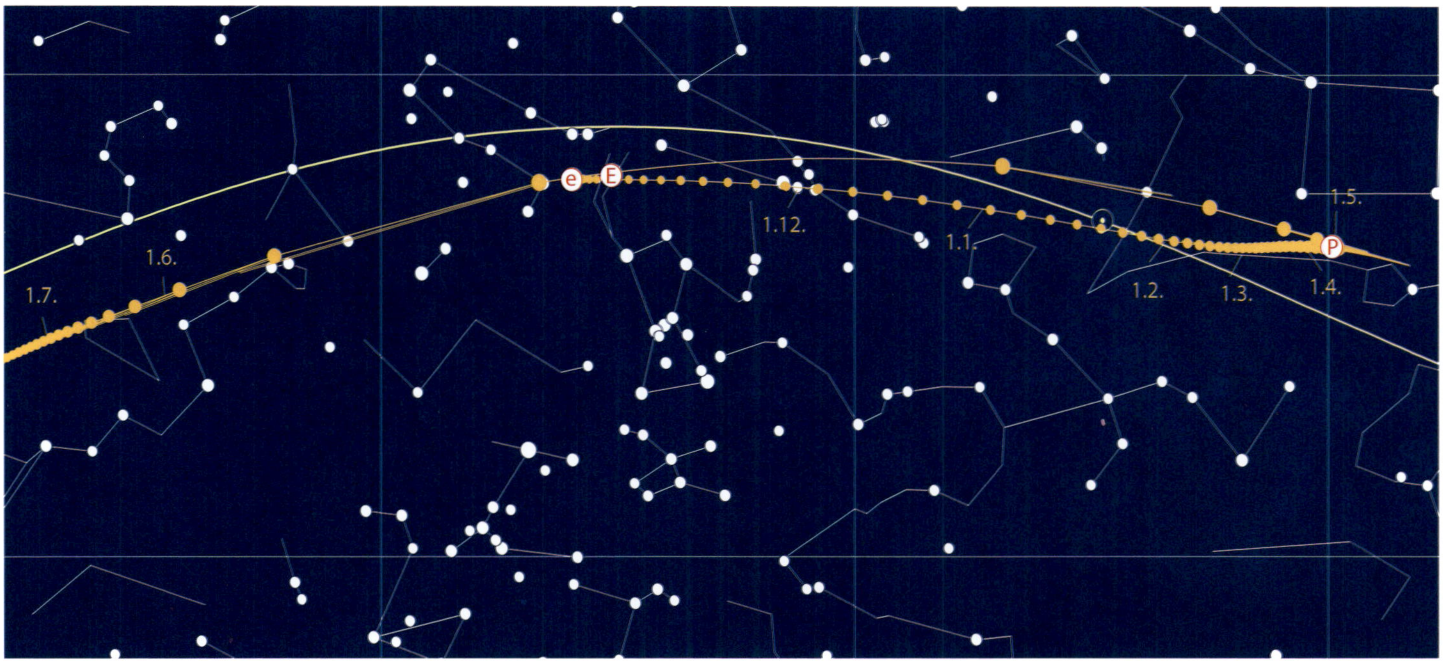

hinderte zudem in Europa die Beobachtungen, zum »Weltuntergang« am 18. Mai war der Komet ohnehin nicht gut sichtbar, da er sehr nahe an der Sonne stand. In Paris gab es an diesem Tag ausgelassene Feiern. Zahlreiche Schaulustige erklommen den Eiffelturm und Hausdächer, dabei war es größtenteils bewölkt. Einige unvorsichtige Kometenfans stürzten von den Dächern und kamen dabei ums Leben.

In Köln gab es Festlichkeiten wie im Karneval. In Wien herrschte Silvesterstimmung, an vielen erhöhten Orten sammelten sich die Menschen. Aus London wurden kaum Reaktionen berichtet, allerdings regnete es auch in Strömen. In Kapstadt wurden Schutzräume aufgesucht, während in New York »Kometenbanketts« und Ballonfahrten stattfanden. Aus Chicago wurde dagegen berichtet, dass Bewohner die Schlüssellöcher ihrer Türen aus Angst vor den giftigen Gasen verstopften. Allerorten zeigten Straßenastronomen den Kometen mit Teleskopen. Münzen, Teller und allerlei andere »Merchandising-Artikel« waren im Angebot.

Schon 1907 gab es Versuche, den Kometen wiederzufinden. Halleys Wiederkehr war von Philip Herbert Cowell und Andrew Crommelin aufgrund der vor seinem Wiedererscheinen vorliegenden Daten mit einer Genauigkeit von drei Tagen vorhergesagt worden. Mit dem errechneten Perihelzeitpunkt am 17. April 1910 war die Vorhersage erstaunlich gut, Cowell und Crommelin erhielten dafür den Preis der Astronomischen Gesellschaft.

Die wissenschaftliche Kometenforschung befand sich zu Halleys Erscheinen auf einem deutlich höheren Niveau als bei den Kometen zuvor. Neue Großteleskope in den USA (Lick, Yerkes, Mount Wilson) und die neuen Techniken der Fotografie und Spektrographie erlaubten neue Methoden und verfeinerte Ergebnisse.

Der amerikanische Astronom Edward Emerson Barnard forderte, der Komet müsse weltweit lückenlos überwacht werden und regte vor allem Beobachtungen aus dem pazifischen Raum an, tatsächlich nahmen über 60 Sternwarten auf allen Kontinenten an der internationalen Kampagne teil. Insbesondere eine große Menge an Fotografien wurde so zusammengetragen und konnte gemeinsam ausgewertet werden, um die mysteriösen Ausbrüche und Schweifablösungen des Kometen zu erforschen. So gelang es unter anderem Karl Schwarzschild und Erich Kron, Fluoreszenz als Strahlungsform des Gasschweifes nachzuweisen.

Zwei typische der vielen Karikaturen um den Rummel mit Halleys Kometen. In Deutschland waren vor allem Postkarten zum Weltuntergang populär (rechts), während in England die Aufregung der Amateur- und Profi-Astronomie auf die Schippe genommen wurde (unten). ***A. Schultz (re.), W. Robinson (u.)***

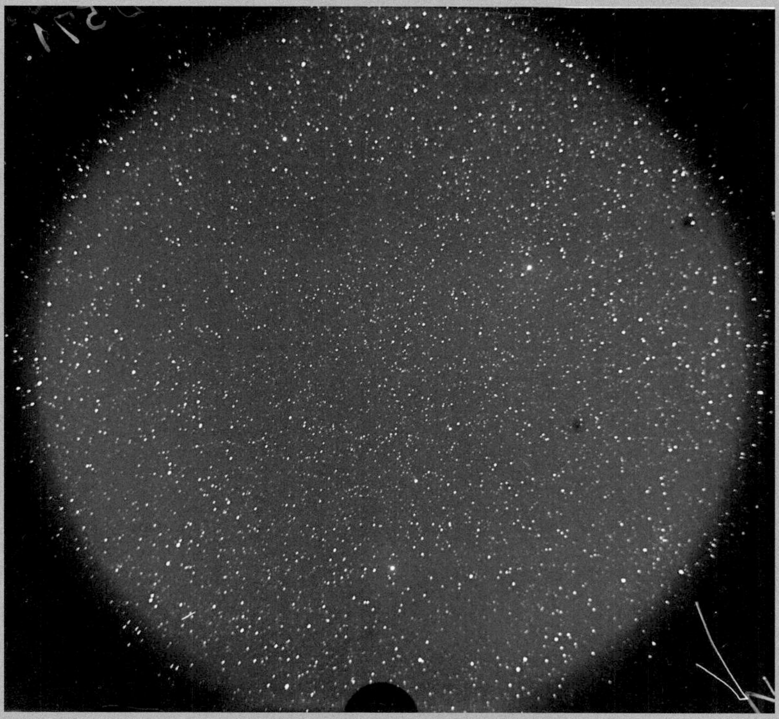

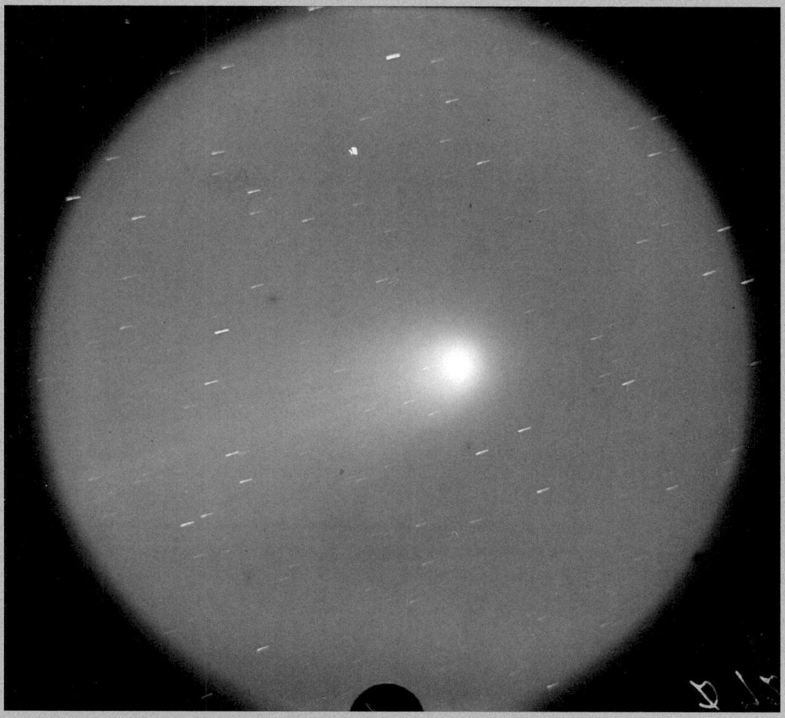

▲ Entdeckungsaufnahme vom 12.9.1909 (links) und Detail des Kometenkopfs am 31.5.1910 (rechts). *Max Wolf*

▼ Sequenz der Schweifentwicklung, fotografiert von Hawaii aus. *F. Ellerman*

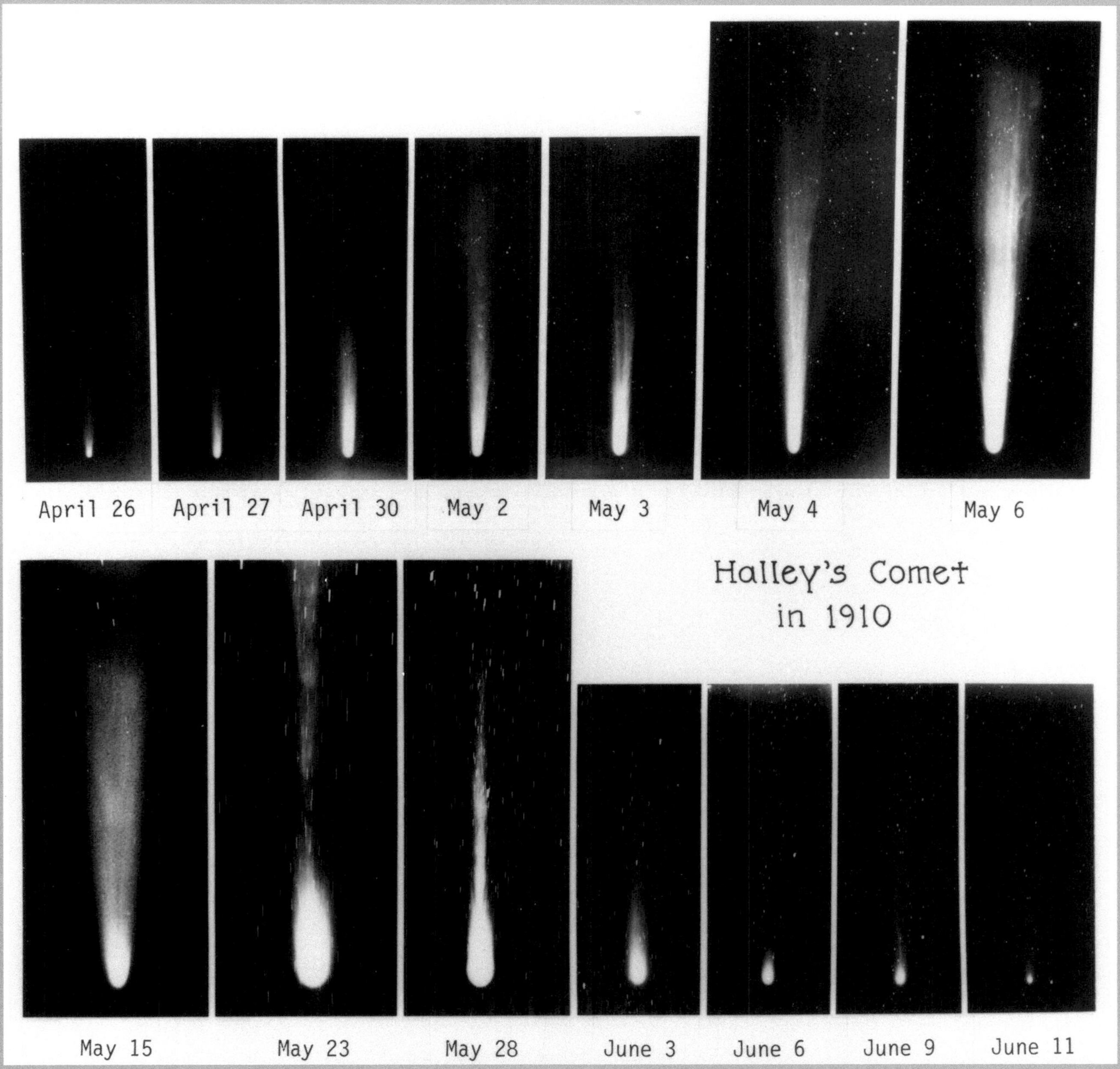

Detailansichten des Schweifs vom 25.5.1910 (oben), 29.5.1910 (rechts), 11.5.1910 (links unten) und 30.5.1910 (rechts unten). *Unbek. Autoren (o.), H. Knox-Shaw (u.)*

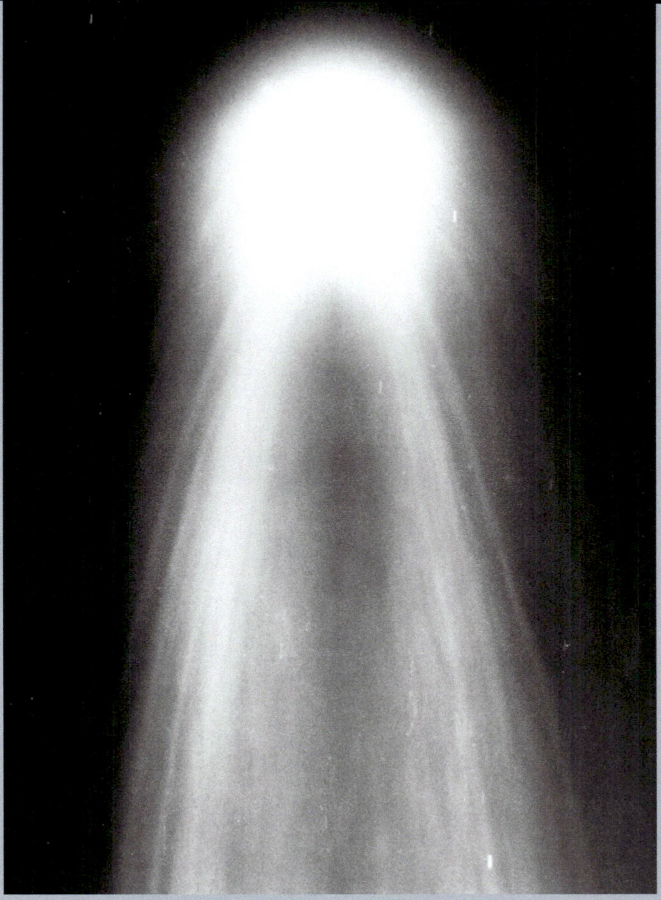

▲ Der Kopf des Kometen, fotografiert am 8.5.1910 mit dem 60-Zoll-Reflektor des Mount Wilson Observatory.

Verschiedene Ansichten des Schweifes. Das helle Objekt rechts neben dem Kometen im Bild oben ist der Planet Venus.
Unbek. Autoren

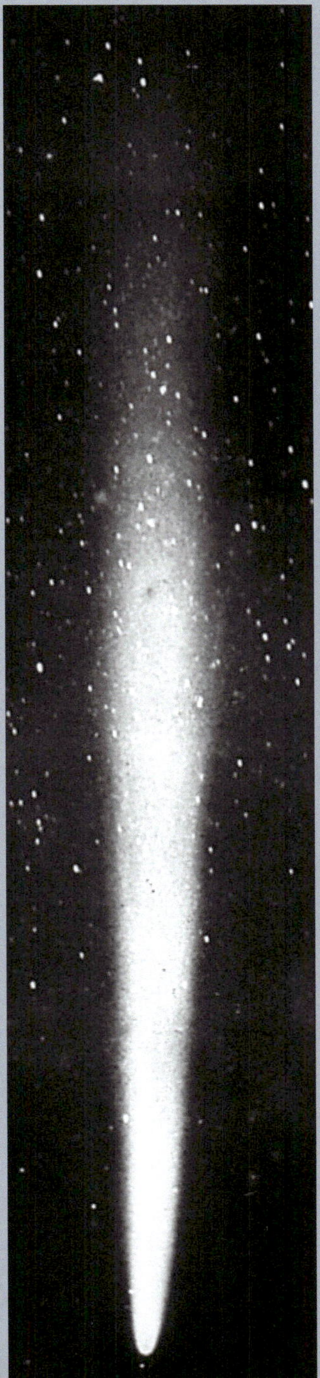

Arend-Roland 1956

Fast 50 Jahre mussten Kometenfreunde auf der nördlichen Hemisphäre warten, bis mit Arend-Roland 1956 wieder ein heller Komet am Himmel erstrahlte. Zwar hatte es mit C/1927 X1 Skjellerup-Maristany, dem Großen Südkometen von 1947 und dem Finsterniskometen von 1948 drei Schweifsterne gegeben, die jeweils heller als 0^{m} wurden, doch war keiner von ihnen ein weltweit auffälliges Objekt geworden. Skjellerup-Maristany wurde kurz vor, die anderen beiden Kometen erst nach dem Perihel entdeckt. Alle drei zeigten nur am Südhimmel ein eindrucksvolles Bild. Dass ein solches auch von Arend-Roland überliefert ist, hat einen ganz besonderen Grund: Sein Gegenschweif gilt bis heute als Musterexemplar.

Komet Arend-Roland am 22.4.1957. *Unbekannter Fotograf*

Daten	
Nr.:	**21**
Bezeichnung:	**C/1956 R1 Arend-Roland**
Alte Bezeichnung:	**1957 III**
Entdeckungsdatum:	**8.11.1956**
Entdecker:	**Sylvain Arend, Georges Roland**
Periheldatum:	**8.4.1957**
Periheldistanz:	**0,3160AE**
Erdnähe:	**20.4.1957**
Erdentfernung:	**0,5691AE**
Maximalhelligkeit:	**$-0^{m}{,}5$**
Maximale Schweiflänge:	**30°**
Länge des Perihels:	**308,8°**
Länge des aufsteigenden Knotens:	**215,9°**
Bahnneigung:	**119,9°**
Exzentrizität:	**1,00024440**

Bahn und Sichtbarkeit

Die Entdeckung fand im Sternbild Dreieck am Abendhimmel statt, als der Komet noch recht weit von der Sonne entfernt war und außerhalb der Dämmerung beobachtet werden konnte. Zunächst entfernte sich der Komet wieder bis zum 4. Februar 1957 auf eine Distanz von 1,9 Astronomischen Einheiten. Er wanderte dabei nach Süden über die Fische in den Walfisch. Hier fand am 20. März die erste Konjunktion mit der Sonne statt, der Minimalabstand betrug dabei 13,7°.

Anfang April ergab sich eine dem Südhimmel vorbehaltene kurze Sichtbarkeit, bevor der Komet erneut auf die Sonne zustrebte – diesmal Richtung Norden. Zur zweiten Sonnenbegegnung kam es am 16. April, diesmal betrug der Abstand nur 5,2°. Wenige Tage später tauchte der Komet wieder am europäischen Abendhimmel auf. Damit begann die beste Sichtbarkeit, während der der Komet von den Fischen aus nach Norden zog. Die Erdnähe fand nur unweit von der Entdeckungsposition entfernt statt.

Ende April gelangte der Komet in das Sternbild Perseus, weiterhin nordöstlich ziehend. Am 15. Mai erreichte er seine nördlichste Position im Sternbild Giraffe. Der Komet war damit zirkumpolar und für das nördliche Europa die ganze Nacht über zu sehen. Die weitere Bahn blieb bei nördlichen Deklinationen und verlief über den Großen Bären in den Drachen.

Entdeckung und Beobachtungen

Die beiden belgischen Profiastronomen Sylvain Arend und Georges Roland waren mit dem 400mm-Teleskop der königlich-belgischen Sternwarte in Uccle auf der Suche nach Kleinplaneten, als ihnen auf einer 50 Minuten belichteten Fotoplatte vom 20. November 1956 etwas Nebliges ins Netz ging. Sie bemerkten ihren Fund erst in der Woche nach der Aufnahme bei der Inspizierung der Platten, und warteten eine eigene Folgebeobachtung ab, bevor sie ihren Fund bekannt machten. Später wurde noch eine japanische Aufnahme vom 7. November bekannt, auf der der Komet ebenfalls zu sehen war.

Zum Zeitpunkt der Entdeckung war C/1956 R1 ca. 10^m schwach. Bereits am 27. November konnte man an der Sternwarte Hamburg-Bergedorf visuell einen Schweif von 4' Länge identifizieren. Bis Ende Dezember 1956 hatte sich dieser auf 8' Länge ausgedehnt, die Helligkeit war kaum gestiegen.

Bis Ende Januar 1957 stieg die Helligkeit weiter auf 9^m. Der Schweif maß nun 10' Länge. Eine Koma von 1' Durchmesser umgab einen schwachen stellaren Kern von nur 12^m Helligkeit. Ab dem 4. Februar entwickelte sich der Komet in einem größeren Schub: Seine Helligkeit stieg bis $7{,}^m5$ Ende des Monats an, der Schweif erstreckte sich auf 30'.

Im März wurde Arend-Roland wegen zunehmender Sonnennähe unsichtbar. Erneute Beobachtungen gelangen erst wieder ab dem 2. April bei 18° Sonnenelongation. Im April betrug die Helligkeit des Kometen ca. 2^m, der Schweif konnte aufgrund der ungünstigen Bedingungen zwischen den beiden Sonnenpassagen nur auf 5° Länge beobachtet werden.

Nach der zweiten Sonnenkonjunktion war der Komet ab dem 21. April wieder am Nordhimmel zu sehen. Die Helligkeit erreichte nun mit ca. 1^m ihren größten Wert, der Komet war in der letzten Aprildekade ein eindrucksvolles Objekt. Schätzungen beschrieben die Schweiflänge zwischen 25° und 30°. Ab dem 22. April wurde der berühmte spitze Gegenschweif gesehen, der mit einer Länge von 15° fast halb so lang wie der eigentliche Staubschweif erschien. Er verschwand gegen Ende des Monats. Der Kometenkern besaß eine deutliche gelbe Farbe, am 27. April erschien er doppelt.

Zum Monatswechsel April/Mai 1957 erlebte der Komet einen deutlichen Helligkeitsabfall, von 3^m sank der Glanz des Kometen ab auf 7^m, die Schweiflänge verkürzte sich von 7° auf 1°. Damit war Arend-Roland nur noch ein Fernglas-Objekt.

Mitte August war die Helligkeit bereits auf 12^m abgesunken, Ende September wurden 18^m registriert. Das letzte Foto ist vom 11. April 1958 bei einer Helligkeit von 21^m entstanden, an diesem Tag stand der Komet mit einer Entfernung von 5,5 Astronomischen Einheiten bereits jenseits der Jupiterbahn.

Hintergrund und Öffentlichkeit

Arend-Roland gilt bis heute als Lehrbuchbeispiel für das Entstehen eines Gegenschweifs. Kein heller Komet hat dieses Phänomen seither so eindrucksvoll gezeigt.

Trotz der guten Abendsichtbarkeit Ende März 1957 war die öffentliche Resonanz auf Komet Arend-Roland eher gering. Dazu trug die nicht sehr hohe Flächenhelligkeit des Schweifes bei, die nur unter dunklem Himmel eine gute Wirkung erzielte.

Das Jahr 1957 hielt noch einen weiteren hellen Kometen mit schönem Schweif bereit. C/1957 P1 wurde während des Perihels am 1. August vom tschechischen Astronomen Antonín Mrkos entdeckt, der sich bereits durch Kometenentdeckungen einen Namen gemacht hatte. Der Komet hatte eine Helligkeit von 1^m und zeigte einen Staubschweif von 13° und einen Gasschweif von 10° Länge. Besonders der reich strukturierte Gasschweif blieb im Gedächtnis.

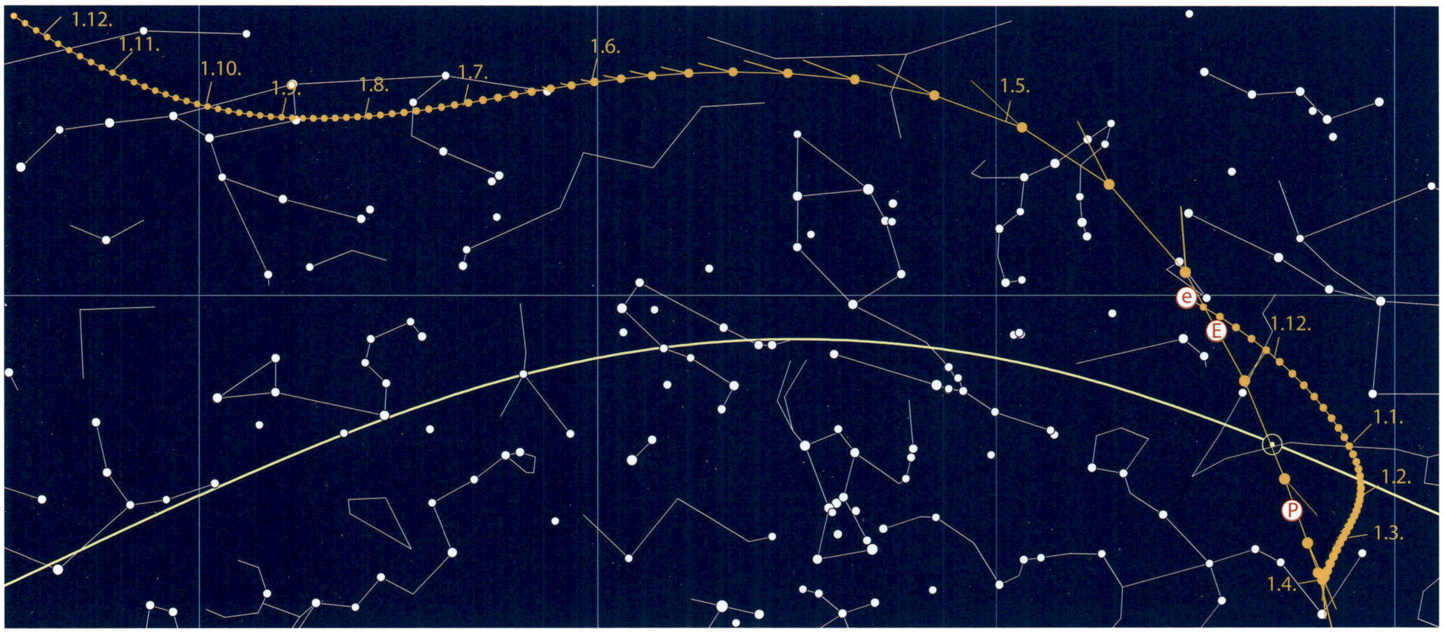

Ansichten von Arend-Roland am 24.4. (links oben), 28.4.1957 (rechts oben). *R. L. Waterfield (o.), R. Waland (u.)*

▶ Der Komet mit spitzem Gegenschweif am 25.4.1957 beim Durchgang der Erde durch die Kometenbahnebene. *R. Fogelquist, D. Milon (re.)*

Ikeya-Seki 1965

Komet Ikeya-Seki am Morgen des 2.11.1965. *David Thomas*

Ikeya-Seki war in jeder Hinsicht ein Komet der Extreme: Er kam der Sonne mit weniger als einer Million Kilometer näher als jeder andere helle Komet des 20. Jahrhunderts. Und aufgrund seiner extremen Sonnennähe entwickelte er sich zum hellsten Komet des Jahrhunderts. Mit -15^{m} schien er zehn Mal heller als der Vollmond und konnte direkt neben der Sonne gesehen werden! Sein schmaler Korkenzieher-Schweif war jedoch besser am Südhimmel zu sehen, so dass die Öffentlichkeit der nördlichen Industrieländer den schnellen Ikeya-Seki weitgehend verpasste.

Bahn und Sichtbarkeit

Ikeya-Seki wurde nur eineinhalb Monate vor dem Perihel entdeckt. Zu diesem Zeitpunkt stand der Komet südlich der Sonne im Sternbild Wasserschlange. In nördlichen Breiten war er damit nur sehr ungünstig am Morgenhimmel tief am Horizont zu sehen.

Im Oktober 1965 steuerte der Komet durch die Konstellationen Becher und Rabe auf Spika zu, den hellen Hauptstern der Jungfrau. Damit verbesserten sich seine Sichtverhältnisse deutlich, und er war in dieser Phase gut am Morgenhimmel zu beobachten.

Zum Perihel am 21. Oktober beschrieb der Komet eine Schleife um Spika und die Sonne, die an diesem Tag noch einige Grad öst-

Daten	
Nr.:	22
Bezeichnung:	C/1965 S1 Ikeya-Seki
Alte Bezeichnung:	1965f, 1965 VIII
Entdeckungsdatum:	18.9.1965
Entdecker:	Kaoru Ikeya, Tsutomu Seki
Periheldatum:	21.10.1965
Periheldistanz:	0,0078AE
Erdnähe:	17.10.1965
Erdentfernung:	0,91AE
Maximalhelligkeit:	-15^m
Maximale Schweiflänge:	45°
Länge des Perihels:	69,0°
Länge des aufsteigenden Knotens:	347,0°
Bahnneigung:	141,9°
Exzentrizität:	0,99991500

lich des Sterns stand. Damit war der Komet für einige Tage nur am Taghimmel zu sehen. Der scheinbare Minimalabstand zur Sonne betrug lediglich 10'!

Die Schleifenbewegung um die Sonne, bei der Ikeya-Seki stets hinter dem Tagesgestirn stand, katapultierte den Kometen nahezu in dieselbe Richtung zurück, aus der er zuvor gekommen war. Er kehrte damit wieder an den Morgenhimmel zurück. Für nördliche Beobachter ungünstig verlief die nun folgende Bahn jedoch weiter südlich.

Am 1. November stand Ikeya-Seki im Raben. Er querte im November die Wasserschlange und setzte seinen Weg in die Luftpumpe fort, womit er den Blicken europäischer Beobachter spätestens entzogen wurde. Im Januar 1966 zum Zeitpunkt der letzten Beobachtungen stand er im Sternbild Hinterdeck am Südhimmel.

Ikeya-Seki wird zu den Sonnenstreifern der Kreutz-Gruppe gezählt. Diese Kometen bewegen sich auf Bahnen, die sehr nahe an die Sonne heranreichen. Bei Ikeya-Seki betrug der Abstand zur Sonnenoberfläche weniger als eine Million Kilometer. Bemerkenswert ist die Ähnlichkeit der Bahn mit dem Großen Kometen von 1882, der einen nahezu identischen Perihelabstand erreichte.

Die Umlaufszeit wird mit 880 Jahren angegeben. W. Kronk legt eine mögliche Identität mit dem September-Kometen von 1106 nahe. Die Wahrscheinlichkeit einer weiteren Wiederkehr von Ikeya-Seki ist nach den Kernteilungen 1965 sicher gesunken.

Entdeckung und Beobachtungen

Die japanischen Amateurastronomen Kaoru Ikeya und Tsumotu Seki waren beide aktiv auf der Suche nach Kometen, als sie am 8. September 1965 ihre größte Entdeckung feierten. Ikeya hatte schon 1963 mit einem selbstgebauten Teleskop einen Kometen entdeckt, seine bis dato letzte Entdeckung vom 13. November 2010 machte ihn zu einem der heute am längsten aktiven Kometenentdecker. Seki ist mit sechs Entdeckungen noch erfolgreicher als Ikeya, er hat außerdem 28 Kometen wiederentdeckt. Er benutzte 1965 ein 90mm-Teleskop mit einer Vergrößerung von nur 15×. Beide Beobachter hatten den neuen Kometen mit nur 15 Minuten Zeitunterschied aufgefunden. Sie wiederholten 1967 eine gemeinsame Kometenentdeckung, auch diesmal hatte Ikeya die Nase vorn.

Bei seiner Entdeckung war Ikeya-Seki bereits 8^m hell. Seine Helligkeit wuchs schnell, bereits drei Wochen später konnte der Komet erstmals mit bloßem Auge gesehen werden. Anfang Oktober maß der Schweif schon 1,5°. Rasant ging es mit der Helligkeit weiter bergauf: Am 18. Oktober wurde die 0^m-Marke gerissen, der Schweif präsentierte stattliche 10°. Südlich stationierte Beobachter konnten den Kometen in größeren Horizonthöhen beobachten, so dass schon vor dem Perihel Sichtungen aus der Mitte von Großstädten wie Sydney berichtet wurden.

Dann näherte sich Ikeya-Seki seiner extrem nahen Sonnenpassage. Am 20. Oktober konnten erste aufmerksame Beobachter den Kometen mit dem bloßen Auge sichten, sie schätzten die Helligkeit an diesem Tag auf ca. -10^m. Ein 1° langer Schweif war trotz des hellen Hintergrunds sichtbar. Am 21. Oktober war

Ikeya-Seki nochmals deutlich heller geworden. Er konnte eindeutig ca. 1,5° neben der Sonne gesehen werden, wenn diese abgedeckt wurde. Eine japanische Sternwarte schätzte die Helligkeit auf das Zehnfache des Vollmonds, was etwa -15^m entspricht – kein Komet des 20. Jahrhunderts schien heller! Am folgenden Tag wurde eine Teilung des Kerns bemerkt, der Komet war in drei Teile zerbrochen, von denen nur einer weiter sichtbar blieb.

Ab dem 23. Oktober wurden die spektakulärsten Sichtungen des Kometen in der hellen Morgendämmerung berichtet. Von einem -2^m hellen Kern ging ein leicht gekrümmter 20° langer und extrem heller Schweif aus. Faszinierend war seine Schmalheit. In den Folgetagen, als der Komet immer besser unter dunklem Himmel zu sehen war, verdoppelte sich die Schweiflänge auf 30° bis 45°. Die erste Hälfte des Schweifes war nahezu genauso hell wie der Kern. Die auf Fotos dokumentierte Korkenzieher-Struktur zeigte sogenannte Striae, die aus Schweifstrahlen entstehen. Zeitweise konnte auch ein schwacher Gasschweif nachgewiesen werden.

Bis Anfang November blieb der sehr helle Schweif unverändert erhalten. Der erfahrene Kometenbeobachter John Bortle berichtete am 31. Oktober, dass der Komet trotz Nebels, der fast alle helleren Sterne verschluckte, ungestört zu sehen war. Gleichzeitig nahm die Helligkeit des Kopfes jedoch stark ab, sie betrug Anfang November nur noch 3^m.

Ab dem 4. November wurde eine zweite Kernteilung beobachtet. Bis in den Januar 1966 waren nun zwei Kernfragmente zu sehen. Im Dezember 1965 wurde der Schweif schließlich deutlich schwächer. Der Kometenkopf war mit 7^m Helligkeit zu dieser Zeit schon nicht mehr mit bloßem Auge zu sehen. Auch der Schweif verschwand nun sehr rasch, und zum Jahreswechsel 1965/66 war er bereits ein schwieriges teleskopisches Objekt geworden. Die letzte visuelle Sichtung des Kometen in einem Teleskop datiert schließlich vom 31. Januar 1966.

▲ **Schnappschuss am 27.10.1965 von Argentinien aus, wo der Komet höher in der Morgendämmerung stand.** ***Unbek. Autor***

Hintergrund und Öffentlichkeit

Ikeya-Seki war der hellste Komet des 20. Jahrhunderts. Durch seine späte Entdeckung sowie die ausschließliche Sichtbarkeit am Morgenhimmel waren die Medien erst spät informiert worden und es entstand keine weltweite Kometenbegeisterung. Hinderlich war zudem die relativ kurze Zeitspanne großer Helligkeit. Für Astronomen am Südhimmel blieb Ikeya-Seki jedoch bis zum Erscheinen McNaughts im Jahr 2007 eine unerreichte Größe.

Bei den Prognosen der Sichtbarkeit von Ikeya-Seki wurde viel vom September-Kometen 1882 abgeleitet, der genauso nahe an die Sonne herankam. Bereits drei Jahre zuvor war 1962 mit Seki-Lines ein weiterer Komet mit recht geringem Sonnenabstand aufgetreten. Sich bis auf 0,03 Astronomische Einheiten an die Sonne annähernd, hatte Seki-Lines bis $-7\overset{m}{,}5$ Helligkeit erreicht und einen Schweif von 20° Länge präsentiert. Der Eindruck reichte aber bei Weitem nicht an Ikeya-Seki heran.

▼ Am 21.10.1965 passierte der Komet die Sonne. *F. Moriyama und T. Hirayama*

Komet Ikeya-Seki am 29.10.1965. *Unbekannter Fotograf*

Am 29.10.1965 hatte Ikeya-Seki den Höhepunkt seines Auftritts. *John Laborde (li), Roger Lynds (re)*

Komet Ikeya-Seki über dem morgendlichen Horizont am 27.10. (unten) und 29.10. (oben). *Unbekannte Fotografen*

Bennett 1970

Er war der vielleicht schönste Komet des 20. Jahrhunderts, vor allem aber war er einer der am wenigsten beobachteten: Als Komet Bennett im Frühjahr 1970 am Morgenhimmel stand, nahmen nur einige Frühaufsteher Notiz von ihm. Der größere Teil der Menschheit verschlief diesen Kometen regelrecht. Drei Jahre später wollte man dann die verpasste Chance umso intensiver nachholen – doch Komet Kohoutek 1973/74 konnte nicht an den Glanz Bennetts heranreichen.

Komet Bennett am 5.4.1970. *Dennis Milon, Helen und Richard Lines*

Bahn und Sichtbarkeit

C/1969 Y1 wurde tief am Südhimmel nahe der Kleinen Magellanschen Wolke im Sternbild Tukan entdeckt. Bis zum Perihel am 20. März 1970 blieb er ein Objekt ausschließlich für Bewohner der Südhemisphäre der Erde, die ihn am Abendhimmel beobachten konnten.

Im Februar 1970 zog der Komet über das Sternbild Kranich nach Norden. Westlich vorbei am Hauptstern des Südlichen Fischs, Fomalhaut, strebte er auf die Sonne zu, die er am 21. März im Sternbild Wassermann erreichte.

Nach dem Perihel begann Ende März die Sichtbarkeit für Beobachter der Nordhemisphäre. Der Komet stand am morgendlichen Osthorizont.

Die Phase der besten Beobachtungsmöglichkeit kurz nach der Erdnähe am 26. März verbrachte der Komet im Sternbild Pegasus, westlich dem markanten Sternquadrat stehend. Der Schweif wies Richtung Milchstraße.

Daten	
Nr.:	**23**
Bezeichnung:	**C/1969 Y1 Bennett**
Alte Bezeichnung:	**1970 II**
Entdeckungsdatum:	**28.12.1969**
Entdecker:	**John Bennett**
Periheldatum:	**20.3.1970**
Periheldistanz:	**0,5376AE**
Erdnähe:	**26.3.1970**
Erdentfernung:	**0,69AE**
Maximalhelligkeit:	**0^m**
Maximale Schweiflänge:	**25°**
Länge des Perihels:	**354,1°**
Länge des aufsteigenden Knotens:	**224,7°**
Bahnneigung:	**90,0°**
Exzentrizität:	**0,99619300**

Gegen Mitte und Ende April 1970 störte der helle Mond die Beobachtungen. Zum Ende dieses Monats trat der Komet ins Sternbild Kassiopeia ein und durchquerte die Herbstmilchstraße. Dort verblieb er bis Juni, ab September war er im Kepheus zu finden.

Die Umlaufszeit des Kometen wird mit 1680 Jahren angegeben. Damit dürfte er zuletzt im Jahr 290 n. Chr. sein Perihel durchlaufen haben. Dieser Wiederkehr konnten jedoch keine Beobachtungen eindeutig zugeordnet werden.

Entdeckung und Beobachtungen

Der südafrikanische Amateurastronom John Bennett hatte bereits 333 Stunden systematischer Kometensuche hinter sich, als er am 28. Dezember 1969 seinen ersten Kometen fand. Bennett hatte seit 1960 Kometen beobachtet und 1967 mit einer gezielten Suche begonnen. Wie Messier hatte er dabei eine Liste von nebligen, mit Kometen zu verwechselnden Deep-Sky-Objekten erstellt, die ihn bei seiner Suche behinderten. Sein Katalog mit 152 Einträgen gilt heute als »Messier-Katalog des Südhimmels«.

Bennett sah den $8{,}^{m}5$ hellen Kometen mit seinem 120mm-Richfield-Refraktor, mit dem er auch den Nebelkatalog erstellte. Bis Ende Januar 1970 stieg die Helligkeit des Kometen auf 7^m an. Ein Schweif war bis zu diesem Zeitpunkt nur fotografisch nachweisbar.

Im Februar schnellte die Helligkeit von 6^m auf 3^m. Mitte März war der Schweif bereits auf stolze 10° angewachsen. Dann verlor sich der Komet für einige Tage in den Strahlen der Sonne.

Ende März kehrte Komet Bennett mit einem beeindruckenden gekrümmten Schweif zurück. Seine Länge betrug 10° bis 12°. Auffällig war die zunächst gelbliche oder orange Farbe. Teleskopisch waren im Kometenkopf Jets auf der sonnenzugewandten Seite des Kerns und daraus entstehende Enveloppen zu erkennen. Auch ein dunkler »Kernschatten« im Schweif konnte beobachtet werden.

Zur Erdnähe am 26. März erreichte die Helligkeit des Kometen mit etwa 0^m ihren Maximalwert. Der sehr helle strukturierte Staubschweif war in einer Länge von 12° zu sehen, einzelne Schätzungen reichten bis 25° Länge. Ein Gasschweif konnte nur phasenweise ausgemacht werden, er »flackerte« regelrecht mit dem wechselnden Sonnenwind. In den folgenden Tagen um die Monatswende März/April wurde der Komet am stärksten beobachtet und fotografiert.

Im April nahm die Helligkeit auf etwa 5^m ab. Ab Mai war der Komet schon nicht mehr mit bloßem Auge zu sehen, bis Monatsende war die Helligkeit auf 9^m gesunken. Teleskopisch konnte ein Schweif von 2,5° Länge noch nachgewiesen werden.

Im September 1970 war die Helligkeit unter 13^m gefallen, im Januar 1971 betrug sie $18{,}^{m}9$. Das letzte Foto des Kometen vom 27. Februar 1971 zeigte ihn in einer Entfernung von 4,9 Astronomischen Einheiten in der Nähe der Jupiterbahn.

Hintergrund und Öffentlichkeit

C/1969 Y1 war der erste Komet seit dem Auftreten des Halleyschen Kometen 1910, der weltweit als helles beeindruckendes Objekt in Erscheinung trat. Anders als Ikeya-Seki konnte er außerhalb der Dämmerung seine Pracht entfalten, und er war zur Zeit seiner besten Sichtbarkeit heller als Arend-Roland 1956. Aufgrund seines

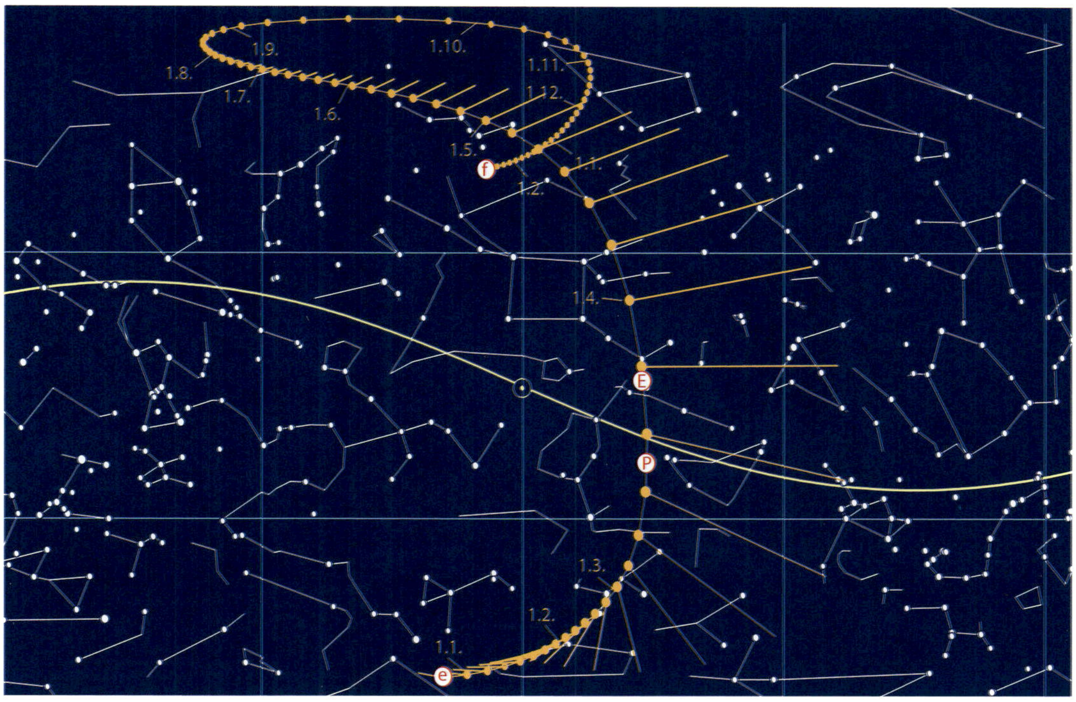

klassischen gekrümmten Schweifes und der Stellung hoch über dem morgendlichen Horizont in Nachbarschaft zur Milchstraße wurde er von vielen Zeitgenossen für den schönsten Kometen des 20. Jahrhunderts gehalten.

Die Öffentlichkeit nahm von Komet Bennett erst Notiz, als er bereits Perihel und Erdnähe hinter sich hatte. Da er Ende April 1970 schon sehr viel schwächer wurde, blieb den meisten Menschen nur eine sehr kurze Zeit, um ihn zu beobachten. Die Position am frühen Morgenhimmel tat ein Übriges dazu, dass Bennett kaum Aufmerksamkeit erlangte.

Der »verpasste Komet« Bennett war ein Mitauslöser des Kohoutek-Hypes drei Jahre später, als die Öffentlichkeit die Ankündigung eines neuen, noch helleren Kometen begierig aufnahm, der noch dazu am Abendhimmel erscheinen sollte. Bennetts Schauspiel, das die Erwartungen weit übertroffen hatte, trug dazu bei, dass zweifelnde Stimmen kaum gehört werden sollten.

▲ Anblick des Kometen am 31.3.1970 (oben) und 5.4.1970 (unten). *J. Shuder (o.), W., Sorgenfrey (u.)*

▲ Zum Zeitpunkt der Aufnahmen am 11.4.1970 hatte Komet Bennett bereits seine hellste Phase hinter sich. *K. Brandl*

Feine Strahlen des Gasschweifs und einen hellen gekrümmten Staubschweif zeigt die Aufnahme vom 21.3.1970 des südafrikanischen Boyden-Observatoriums.

Kohoutek 1973/74

Der bekannte amerikanische Kometenforscher Fred Whipple sagte einmal: »Wenn Sie wetten müssen, wetten Sie auf ein Pferd – nicht auf einen Kometen.« 1973 nahm sich diesen Rat jedoch kaum jemand zu Herzen: Kurz nach seiner Entdeckung als möglicher »Jahrhundertkomet« angepriesen, griffen Medien weltweit bereitwillig die Aufregung um Komet Kohoutek auf und kündigten ihrem Publikum vollmundig ein besonderes Spektakel an. Zu vorsichtig geäußerte Zweifel konnten die Maschinerie nicht mehr stoppen, und so strebten Erwartungen und Realität unaufhaltsam auseinander. Der große Knall kam kurz vor Weihnachten 1973. Das ausbleibende Spektakel wurde Astronomen noch jahrzehntelang vorgeworfen.

Viel geschmäht wurde Komet Kohoutek als Jahrhundert-Flop, dabei war er für die Wissenschaft ein recht ergiebiges Objekt. Die Aufnahme des 48-Zoll-Schmidt-Teleskops am Mount Palomar zeigt den Kometen am 12.1.1974.

Daten	
Nr.:	**24**
Bezeichnung:	**C/1973 E1 Kohoutek**
Alte Bezeichnung:	**1973 XII (1973f)**
Entdeckungsdatum:	**18.3.1973**
Entdecker:	**Luboš Kohoutek**
Periheldatum:	**28.12.1973**
Periheldistanz:	**0,1382AE**
Erdnähe:	**15.1.1974**
Erdentfernung:	**0,81AE**
Maximalhelligkeit:	**-3^{m}**
Maximale Schweiflänge:	**25°**
Länge des Perihels:	**37,8°**
Länge des aufsteigenden Knotens:	**258,5°**
Bahnneigung:	**14,3°**
Exzentrizität:	**1,00000800**

Bahn und Sichtbarkeit

Die scheinbare Bahn von Komet Kohoutek verlief sehr nahe und fast parallel zur Ekliptik. Seine Sichtbarkeit lässt sich somit in zwei klar voneinander getrennte Teile vor und nach der Begegnung mit der Sonne zum Perihelzeitpunkt am 28. Dezember 1973 teilen.

Als die ersten Sichtungen des Kometen mit bloßem Auge im November 1973 erfolgten, stand der Komet am Morgenhimmel im Sternbild Rabe. Im Dezember zog Kohoutek durch Waage und Skorpion auf die Sonne zu, die er im Schützen traf. Der geringste Abstand am 28. Dezember betrug nur 0,5° zur Sonne.

Danach wechselte der Komet an den Abendhimmel. Im Januar zog er durch den Steinbock in den Wassermann, wo am 15. die Erdnähe stattfand. Im Februar befand sich Kohoutek in den Fischen, die Entfernung zur Erde vergrößerte sich nun rasch. Im April zog er nördlich an den Hyaden vorbei.

Die Umlaufszeit des Kometen Kohoutek wurde vor dem Perihel 1973 mit 1,5 Millionen Jahren berechnet. Nach der Reise ins innere Sonnensystem betrug sie, verursacht durch Bahnstörungen, nur noch 75.000 Jahre.

Entdeckung und Beobachtungen

Der Fund von Komet Kohoutek war eine der bis heute letzten fotografischen Kometenentdeckungen von Deutschland aus (die bislang letzte erfolgte am 27. Februar 1975). Sie gelang dem tschechischen Berufsastronomen Luboš Kohoutek, der 1968 nach der Niederschlagung des Prager Frühlings nach Westdeutschland emigrierte und an der Sternwarte Hamburg-Bergedorf arbeitete. Kohoutek war mit dem damaligen 800mm-Schmidt-Teleskop der Sternwarte, das später auf den Calar Alto in Spanien umzog, auf der Suche nach dem verschollenen Kometen Biela. 1845 war dieser in mehrere Teile zerbrochen, und 1852 waren letztmalig zwei Teile gesehen worden.

Stattdessen fand Kohoutek auf den Fotoplatten einige Dutzend neue Kleinplaneten. Bei ihrer Verfolgung stieß er am 18. März 1973 auf einen 16^{m} schwachen Nebel, den er auf einer Platte vom 7. März aufgenommen hatte.

Die Helligkeit des Kometen stieg kontinuierlich an, allerdings nicht so rasch wie erhofft. Erst ab Ende November wurden die ersten Sichtungen mit bloßem Auge berichtet. Die letzte Beobachtung vor der Sonnenpassage kurz vor dem Jahreswechsel gelang am 22. Dezember 1973. Der Komet war zu diesem Zeitpunkt lediglich $2{,}^{m}8$ hell und damit kein spektakuläres Objekt für das bloße Auge.

Während man auf der Erde gespannt auf das Wiedererscheinen des Kometen wartete, beobachteten die Astronauten der Skylab-Mission den Kometen zwischen dem 24. und 29. Dezember mehrfach. Sie unternahmen dazu mehrere Weltraumspaziergänge und fertigten Zeichnungen des Kometen an. Auffällig war ein Gegenschweif von 3° Länge.

Am 27. Dezember konnten erfahrene japanische Amateurastronomen den Kometen mit Ferngläsern am Taghimmel in direkter Sonnennähe beobachten. Sie schätzten die Helligkeit auf etwa -3^{m}.

Nach dem Perihel am 28. Dezember sank die Helligkeit des Kometen rasch. Am 1. Januar 1974, als er wieder am Abendhimmel auftauchte, war Komet Kohoutek noch $-1{,}^{m}5$ hell, am 4. Januar waren es nur noch $2{,}^{m}5$, am 10. Januar nur mehr 4^{m}.

Der Komet zeigte einen schönen strukturierten Schweif von bis zu 25° Länge. Die Flächenhelligkeit war jedoch nicht sehr hoch, so dass er nur unter dunklem Himmel zur Geltung kam. Ende Januar endete bereits die Sichtbarkeitsperiode für das bloße Auge. Mit Teleskopen ließ sich Kohoutek jedoch noch weit in das Jahr 1974 hinein verfolgen.

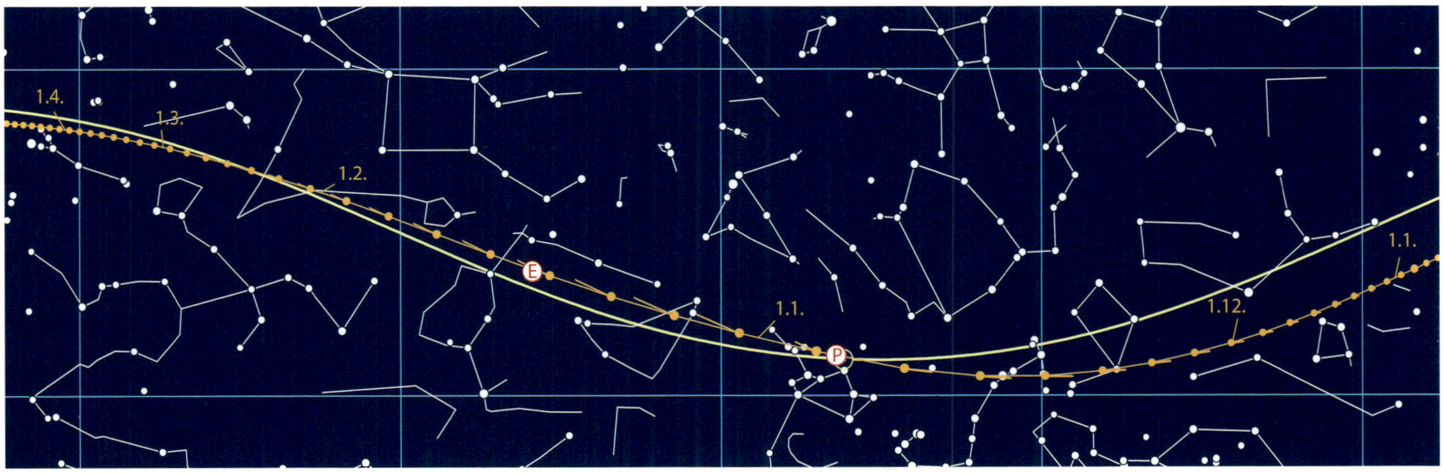

Hintergrund und Öffentlichkeit

Als »Kohoutek-Schock« wird das Medienphänomen bezeichnet, das als größter astronomischer Vorhersage-Flop in die Geschichte eingegangen ist und bis heute das Verhältnis von Medien zu astronomischen Ankündigungen prägt.

Das Medieninteresse erwachte bereits mit der Aufsehen erregenden frühen Entdeckung des Kometen. Es steigerte sich noch als klar wurde, dass Komet Kohoutek das Potential zu einem sehr hellen Objekt haben könnte – ausgerechnet zu Weihnachten als »neuer Stern von Bethlehem«.

Endgültig losgetreten wurde der Hype jedoch in den USA, als Dave Myers, Experte der NASA, von einem Journalisten auf die Beobachtungsprogramme zu Komet Kohoutek angesprochen, eher beiläufig bemerkte: »Kometen dieser Größe kommen uns nur einmal im Jahrhundert so nahe«. Über Nacht war die Rede vom »Jahrhundertkometen«. Zeitungen behaupteten, Kohoutek würde heller als Halley 1910 werden (was rein astronomisch auch stimmen sollte), er würde so hell wie der Vollmond am Nachthimmel stehen (was in historischer Zeit noch nie bei einem Kometen der Fall war) und sei sogar am Taghimmel zu sehen (was ebenfalls stimmte mit der Einschränkung, dass nur Experten mit optischen Hilfsmitteln dazu in der Lage sein würden).

Den Wahrheitsgehalt dieser Ankündigungen schien die Verlegung der Skylab-Mission zu bestätigen, damit die Astronauten an Bord mit spektakulären Weltraumspaziergängen den Kometen beobachten konnten. Das Time Magazine titelte mit dem Kometen, in Deutschland erschien das Buch »Der Jahrhundertkomet Kohoutek« zahlreicher bekannter Astronomen, und der Luxusdampfer »Queen Elizabeth II« stach mit hunderten von Kometenfans und dem Entdecker an Bord in See, um den Kometen ungestört in der Dämmerung erspähen zu können – die meisten allerdings wurden lediglich seekrank.

Dabei war schon Anfang November abzusehen gewesen, dass die Erwartungen nicht erfüllt werden würden. Doch die Stimmen der Forscher verhallten ungehört. Im Dezember 1973 steigerten sich in den USA die Teleskopverkäufe um 200%. Zu Weihnachten sollte sogar die Ansprache von Präsident Nixon mit einer Liveschaltung zum Skylab-Modul gekrönt werden, während die Astronauten den Kometen beobachteten.

Dieses Vorhaben fiel jedoch wie die ganze »Jahrhundert-Erscheinung« ins Wasser: Kurz vor Weihnachten wurde schließlich auch der Öffentlichkeit das ganze Ausmaß der Enttäuschung klar. Der Hype schlug nun in das Gegenteil um: »Pleite des Jahrhunderts« oder »Kohouflop« waren noch die netteren Attribute für den Kometen. Amerikanische Komiker witzelten gar, der Komet sei nur ein Ablenkungsmanöver der Regierung vom Watergate-Skandal gewesen. Ein anderer meinte, diesmal hätte ein Komet tatsächlich den Sturz eines Herrschers vorausgesagt.

Der »Jahrhundertflop« von Komet Kohoutek ist vor allem in den USA in die Alltagskultur eingegangen. Aufgegriffen wurde das Ereignis auch bei der gerade in Mode kommenden Esoterik, die ein neues Friedens-Zeitalter bis zum endgültigen Weltuntergang anbrechen sah. Widerhall fand der Komet ebenso bei Musikern von Kraftwerk bis Pink Floyd. Sogar ein Jazzkonzert zum Kometen gab es.

Lubos Kohoutek entdeckte C/1973 E1 mit dem großen Schmidt-Teleskop der Hamburger Sternwarte. Die Entdeckungsaufnahme zeigt die Bewegung des Kometen. *L. Kohoutek*

Für die Wissenschaft dagegen war Kohoutek ein ergiebiges Objekt. Die lange Vorbereitungszeit von zehn Monaten bis zum Perihel war ideal für die Forscher. Aufgrund der erwarteten Helligkeit wurde zudem sehr viel Aufwand betrieben, der sonst wohl unterblieben wäre. Kohoutek wurde von Flugzeugen, Höhenballons und aus dem All erforscht; während man ihn an Bord von Skylab zeichnete und spektroskopierte, wurde er auch von Kosmonauten der Sojus-13-Kapsel aus beobachtet und von der interplanetaren Sonde Mariner 10 aus dokumentiert. Kohoutek wurde als erster Komet im Radiobereich untersucht. Dabei wurden CH_3CN, HCN, CH und OH nachgewiesen. Erstmals wurde der Beweis für Quarzkörner (Silikate) im Kometenstaub erbracht. Fred Whipple nannte ihn den »bei weitem am meisten beobachteten Komet in der Geschichte«.

C/1973 E1 war ein »frischer« Komet mit einer Hülle aus leicht flüchtigem Material. Da es bereits früher als bei anderen Kometen aktiviert wurde, ging man generell von einer Aktivität über dem eigentlichen Niveau aus – so kam es zu den Helligkeitsprognosen von bis zu -10^m. Nachdem sich diese Vorhersage als nicht zutreffend erwiesen hatte, kam es zusätzlich nach dem Perihel zu einem Absturz der Helligkeit, weil nun der innere, nicht leicht flüchtige Kern freigelegt war, und weniger Material als bei vergleichbaren Kometen freigesetzt wurde.

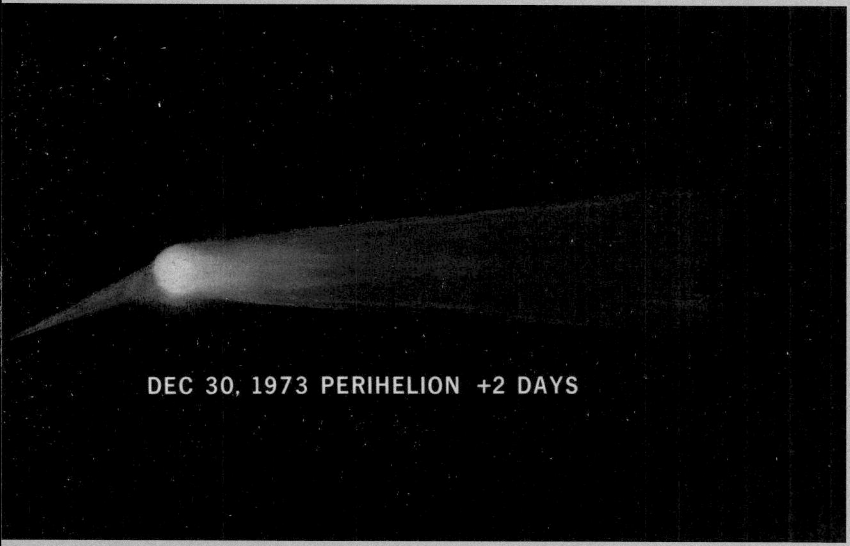

▲ Die Astronauten an Bord von Skylab zeichneten den Anblick des Kometen mit dem bloßen Auge in den Tagen nach dem Perihel am 30. /31.12.1974. Markant ist ein deutlicher Gegenschweif.

▼ Fotos des Kometen vor dem Perihel in Tautenburg vom 22.11.1973 (links) und nach dem Perihel am Steward Observatory vom 19.1.1974 (rechts). *F. Börngen (li.), E. Roemer, L. M. Vaughn (re.)*

West 1976

Zahlreiche Beobachter halten ihn für den beeindruckendsten Kometen der vergangenen 40 Jahre: Komet West überraschte im März 1976 mit einem imposanten Schweif. Doch der Kohoutek-Flop zwei Jahre zuvor und die Sichtbarkeit am winterlichen Morgenhimmel verhinderten, dass dieser Schweifstern über die Kometenszene hinaus für Aufsehen sorgte.

Komet West am Morgen des 4.3.1976. *Peter Stättmayer*

Daten	
Nr.:	25
Bezeichnung:	C/1975 V1 West
Alte Bezeichnung:	1975n, 1976 VI
Entdeckungsdatum:	24.9.1975
Entdecker:	Richard West
Periheldatum:	25.2.1976
Periheldistanz:	0,197AE
Erdnähe:	29.2.1976
Erdentfernung:	0,79AE
Maximalhelligkeit:	-3^m
Maximale Schweiflänge:	30°
Länge des Perihels:	358,1°
Länge des aufsteigenden Knotens:	118,9°
Bahnneigung:	43,1°
Exzentrizität:	0,99997100

Bahn und Sichtbarkeit

Zum Zeitpunkt seiner Entdeckung im November 1975 stand Komet West am Südhimmel im Sternbild Mikroskop. Am Südhimmel und damit unbeobachtbar für europäische Beobachter verblieb er bis Februar 1976. In der ersten Februarwoche zog er an Fomalhaut, dem Hauptstern des Südlichen Fischs, vorbei nach Norden, stand aber immer noch südlicher als die Sonne im Wassermann und blieb somit im deutschen Sprachraum weiterhin unsichtbar.

Am 25. Februar fand das Perihel statt, die Entfernung des Kometen zur Sonne betrug weniger als 30 Millionen Kilometer und war maßgeblich verantwortlich für die folgende starke Aktivität. Am Tag darauf passierte der Komet von der Erde aus gesehen die Sonne in einem Abstand von 6° am Himmel. In den folgenden Tagen ergaben sich für Standorte in niedrigen geographischen Breiten erste Gelegenheiten kurz vor Sonnenauf- und kurz nach Sonnenuntergang, den Kometen zu erhaschen. Mit jedem Tag wurden die Chancen nun besser, und ab dem 29. Februar begann die Morgensichtbarkeit des Kometen, in der er seine größte Pracht entfaltete.

Nach dem 1. März wechselte Komet West in das Sternbild Pegasus. Da er sich nahezu rechtwinklig von der Ekliptik in Richtung Nordwesten entfernte, wurden die Beobachtungsbedingungen in Mitteleuropa rasch besser, während der Komet von der Südhemisphäre aus nicht mehr optimal zu sehen war. Lediglich der helle Mond störte Ende März.

Im April wanderte der Komet über die Sternbilder Delphin und Pfeil in die Sommermilchstraße, im Mai und Juni dann schon in deutlicher Entfernung durch den Schlangenträger.

Komet West hatte mit 254.000 Jahren Umlaufszeit bereits vor der Begegnung mit der Sonne eine sehr lange Periode. Sie hat sich bei diesem Umlauf durch Bahnbeeinflussungen von Sonne und Planeten auf 558.000 Jahre noch einmal deutlich verlängert.

Entdeckung und Beobachtungen

Die Europäische Südsternwarte, kurz ESO, ist eine Kooperation europäischer Staaten mit dem Ziel, ihren Astronomen Beobachtungen am südlichen Sternhimmel zu ermöglichen. Dies ist vor allem wegen der besseren klimatischen Bedingungen interessant. Die ESO mit Sitz in Garching bei München betreibt zahlreiche Teleskope auf der südlichen Halbkugel, vor allem in Chile.

Am 24. September 1975 war von Guido Pizarro eine Fotoplatte mit dem 1m-Schmidt-Teleskop in La Silla aufgenommen worden, die für die südliche Erweiterung der bis dahin größten fotografischen Sterndurchmusterung, des Palomar Observatory Sky Survey (POSS) gedacht war. Der bei der ESO beschäftigte dänische Berufsastronom Richard West untersuchte diese Platte am 5. November und entdeckte auf ihr einen kleinen Nebelfleck mit Schweifansatz. Seine Helligkeit betrug 14^m bis 15^m, er maß etwa 2,5' im Durchmesser. Der Fleck war bereits auf Platten vom 10. und 13. August nachzuweisen und stellte sich als bis dahin unbekannter Komet heraus.

Zum Zeitpunkt der Entdeckung war Komet West schon deutlich

heller geworden. Noch im November 1975 gelangen erste visuelle Sichtungen. Die Helligkeit des Kometen stieg weiter von 9^m im Dezember auf 6^m Anfang Februar 1976. Zu diesem Zeitpunkt konnte bereits ein Schweif von 1° Länge nachgewiesen werden, der Komet war im Fernglas sichtbar.

Im Laufe des Februars steigerte sich die Helligkeit weiter deutlich und hatte am 20. bereits 1^m erreicht. Ende des Monats gelangte Komet West zu nahe an die Sonne und konnte nicht mehr vor Sonnenaufgang und nach Sonnenuntergang beobachtet werden. Tatsächlich gelangen mehreren erfahrenen Beobachtern am 23. Februar teleskopische Taghimmelbeobachtungen des Kometen. Die Schätzungen seiner Helligkeit lagen bei -3^m.

Am 29. Februar waren wieder Beobachtungen abseits der Sonne möglich. Der Komet glänzte mit einer Helligkeit von $-1{,}^m5$ und entwickelte schnell einen hellen Schweif. Ab dem 4. März war Komet West auch in Mitteleuropa zu sehen. Der beeindruckend helle Schweif ging noch am dunklen Nachthimmel lange vor dem Kometenkern auf, was Erinnerungen an Berichte des Großen Kometen von 1744 weckte. Erst in der Dämmerung war der Komet komplett zu sehen, der Schweif leuchtete weißlich, der Kern mit goldenem Licht.

Der nun für etwa eine Woche sichtbare faszinierend helle und breite Schweif erreichte eine Länge von 30° und ragte bis in die Sommermilchstraße hinein. Er war reich strukturiert durch bis zu 20 Synchronen und Striae, die sich teilweise überkreuzten und dem Schweif sein unverwechselbares Aussehen gaben. Neben dem Staubschweif tauchte an der Westseite des Kometen auch ein bläulicher Gasschweif auf, der 15° Länge erreichte, aber wesentlich schwächer blieb.

Auf den morgendlichen mitteleuropäischen Westhorizont bezogen, schwenkte der Schweif in den ersten Märztagen von »links« nach »rechts« um. Am 5. März wurde am Observatorium Hoher List ein zweiter Kern in $3''$ Abstand zum Hauptkern gesehen, dies geschah in einem 14-Zoll-Teleskop bei 250-facher Vergrößerung. Am 9. März erschienen sogar zwei weitere Kerne, so dass die Anordnung der nun vier Kernfragmente an das Oriontrapez erinnerte. Ende März waren immer noch drei Kerne zu sehen. Diese Beobachtungen deuteten die Aufspaltung des Kometen an, die auch andernorts bestätigt wurde.

Am 9. März war die Helligkeit des Kometen auf 2^m gesunken, am 13. April wurden 6^m unterschritten, und im August 10^m erreicht. Der Schweif war noch länger sichtbar als der Kopf. Die letzte visuelle Sichtung ist vom 25. August datiert. Am 25. September konnten immer noch drei Kometenkerne nachgewiesen werden, die sich innerhalb von $1'$ Durchmesser befanden.

Hintergrund und Öffentlichkeit

Nach dem Kohoutek-Schock von 1974 saß die Angst vor einem erneuten Flop noch tief. Während die Astronomen ihre Helligkeitsschätzungen eher zu niedrig ansetzten, scheuten die Medien das Thema. Der vielleicht beeindruckendste Komet des 20. Jahrhunderts blieb deshalb ein weitgehend unbeachtetes Phänomen, wozu sicher auch die Sichtbarkeit am frühen Morgenhimmel beitrug.

Komet West überraschte durch eine wesentlich größere Aktivität als erwartet, insbesondere zum Periheltermin erfolgte ein zusätzlicher Staubausstoß. Ursächlich damit verbunden waren die Kernteilungen des Kometen: Die erste Abspaltung war bereits am 19. Februar eingetreten, eine weitere am 27. Februar. Das dritte Fragment spaltete sich am 6. März ab. Erst das Zerbrechen des Kometen setzte genug Materie zur Bildung des wunderschönen Staubschweifs frei – in seiner Auflösung lag gleichzeitig die Größe von Komet West.

Die Teilung des Kometenkerns im März 1976 (unten) führte wohl erst zu dem großartigen Anblick am Himmel. Im Sommer 1976 waren noch drei helle Kerne zu erkennen (oben).

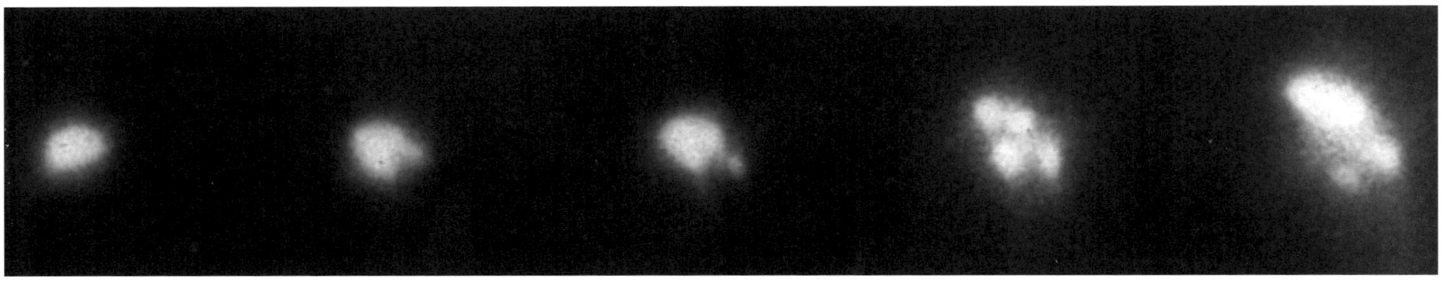

Komet West in der Morgendämmerung am 2.3. (oben) und 3.3.1976 (unten). *J. Linder*

▼ Am Morgen des 4.3.1976 gab der Komet einen imposanten Anblick über dem Osthorizont. *K. Brandl*

◀ Am 9.3.1976 war die Helligkeit des Kometen schon deutlich gesunken, der Schweif entfaltete außerhalb der Dämmerung erst seine volle Pracht. *Ronald Royer*

▶ Aufnahmen der Sternwarte Tautenburg dokumentierten die unterschiedlichen Ansichten des Schweifes. 5.3.1976 (oben), 29.3.1976 (Mitte und unten), Tautenburg. *R. Ziener, K. Kirsch (o.), F. Börngen, K. Kirsch (u.)*

◀ Ein feiner bläulicher Gasschweif begleitete den imposanten Staubschweif in den Tagen kurz nach dem Perihel. *Jürgen Linder*

Halley 1986

Die Wiederkehr des Halleyschen Kometen 1986 fiel in eine Zeit der Weltraumbegeisterung. Sonden waren dabei das Sonnensystem zu erkunden, Amateurastronomen konnten Teleskope preiswert aus Fernost beziehen, und Science-Fiction war Teil der Alltagskultur. Unglücklicherweise sollte Halleys Vorstellung aufgrund seiner Bahngeometrie die undankbarste der gesamten Neuzeit werden. So entfachte Halleys Wiederkehr viel Aufmerksamkeit, der die Erscheinung am Himmel kaum gerecht werden konnte.

Der Halleysche Komet vor der Milchstraße am 21.3.1986.
Unbekannter Fotograf

Daten	
Nr.:	26
Bezeichnung:	1P/Halley 1986
Alte Bezeichnung:	1982i
Entdeckungsdatum:	16.10.1982
Entdecker:	David Jewitt, Edward Danielson
Periheldatum:	9.2.1986
Periheldistanz:	0,5871AE
Erdnähe:	10.4.1986
Erdentfernung:	0,42AE
Maximalhelligkeit:	2^m
Maximale Schweiflänge:	25°
Länge des Perihels:	111,9°
Länge des aufsteigenden Knotens:	58,9°
Bahnneigung:	162,2°
Exzentrizität:	0,967277

Bahn und Sichtbarkeit

Halleys zweiter Auftritt im 20. Jahrhundert stand unter ungünstigeren Vorzeichen als 1910. Der geringste Abstand zur Erde sollte mit 60 Millionen Kilometern mehr als das doppelte des Wertes 76 Jahre zuvor betragen. Zudem verlief die Bahn 1986 sehr weit südlich, so dass Beobachter in Europa und Nordamerika den Kometen zur Zeit seiner größten Helligkeit nur tief am Horizont sehen konnten. Insgesamt muss Halleys Wiederkehr 1986 als die unvorteihafteste der Neuzeit für Bewohner Mitteleuropas betrachtet werden.

Bei der sehr frühen Wiederentdeckung stand der Halleysche Komet am Winterhimmel an der Grenze der Sternbilder Orion, Zwillinge und Einhorn. Dort beschrieb er in den Wintern 1982, 1983 und 1984 jeweils eine Schleife, die ähnlich wie bei den Oppositionsschleifen der Planeten die Bewegung der Erde um die Sonne widerspiegelte. Im Februar 1985 befand sich Halley nördlich des Sternbilds Orion.

Ab dem Herbst 1985 gelangte Halley in die Reichweite von Amateurastronomen. Der Komet zog vom Orion in den Stier. Im Oktober passierte er den Nebel M 1, den Messier 1758 bei der Suche nach Halleys Kometen gefunden hatte. Im November zog Halley nördlich an den Hyaden und südlich an den Plejaden vorbei. Zu diesem frühen Zeitpunkt weit vor dem Perihel war er optimal am Nachthimmel postiert und konnte die ganze Nacht über beobachtet werden. Am 27.11. betrug sein Abstand zur Erde 0,62 Astronomische Einheiten. In der Folge entfernte sich der Komet zunächst wieder von der Erde.

Im Dezember 1985 zog der Komet weiter Richtung Westen durch den Widder in die Fische. Gleichzeitig verschlechterten sich die Sichtbedingungen, er war jetzt nur noch am Abendhimmel sichtbar. Weiter auf die Sonne zustrebend, wurde er Mitte Januar gänzlich unsichtbar. Das Perihel am 9. Februar 1986 im Wassermann fand in den Strahlen der Sonne statt und blieb somit unbeobachtbar.

Für Beobachter auf der Südhalbkugel tauchte der Komet ab Mitte Februar wieder am Morgenhimmel auf, während er den Steinbock Richtung Südwesten durchquerte. In der darauf folgenden von Ende Februar bis Anfang April reichenden Periode war mit der größten Helligkeit des Kometen zu rechnen. Für mitteleuropäische Beobachter ergab sich Ende März ein kurzes ungünstiges Sichtbarkeitsfenster knapp über dem südöstlichen Morgenhorizont tief im Sternbild Schütze. Zwischen dem 5. und 18. April und somit auch zur zweiten Erdnähe am 11. April stand der Halleysche Komet jedoch für Mitteleuropa unsichtbar am Südhimmel im Sternbild Wolf. Die Distanz zum Kometen betrug an diesem Tag 0,42 Astronomische Einheiten.

Für Beobachter auf der Südhemisphäre waren die Beobachtungsbedingungen dagegen nahezu ideal. Am Südlichen Wendekreis stand der Komet nach Mitternacht im Zenit neben den hellsten Partien der Milchstraße. Zum Zeitraum seiner größten Helligkeit Mitte April durchquerte Halley die Milchstraße von Ost nach West. Anschließend zog er dicht an der Galaxie Centaurus A (NGC 5128) vorbei.

Ab dem 20. April tauchte der Komet auch für Mitteleuropa wieder am Himmel auf. Vom Sternbild Wasserschlange aus bewegte er sich in den Folgetagen nach Norden, der Vollmond am 24. April störte jedoch die Beobachtung. Dennoch bot diese Phase die größten Sichtbarkeitschancen für mitteleuropäische Beobachter.

Im Mai wechselte Halley ins Sternbild Sextant und stand damit endlich wieder gut für alle Beobachter weltweit, die Entfernung nahm zu diesem Zeitpunkt jedoch von Tag zu Tag stark ab.

1986 war nur das Vor- und Nachspiel von Europa aus gut zu sehen. Erst bei seiner nächsten Wiederkehr im Jahr 2061 wird es eine Chance auf eine bessere Darbietung geben.

Entdeckung und Beobachtungen

Wie schon 1910 war die frühe Wiederentdeckung des berühmten Kometen eine Sache des Prestiges. An allen großen Observatorien der Welt wurde die Suche aufgenommen, zunächst jedoch nicht erfolgreich. Die amerikanischen Bemühungen wurden vom Jet Propulsion Laboratory (JPL) und dem California Institute of Technology (Caltech) koordiniert. Man wählte den 5m-Spiegel des Palomar-Observatoriums, dem damals zweitgrößten Teleskop der Welt. Hier bekamen David Jewitt und Edward Danielson Zugang zu einer CCD-Kamera, einem der revolutionären digitalen Empfängersysteme.

Am Morgen des 16. Oktober 1982 identifizierten sie den Kometen als punktförmiges Objekt nur 8" von der vorausberechneten Position entfernt. Der Komet stand zu diesem Zeitpunkt noch 11 Astronomische Einheiten von der Sonne entfernt, hatte eine Helligkeit von $24\overset{m}{.}2$ und erschien ohne jedes Anzeichen einer Koma. Erst zwei Jahre später, bei einem Abstand von 6,2 Astronomischen Einheiten, waren erste Anzeichen kometarer Aktivität feststellbar.

Auch unter den Amateurastronomen gab es einen Wettbewerb, wer den Kometen als erster dokumentieren würde. Fotografisch gelang dies dem bekannten japanischen Kometenentdecker Tsutomu Seki am 22. September 1984 bei einer Kometenhelligkeit von $20\overset{m}{,}5$. Visuell hatte der amerikanische Beobachter Stephen O'Meara am 23. Januar 1985 den Kometen mit einem 24-Zoll-Teleskop sehen können, Halley war dabei nur $19\overset{m}{,}6$ hell.

Im Herbst 1985 entwickelte sich der Halleysche Komet mit einer Helligkeit von etwa 7^{m} zum Fernglas-Objekt. Unter sehr dunklem Himmel gelangen ab November auch erste Sichtungen mit bloßem Auge. Im Dezember zeigte der Komet deutlicher den schon vorher in Ansätzen sichtbaren Schweif, zwei Komponenten mit 4° und 3° Länge wurden beobachtet.

Halleys Auftreten 1986 wurde bekannt für die starke Aktivität des Gasschweifs mit zahlreichen Schweifabrissen. Das erste derartige Ereignis trat vom 9. bis 11. Januar auf. Zwei weitere folgten am 9. bis 11. März und 11./12. April.

Der Komet erreichte nach dem Perihel im Februar und März eine Helligkeit von $2\overset{m}{,}7$. Die Schweiflänge betrug etwa 12°, und wuchs bis April auf bis zu 25° an, wobei die schwachen Ausläufer nur unter dunklem Himmel nachgewiesen werden konnten. Einige Beobachter behaupteten, sogar bis zu 60° Schweiflänge gesehen zu haben.

Ende März schien es aufgrund der Sichtgeometrie, als würde der Staubschweif zum Gasschweif um 90° abgewinkelt sein. Der Staubschweif blieb während der gesamten Zeit eher breit und diffus und war visuell vor der hellen Milchstraße nicht leicht zu erkennen.

Zur Erdnähe Ende März erreichte der Halleysche Komet seine Maximalhelligkeit von 2^{m}. Sie sank bis April auf etwa 3^{m} ab. Im Mai gelangte der Komet an die Sichtbarkeitsgrenze mit dem bloßen Auge, vom Schweif war zu diesem Zeitpunkt schon nichts mehr zu sehen.

Die letzte visuelle Sichtung gelang David Levy am 23. Februar 1988, also fast zwei Jahre nach dem Perihel. Der Komet hatte nur noch eine Helligkeit von 17^{m}. Fotografisch wurde Halley jedoch weiter verfolgt. Im Februar und März 1993 wurde ein plötzlicher Helligkeitsausbruch beobachtet, die Helligkeit stieg von 25^{m} auf 19^{m} an. Dieses Ereignis fand in einer Entfernung von 14,3 Astronomischen Einheiten statt.

Im Jahr 2003 hatte der Halleysche Komet nur noch eine Helligkeit von 28^{m}. Drei simultan arbeitende 8,2m-Teleskope waren nötig, um diesen Nachweis zu erbringen.

Hintergrund und Öffentlichkeit

Wie schon 1910 ging der Rückkehr des Halleyschen Kometen ein enormes Medieninteresse voraus. Magazine setzten den Kometen auf den Titel, über 100 Bücher verschiedener Sprachen erschienen. Der Teleskophandel verbuchte Rekordumsätze, die Verkäufe verdreifachten sich. Es gab Halley-Medaillen, Halley-Tassen, Halley-Aufkleber und vieles mehr. Der Hype vor dem Auftreten des Kometen war erheblich.

Halleys Wiederkehr fiel in eine Zeit der Raumfahrtbegeisterung. Die Erforschung der Planeten mit Raumsonden und die Flüge der Space Shuttles zogen großes Interesse auf sich. Mit dem Nahen des Kometen steigerte sich diese Aufmerksamkeit noch. Die europäische Raumfahrt startete mit Giotto eine Raumsonde, die so nahe wie möglich am Kometen vorbeifliegen sollte. Tatsächlich passierte die Sonde den Kometenkern am 14. März in nur 600 Kilometern Entfernung und sendete die ersten direkten Aufnahmen eines Kometenkerns. Halleys Komet entpuppte sich als etwa 10 Kilometer großer kartoffelförmiger Brocken. Klar zu erkennen waren auch die Fontänen auf der Oberfläche.

Japan sandte die Sonden Sakigake und Susei auf den Weg. Sie passierten den Kometen in deutlich größerem Abstand und maßen Sonnenwind und Magnetfeld. Die Sowjetunion hatte die Sonden Vega 1 und 2 zum Kometen gesandt. Sie flogen am 6. und 9. März am Kometen in 8000 bzw. 9000 Kilometern Abstand vorbei. Halley wurde in verschiedenen Spektralbereichen beobachtet und fotografiert,

außerdem befanden sich Magnetometer und Staubpartikel-Impakt-Detektoren an Bord.

Auch am Boden tat sich etwas: Im Programm »International Halley Watch« waren über 1000 professionelle und 1200 Amateurastronomen aus 54 Ländern vereinigt. Sie tauschten Ergebnisse aus und koordinierten Beobachtungsvorhaben. Halley wurde 1986 zu einem der meistbeobachteten Kometen der Geschichte.

Für die meisten Normalbürger war dies hingegen nicht der Fall. Zwar gab es etwa in den USA große »Kometen-Partys«, eine Veranstaltung in Jones Beach, New York zog sogar 40.000 Besucher an, die den Kometen »begrüßen« wollten. Doch die meisten Menschen waren enttäuscht von der geringen Helligkeit und den schlechten Beobachtungsbedingungen. Viele Amateurastronomen schlugen letzteren bewusst ein Schnippchen und flogen auf die Südhemisphäre, wo viele großartige Fotos gelangen. Für deutschsprachige Sternfreunde begann damit die Zeit des Astro-Tourismus in Namibia, die seitdem Jahr für Jahr Astrofotografen auch ohne Kometen-Interesse unter den dunklen Himmel Südwestafrikas führt.

Eine Sensation waren im März 1986 die ersten direkten Bilder eines Kometenkerns durch den Vorbeiflug der europäischen Sonde Giotto. Der Halleysche Komet entpuppte sich als unregelmäßiger, kartoffelförmiger Brocken von 15km × 8km × 8km. Nur Teile der Oberfläche waren beim Vorbeiflug der Sonde aktiv (links unten). Die moderne Bildbearbeitung zeigt die Gesamtansicht mit dem innersten Schweifkokon (oben), während die Schnittbilder den unregelmäßigen Umriss erkennen lassen (rechts unten).

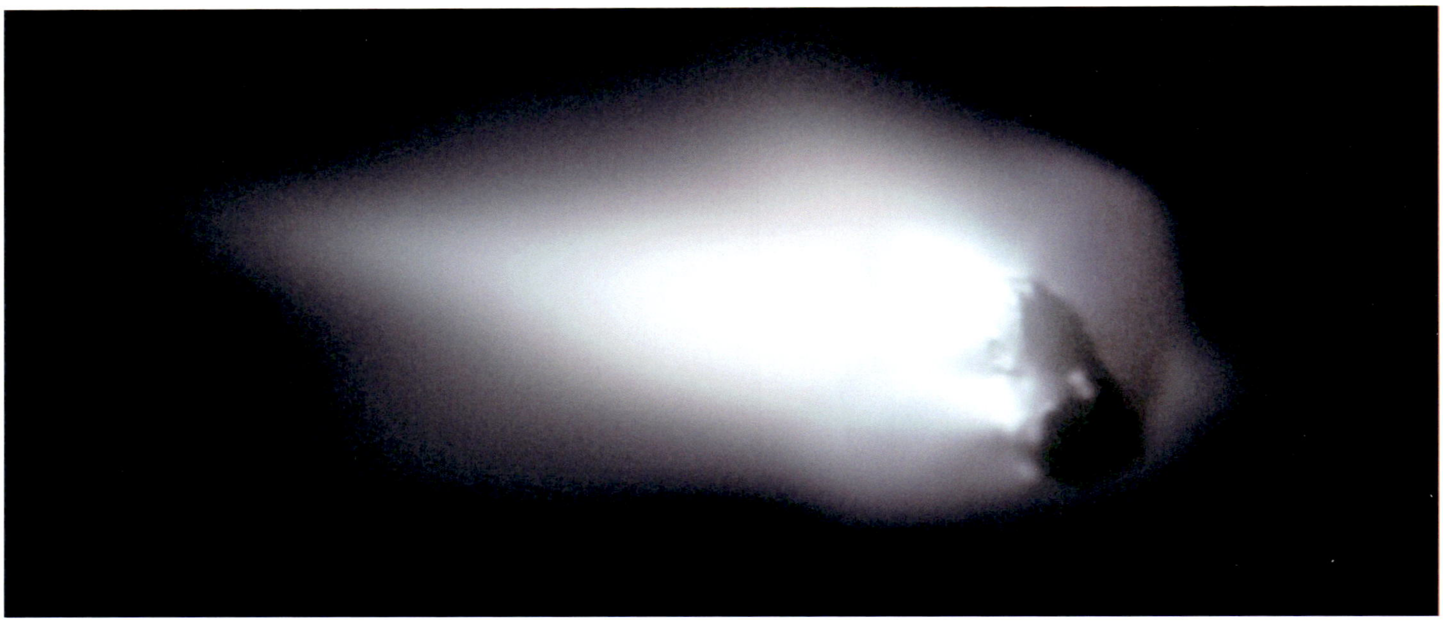

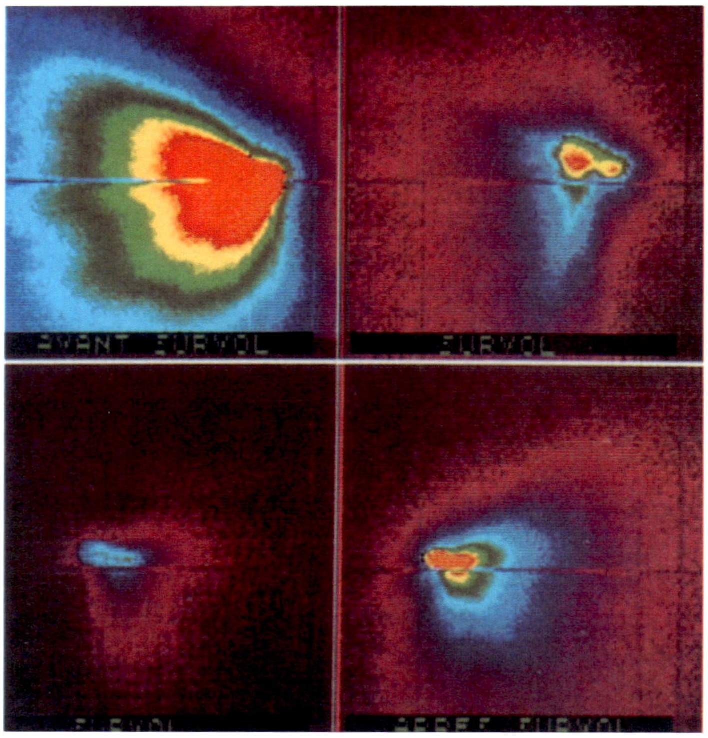

Am 14.1.1986 passierte der Komet die helle Galaxie Centaurus A (NGC 5128). *Bernd Koch*

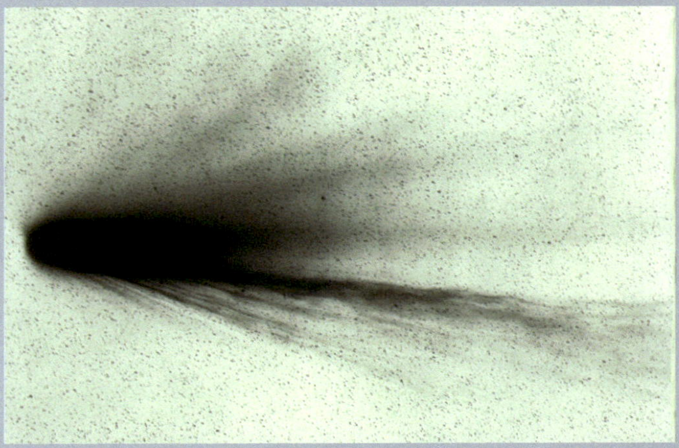

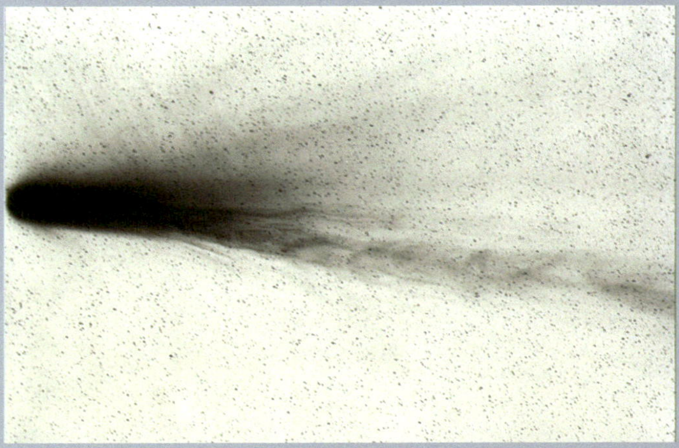

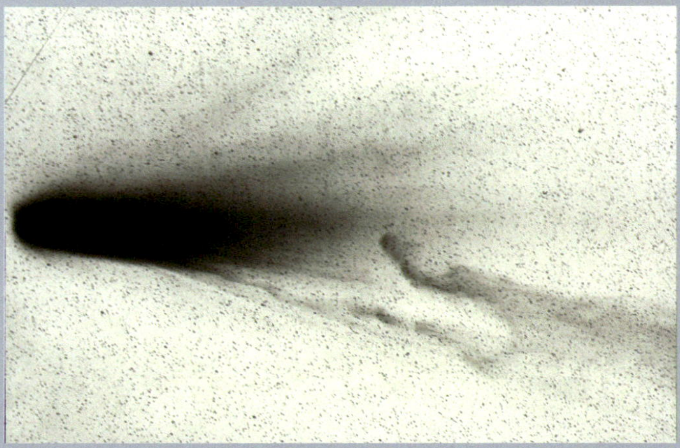

▲ Der Gasschweif des Kometen am 9.12.1985, fotografiert mit dem 1m-Schmidt-Teleskop der ESO.

► Die für den Halleyschen Kometen typische dynamische Schweifentwicklung am 8./9./10.3.1986. Auch diese Sequenz entstand an der Europäischen Südsternwarte.

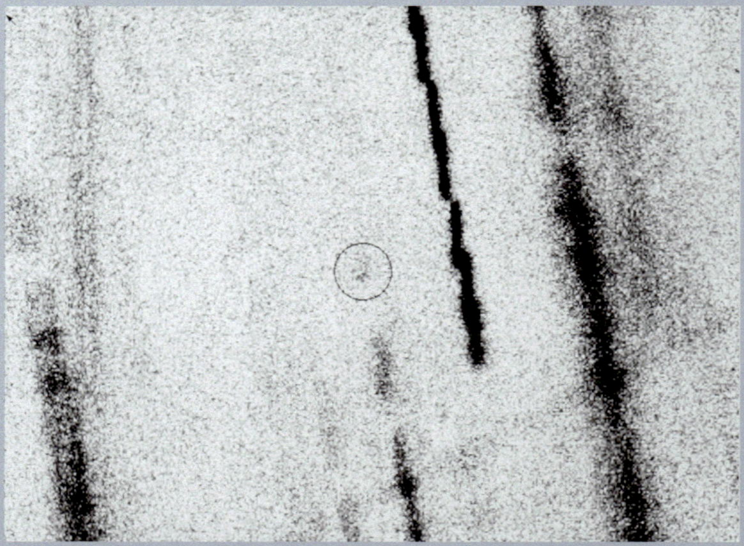

◄ Komet Halley acht Jahre nach seinem großen Auftritt am 10.1.1994. In 18,8AE Entfernung ist nur mehr ein winziger Fleck an der Nachweisgrenze zwischen den Sternspuren zu sehen. CCD-Aufnahme am 3.6m-NTT-Teleskop der Europäischen Südsternwarte.

Die Aufnahme durch Blau-, Grün- und Blaufilter zeigt die Schweifdetails des Kometen. Die Staubstrukturen zeigen rötliche Färbung, während die Gasanteile bläulich leuchten.

Shoemaker-Levy 9 1994

Dieser Komet ist ein Exot in diesem Buch, denn nur wenige Menschen haben ihn selbst gesehen. Dennoch war seine Wirkung auf die Menschheit und ihr Verständnis der Bewegungen im Sonnensystem enorm: Erstmals wurde beobachtet, wie zwei Himmelskörper miteinander kollidierten. Der Komet, durch die Gezeiten des Riesenplaneten in einzelne Bruchstücke aufgespaltet, schlug auf Jupiter ein wie eine Gewehrsalve. Auf der Erde beobachtete eine breite Öffentlichkeit gebannt das bis dahin einmalige Spektakel.

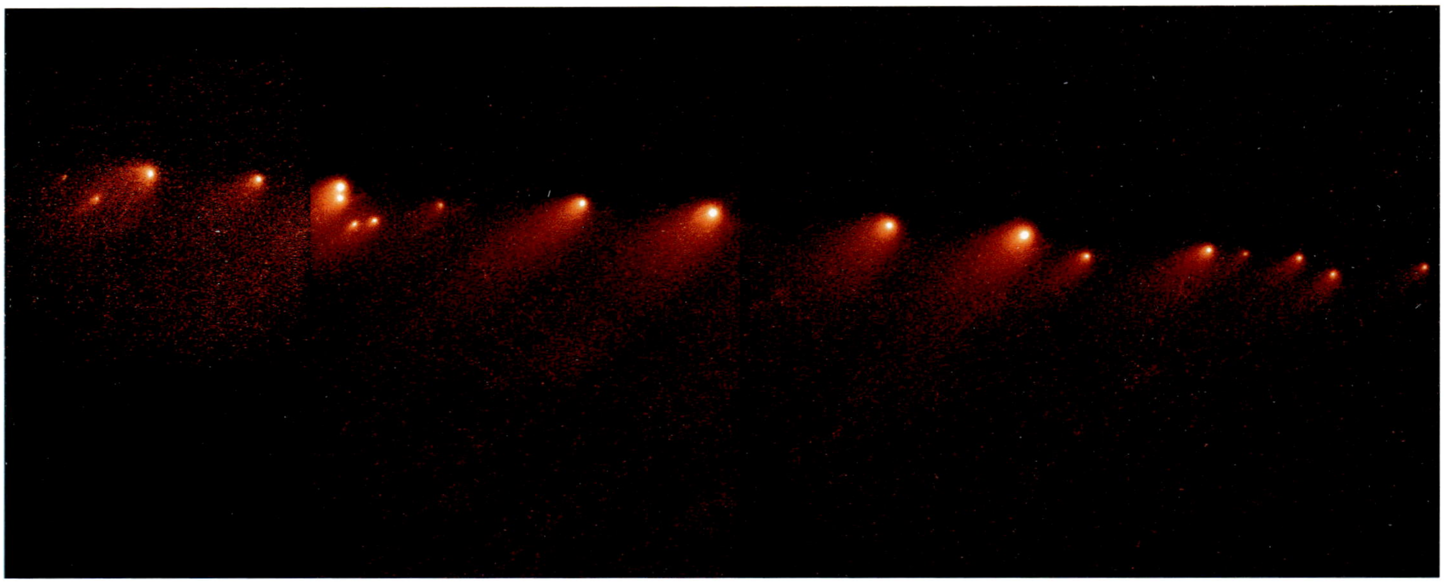

Shoemaker-Levy 9 war ein in jeder Hinsicht außergewöhnlicher Komet. Von den Gezeitenkräften Jupiters, der ihn eingefangen hatte, auseinander gerissen, zog eine ganze Kette von Kometen um den größten Planeten des Sonnensystems ihre Bahn.

Daten	
Nr.:	27
Bezeichnung:	D/1993 F2 (Shoemaker-Levy)
Entdeckungsdatum:	24.3.1993
Entdecker:	Carolyne und Eugene Shoemaker, David Levy
Periheldatum:	-
Periheldistanz:	5,3805AE – 5,3794AE
Erdnähe:	-
Erdentfernung:	-
Maximalhelligkeit:	12^m
Maximale Schweiflänge:	1'
Länge des Perihels:	354,9° – 355,0°
Länge des aufsteigenden Knotens:	220,5° – 220,9°
Bahnneigung:	6,0° - 5,7°
Exzentrizität:	0,9986

Bahn und Sichtbarkeit

D/1993 F2, meist als Shoemaker-Levy 9 oder kurz SL9 bezeichnet, wurde als Satellit von Jupiter entdeckt. Es war die erste Entdeckung eines Kometen in einer Umlaufbahn um einen Planeten überhaupt.

Durch Rückberechnungen der Bahn nimmt man heute an, dass der Komet schon seit 20 bis 30 Jahren um Jupiter kreiste. Durch die Anziehungskraft des größten Planeten des Sonnensystems war er zuvor aus seiner Bahn umgelenkt und von Jupiter »eingefangen« worden. Das Perihel dieser ursprünglichen Bahn dürfte im Kleinplanetengürtel zwischen Mars und Jupiter gelegen haben, das Aphel etwa bei der Jupiterbahn. Bei einer der Aphel-Passagen könnte Jupiters Gravitation die Bindung des Kometen an den Riesenplaneten verursacht haben.

Am 8. Juli 1992 fand eine sehr nahe Passage des Kometen an Jupiter statt, Shoemaker-Levy 9 schrammte nur 40.000 Kilometer oberhalb der Wolkenoberfläche Jupiters vorbei. Dabei wurde der Komet unter dem Eindruck der starken Gezeitenkräfte in zahlreiche Fragmente auseinander gerissen.

Die dadurch ebenfalls verursachte neue Umlaufbahn des Kometen machte eine Kollision mit Jupiter unvermeidlich: Shoemaker-Levy 9 entfernte sich nun nicht mehr als 50 Millionen Kilometer von ihm. Die neue Umlaufszeit betrug zwei Jahre, und führte ihn bei seinem nächsten Besuch Jupiters zu einem Frontalzusammenstoß mit dem Riesenplaneten. Zwischen dem 16. und 22. Juli 1994 schlugen die Fragmente des Kometen nacheinander auf Jupiter mit einer Geschwindigkeit von 216.000 Kilometern pro Stunde ein.

Entdeckung und Beobachtungen

D/1993 F2 wurde von einem Team der erfolgreichsten Kometenentdecker des 20. Jahrhunderts gefunden. Der kanadische Autor und Wissenschaftsjournalist David Levy hatte mit zahlreichen Kometenentdeckungen bereits in den 1980er Jahren von sich reden gemacht. Das Wissenschaftlerpaar Carolyne und Eugene Shoemaker hatte sich ebenfalls schon seit mehr als zehn Jahren mit der Suche nach Kleinkörpern im Sonnensystem beschäftigt.

Die Shoemakers und Levy hatten sich vorgenommen, auf Fotoplatten, die mit dem 460mm-Schmidt-Teleskop auf dem Mount

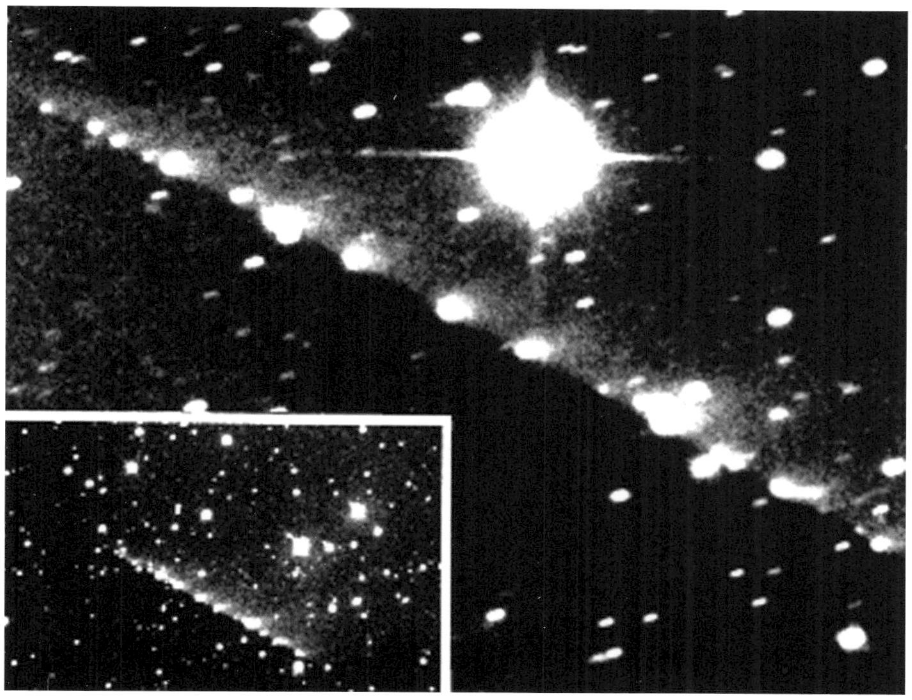

◀ Nach seiner Entdeckung zog sich die Perlenkette der Kometenbruchstücke immer weiter in die Länge.

▼ Der Komet als feiner Strich Anfang Juli 1994, wenige Wochen vor dem Zusammenstoß mit dem Riesenplaneten.

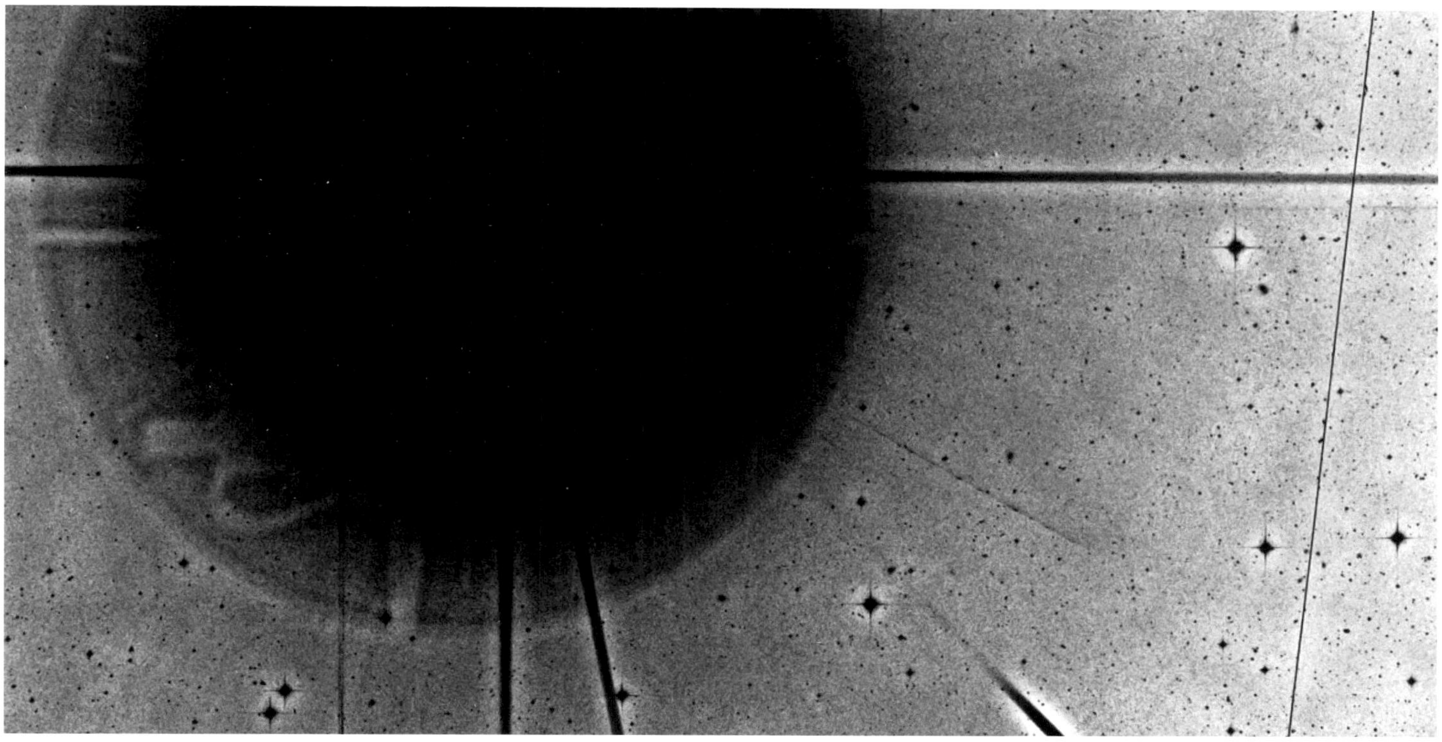

Da die Einschläge auf der Rückseite Jupiters stattfanden, waren sie nicht direkt von der Erde aus zu sehen. Lediglich die Jupitersonde Galileo hatte einen unverstellten Blick auf das Geschehen.

Palomar aufgenommen worden waren, nach erdnahen Kleinkörpern zu suchen. Beim routinemäßigen Durchmustern der Platten fand Carolyne Shoemaker auf einer Platte vom 24. März 1993 ein Objekt, das »wie ein zerquetschter Komet« aussah. Es war nur 4° von Jupiter entfernt und maß 50" × 10".

Es war bereits die elfte gemeinsame Kometen-Entdeckung des erfolgreichen Trios. Der Komet ließ sich in der Folge auch auf anderen Aufnahmen bis zurück zum 15. März 1993 finden. Ungewöhnlich war seine Form: Das Objekt erschien wie eine Perlenkette aus Nebelflecken. Die Gesamthelligkeit betrug nur 14^m.

Bessere Aufnahmen nur wenige Tage später zeigten den zerbrochenen Kometen als eine Kette von mehr als zehn Bruchstücken. Später wurden sogar 21 Teilkometen identifiziert und mit den Buchstaben von A bis W bezeichnet (I und O waren ausgelassen worden). Mit der Zeit entfernten sich die Kometenteile voneinander: Betrug die Ausdehnung der Kometenkette im Januar 1994 noch 3', waren es im Juni bereits 8'. Zahlreichen Beobachtern gelangen auch visuelle Sichtungen, sogar mit nur 150mm Teleskopöffnung wurde der Komet gesehen. Die Helligkeit dürfte maximal 12^m betragen haben.

Der Einschlag auf Jupiter vom 16. bis 22. Juli 1994 fand auf der erdabgewandten Seite des Planeten statt. Der erste Impakt wurde um 20:13 UT am 16. Juli erwartet. Ein gewaltiger Feuerball von 3000 Kilometern Höhe und etwa einer halben Minute Dauer wurde von der Raumsonde Galileo registriert, die sich in günstiger Position »hinter« dem Planeten befand. Über die nächsten Stunden und Tage erfolgten weitere Impakte, die sich somit auf mehrere Umdrehungen Jupiters von jeweils ca. zehn Stunden verteilten. Die Einschlagsstellen in hohen südlichen Breiten überlagerten sich somit teilweise.

An den Impaktstellen zeigten sich große dunkle Flecken in der Jupiteratmosphäre, die eine Größe bis 12000 Kilometern erreichten. In ihnen wurden hauptsächlich Schwefelverbindungen nachgewiesen, daneben auch Eisen, Magnesium und Silizium. Das in Kometen erwartete Wasser wurde dagegen kaum registriert. Der Komet löste zudem eine vorübergehend erhöhte Polarlichtaktivität auf Jupiter aus.

Die Impaktflecken waren bereits mit kleinen Amateurteleskopen gut zu sehen – diesen war zwar der Komet selbst vorenthalten geblieben, seine Folgen ließen sich jedoch in beeindruckender Weise miterleben. Bereits nach wenigen Wochen verwischten sich die Spuren der Einschläge in den Jupiterwolken und verschwanden schließlich ganz. Der Komet hinterließ keine langfristigen Änderungen in Jupiters Strömungssystem.

Hintergrund und Öffentlichkeit

Shoemaker-Levy 9 war ein großer Komet: Der Ursprungskörper besaß etwa 5 Kilometer Durchmesser. Nach der Kernteilung nahmen die Dimensionen noch zu: Die über 20 Bruchstücke zwischen 200 Metern und 2 Kilometern Größe verteilten sich vor dem Aufschlag auf eine Strecke von 5 Millionen Kilometern.

Bereits im Sommer 1993 war klar, dass es ein Jahr später zur Kollision mit Jupiter kommen würde. Damit hatten Wissenschaft und Medien genügend Zeit, sich auf das Großereignis vorzubereiten. Während die Astronomen alles in Stellung brachten, was das Arsenal der Weltraumastronomie zu bieten hatte, war es vor allem das junge Internet, das zum Hype um den Einschlag beitrug. Die Jupitersonde Galileo bot die Möglichkeit, die Serie der Einschläge direkt zu beobachten. Und auch das neue Weltraumteleskop Hubble, dessen Leistungsfähigkeit durch eine Servicemission 1993 erst den ursprünglich geplanten Stand erreichte, verfolgte das Ereignis. Die Ergebnisse wurden nahezu in Echtzeit ins Internet gestellt – der Kometeneinschlag gilt als einer der ersten Internet-Hypes.

Der erstmals von Menschen direkt beobachtete Einschlag eines Himmelskörpers auf einen anderen – mit der 600-fachen Stärke des gesamten Nuklear-Arsenals der Menschheit – entfachte jedoch auch die Angst vor Einschlägen auf der Erde neu. In den folgenden Jahren benutzten zahlreiche Veröffentlichungen diese Furcht und schwammen auf der dem bevorstehenden Jahrtausendwechsel geschuldeten Esoterikwelle.

▲ Nachdem sie auf die Vorderseite Jupiters rotiert waren, zeigten sich an den Einsturzstellen markante dunkle Flecken. Aufnahme mit dem Hubble Space Telescope.

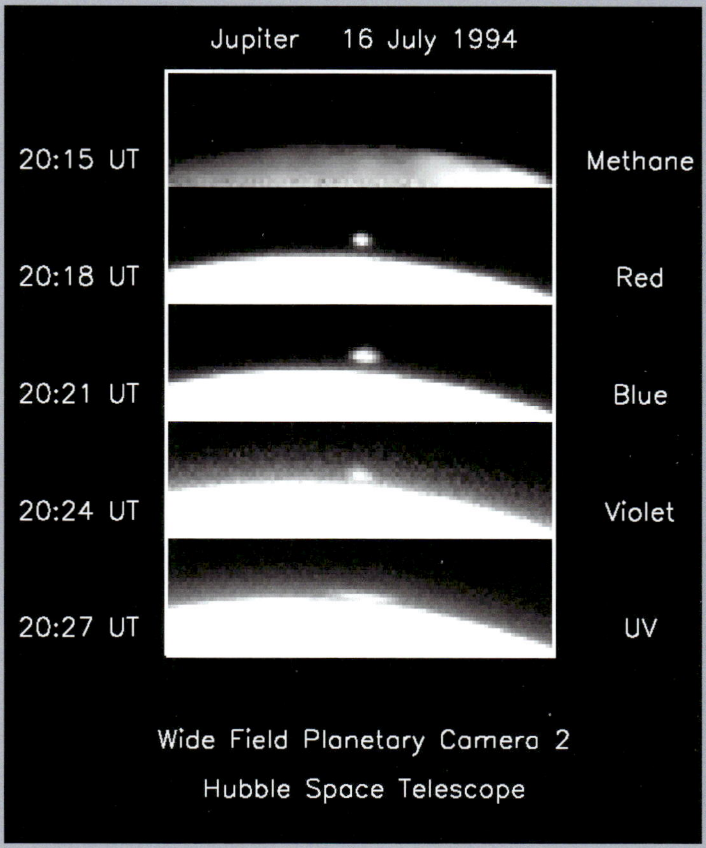

▲ Das Hubble-Weltraumteleskop gestattete Aufnahmen der Impakte in verschiedenen Wellenlängen.

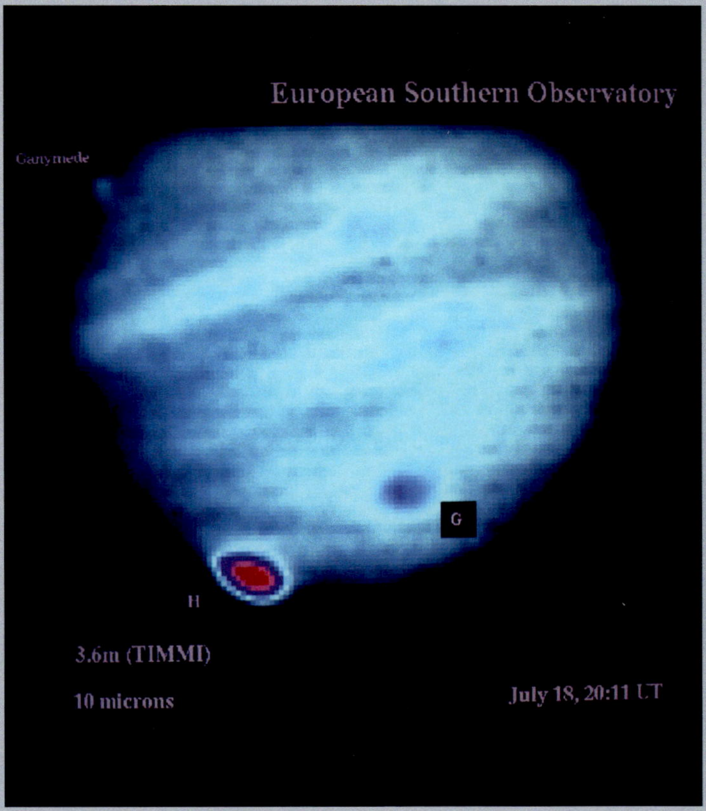

▲ Besser als im visuellen Spektralbereich waren die Einschläge im fernen Infrarot zu sehen. Die Aufnahme stammt vom 3,6m-Teleskop der ESO in La Silla, Chile.

Hyakutake 1996

Seine Erscheinung war in der zweiten Hälfte des 20. Jahrhunderts unübertroffen: Hyakutake überraschte im März 1996 jene, die das Glück hatten ihn in den Tagen seiner Erdnähe zu sehen. Ein bläulich schimmernder Komet, direkt über den Köpfen schwebend, mit einem gewaltigen Schweif, das Firmament der eisesstarren Winterlandschaft überspannend – das bleibt eine unvergessliche Erinnerung. Der beinahe bedrohliche Anblick ließ an die Flugblätter vergangener Jahrhunderte denken: So mächtig können Kometen-Erscheinungen sein.

Schweifstern par excellence: Detailaufnahme von Komet Hyakutake. *Gerald Rhemann*

Daten	
Nr.:	28
Bezeichnung:	C/1996 B2 Hyakutake
Entdeckungsdatum:	30.1.1996
Entdecker:	Yuji Hyakutake
Periheldatum:	1.5.1996
Periheldistanz:	0,23AE
Erdnähe:	25.3.1996
Erdentfernung:	0,10AE
Maximalhelligkeit:	$-0{,}^{m}8$
Maximale Schweiflänge:	100°
Länge des Perihels:	130,2°
Länge des aufsteigenden Knotens:	188,1°
Bahnneigung:	124,9°
Exzentrizität:	0,9997730

Bahn und Sichtbarkeit

Hyakutakes Erscheinen im Jahr 1996 war nicht sein erster Besuch bei der Sonne. Vor diesem Auftritt besaß der Komet eine Umlaufszeit von 15.000 Jahren mit einem Aphel in 1300 Astronomischen Einheiten Distanz. Verändert durch Störungen der Planeten während des Periheldurchlaufs 1996, verlängerte sich die Bahn auf ein Aphel in 3500 Astronomischen Einheiten Entfernung von der Sonne. Komet Hyakutake wird uns erst in 72.000 Jahren wieder besuchen.

Hyakutakes Sichtbarkeit wurde sowohl von einer relativ geringen Periheldistanz von etwa einem Viertel der Entfernung der Erde von der Sonne, als auch von einem geringen Abstand zur Erde von nur 15 Millionen Kilometern begünstigt. Da die Erdnähe deutlich vor dem Perihel eintrat, konnte der Komet weitab von der Sonne am dunklen Nachthimmel seine Bahn ziehen.

Zum Zeitpunkt seiner Entdeckung stand C/1996 B2 im Sternbild Waage, in dem er bis zum 20. März 1996 verblieb. Ab der dritten Märzwoche begann sich seine Position Richtung Norden zu verlagern, der Komet durchzog die Sternbilder Bärenhüter und Drache und gelangte schließlich in die Nähe des nördlichen Himmelspols im Sternbild Kleiner Bär.

Zwei Tage nach der Erdnähe zog der Komet am 27. März in nur 4° Abstand am Polarstern vorbei. Damit stand er für nördlich postierte Beobachter zum Zeitpunkt der größten Helligkeit hoch am Nachthimmel. Weder Mondlicht noch die Dämmerung störte, Hyakutake konnte die ganze Nacht über beobachtet werden.

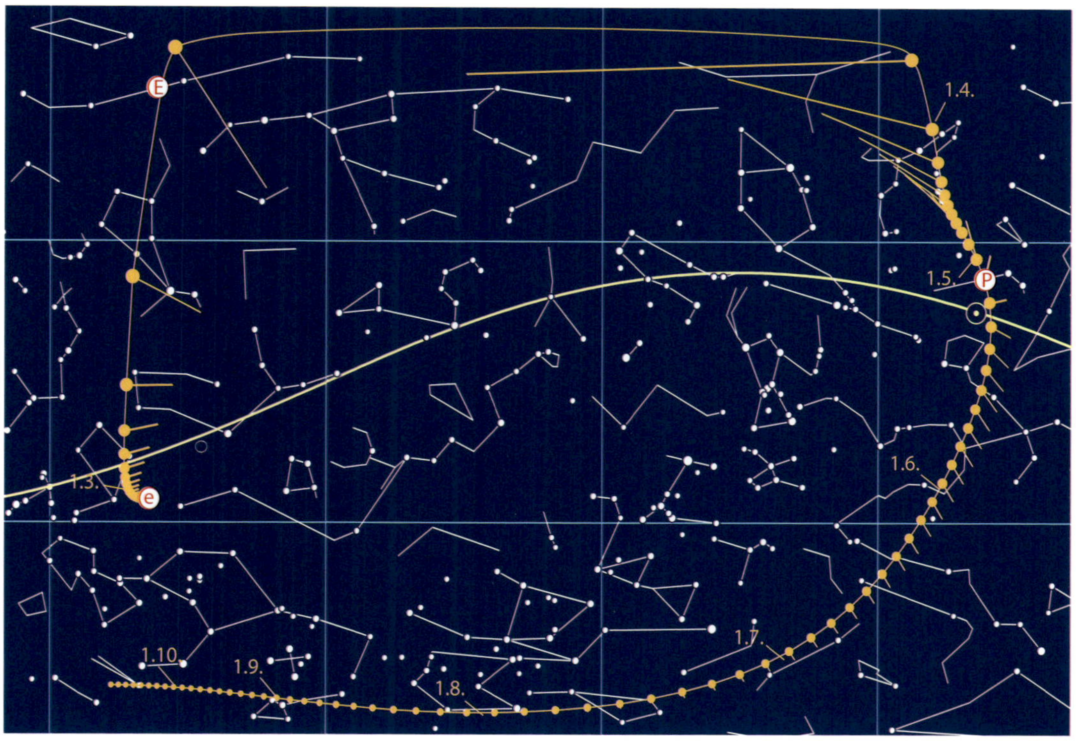

In den letzten Märztagen wanderte C/1996 B2 entlang der Sternbildgrenze zwischen Kassiopeia und Giraffe entlang nach Süden. Anfang April zog er in den Perseus, Ende des Monats kam es zu einer Begegnung mit den Plejaden und Venus im Stier am Abendhimmel. Die folgende Passage an Merkur und der Mondsichel war schon in südlicheren Gefilden besser zu sehen.

Nach dem Perihel am 1. Mai, bei dem der Komet sehr nahe an der Sonne stand und nicht gesehen werden konnte, tauchte er für Beobachter auf der Südhalbkugel ab dem 9. Mai wieder im Sternbild Walfisch auf. Sich von Sonne und Erde entfernend, strebte Hyakutake in den nächsten Wochen über das Sternbild Eridanus tiefer an den Südhimmel. Die letzten Beobachtungen wurden aus dem Sternbild Südliches Dreieck nahe der Südmilchstraße gemeldet.

Entdeckung und Beobachtungen

Am Morgen des 30. Januar 1996 durchstreifte der japanische Amateurastronom Yuji Hyakutake mit einem gewaltigen 25×150-Riesenfernglas der Marke Fujinon den Himmel über seiner südjapanischen Heimat. Er durchmusterte eine Stelle im Sternbild Waage, an der er einen Monat zuvor seinen ersten Kometen entdeckt hatte, C/1995 Y1. Nur 3° vom Ort des ersten Triumphes entfernt fand Hyakutake abermals einen unbekannten Nebelfleck.

Hyakutakes zweiter Komet war bei seiner Entdeckung 11^m hell und 2,5' groß. Auf einer vor der Entdeckung am 1. Januar entstandenen Aufnahme des japanischen Astronomen Kesao Takamizawa konnte der Komet später mit einer Helligkeit von 13^m und einer Ausdehnung von 1' gefunden werden.

C/1996 B2 wurde stetig heller und größer. Anfang Februar war seine

Helligkeit bereits auf 9^{m} geklettert, die Größe betrug 7'. Kurze Zeit später war der Komet bereits zum Fernglasobjekt avanciert, Ende des Monats konnte er bei 6^{m} Helligkeit unter dunklem Himmel bereits mit bloßem Auge erkannt werden. Im Teleskop war schon ein Schweif von 1° Länge auszumachen.

Um die Mitte des März 1996, nachdem der Mond den Himmel verlassen hatte, begann die spektakulärste Phase der Sichtbarkeit. Am 19. März war C/1996 B2 bereits $2{,}^{m}5$ hell und mit einem deutlichen Schweif sichtbar. In den Folgetagen wurde der Komet täglich erkennbar heller und bewegte sich immer rascher. Die 0^{m}-Marke wurde am 24. März überschritten, zur Erdnähe am 25. März wurde der Maximalwert von $-0{,}^{m}8$ erreicht.

Grandios war das Bild des Kometen in diesen Tagen: Aus einer blaugrün leuchtenden, ca. 1,5° großen Koma entsprang ein strahliger, immer länger werdender bläulicher Gasschweif. Am 23. März maß er 45° Länge, am 25. wurden zwischen 50° und 80° gesehen und am 26. März wurde eine Länge von 90° erreicht. Für zwei bis drei Nächte bot sich der überwältigende Anblick eines scheinbar über das ganze Firmament reichenden Kometen!

Zur Erdnähe raste der Komet mit einer scheinbaren Geschwindigkeit von 1° pro Stunde über den Himmel und verschob seine Position im Laufe einer Nacht deutlich. Schon mit einem Fernglas sichtbar waren spiralförmige Jets nahe des Kerns. Spektakuläre Strukturen schaffte ein Schweifabriss am 24. März, der abgetrennte Teil des Schweifes war am 25. März als deutlicher Knoten im Schweif mit dem bloßen Auge zu sehen. Bereits am 28. Februar und 10. März hatte es ähnliche Ereignisse gegeben.

Am 27. März betrug die Helligkeit des Kometen ca. $0{,}^{m}5$, der Schweif wurde zwischen 45° und 70° lang gesehen. Am 30. März war diese Zahl auf 30° gesunken, die Helligkeit hatte auf $1{,}^{m}5$ abgenommen. Bis Mitte April fiel die Helligkeit weiter auf unter $2{,}^{m}5$, stieg danach auf das Perihel zugehend jedoch wieder an. Der Schweif erreichte für die meisten Beobachter in dieser Zeit noch Längen von 10° bis 15°. Im April gesellte sich zum bisher beobachteten bläulichen Gasschweif auch ein schwächerer, etwa 5° langer Staubschweif.

Am 15. April kam es zu einem markanten Helligkeitsausbruch. Ende April erreichte C/1996 B2 wieder eine Helligkeit von 2^{m}. Der Komet konnte bis zum 28. April in 12° Abstand zur Sonne verfolgt werden – damit endete seine Sichtbarkeit für europäische Beobachter. Die Passage an der Sonne war dank des neu ins All gebrachten Sonnenbeobachtungs-Satelliten SOHO im Internet zu verfolgen. Der Schweif zeigte sich dabei dreifach, die Helligkeit des Kometen erreichte noch einmal 0^{m}.

Nach dem Perihel wurde der Komet ab dem 9. Mai von südlichen Standorten aus mit einer Helligkeit von 3^{m} gesichtet. Der Schweif war im Vergleich zum Kopf nun deutlich heller als vor dem Perihel. Mitte Mai zeigte er noch eine Länge von 4°.

Bis Ende Juni 1996 konnte Hyakutakes Großer Komet mit bloßem Auge verfolgt werden. Am 1. Juli betrug seine Helligkeit nur noch 7^{m}, bis zum 1. September war sie auf 11^{m} gesunken. Letzte fotografische Aufnahmen zeigten den Kometen im Oktober 1996 bei 17^{m}.

Hintergrund und Öffentlichkeit

Hyakutakes Erscheinen war geprägt durch sein schnelles Auftreten und den nur etwa eine Woche dauernden Höhepunkt um den Zeitpunkt der größten Erdnähe. Die geringe Distanz vom nur 40-fachen der Mondentfernung und die Bahn des Kometen abseits der Dämmerungszonen führten zur großen Brillanz des Kometen. Allerdings verhinderte vielfach schlechtes Wetter in Mitteleuropa eine verbreitete Wirkung auf die Öffentlichkeit. Dazu trug auch die geringe Flächenhelligkeit des Schweifes bei, der nur unter dunklem Himmel seine enorme Länge präsentierte, aus lichtverschmutzten Gegenden dagegen kaum zu sehen war.

C/1996 B2 war mit einem Kerndurchmesser von weniger als drei Kilometern ein eher kleiner Komet. Überdurchschnittlich war seine Aktivität, die sich in vom Hubble-Weltraumteleskop dokumentierten Jets und Schweifabrissen zeigte. Hyakutake emittierte bis zu 10 Tonnen Materie pro Sekunde mit einer Geschwindigkeit von bis zu 500 Metern pro Sekunde. Das blaue Licht wurde vor allem durch C_2-Emission und ionisiertes Kohlenmonoxid hervorgerufen. Der Komet enthielt zudem große Anteile an Methan und Ethan – womöglich Hinweis auf die chemische Zusammensetzung des Sonnensystems in seiner Frühphase.

Ein Novum war die mit dem Satelliten ROSAT entdeckte Röntgenemission, die wahrscheinlich durch die Interaktion des Kometen mit dem Sonnenwind erzeugt wurde. Der Schweif besaß Anfang April eine Länge von 80 Millionen Kilometern. Der Kern rotierte in 6 Stunden und 13 Minuten einmal um seine Achse.

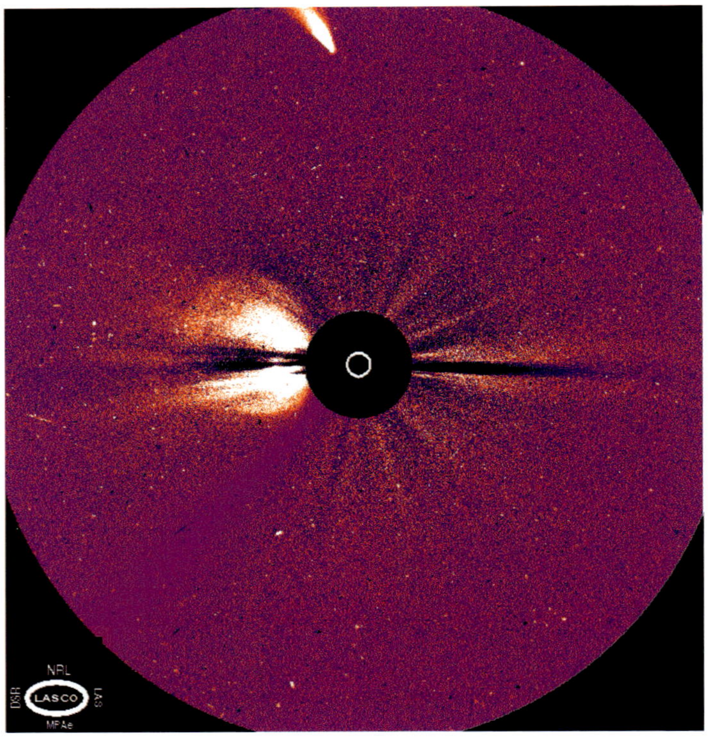

Auf den Bildern der Sonnensonde SOHO konnte das Perihel des Kometen Anfang Mai 1996 verfolgt werden.

Die Dynamik des Kerns war eine der herausragenden Eigenschaften von Komet Hyakutake. *Tony und Daphne Hallas*

Der gerade, über den halben Himmel ragende Schweif beeindruckte vor allem an dunklen Standorten. *Stefan Binnewies, Peter Riepe (o.), Uwe Wohlrab (li.), Gerald Rhemann (re.)*

Die enorme Schweiflänge wird auf dem All-Sky-Foto vom 28.3.1996 deutlich. *Michael Kobusch*

Schweifabrisse waren ein Kennzeichen Hyakutakes, vor allem das Ereignis am 24./25.3.(Farbaufnahmen). *Bernd Liebscher (or.), Jerry Lodriguss (ur.), Nornbert Mrozek (ol.), Gerald Rhemann (ml./ul.)*

Die Farbaufnahmen zeigen die Gas- und Staubanteile des Schweifs Anfang (oben) und Ende April (unten) 1996. *Gerald Rhemann*

Hale-Bopp 1997

Noch nie haben so viele Menschen so lange einen Kometen verfolgt: Hale-Bopp stand 17 Monate lang für das bloße Auge am Himmel. Zur Zeit seiner größten Helligkeit war er in Mitteleuropa für mehrere Wochen die ganze Nacht zu sehen, und bot mit hellem Gas- und Staubschweif ein mustergültiges Kometen-Spektakel. Hale-Bopp war auch in anderer Hinsicht ein Komet der Rekorde: Er besaß einen Kern, der fünf Mal so groß war wie der von Halley, und er produzierte so viel Staub und Gas wie kaum ein Schweifstern vor ihm. Elf Jahre nach Halley löste Hale-Bopp ein, was dieser versprochen hatte.

Hale-Bopp beeindruckte mit hellem Staub- und strukturiertem Gasschweif, wie hier am 2.4.1997. *Stefan Binnewies, Bernd Schröter*

Daten	
Nr.:	29
Bezeichnung:	C/1995 O1 Hale-Bopp
Entdeckungsdatum:	23.7.1995
Entdecker:	Alan Hale, Thomas Bopp
Periheldatum:	1.4.1997
Periheldistanz:	0,914AE
Erdnähe:	22.3.1997
Erdentfernung:	1,31AE
Maximalhelligkeit:	$-0{,}^{m}7$
Maximale Schweiflänge:	25°
Länge des Perihels:	130,6°
Länge des aufsteigenden Knotens:	282,5°
Bahnneigung:	89,4°
Exzentrizität:	0,9951279

Bahn und Sichtbarkeit

Komet Hale-Bopp kam 1997 nicht das erste Mal in die Nähe der Sonne. Sein fast senkrecht auf der Bahnebene der Erde stehender Orbit brachte ihn bereits vor 4265 Jahren in das innere Sonnensystem. Durch eine nahe Passage an Jupiter am 5. April 1996 veränderte sich seine Bahn jedoch stark, die nächste Wiederkehr wird nun schon in 2404 Jahren im Jahr 4401 erwartet. Gleichzeitig wurde seine Bahn deutlich verkürzt, die Apheldistanz verringerte sich von 525 auf 358 Astronomische Einheiten. Störungen der Bahn durch Planeten sind in der Vergangenheit Hale-Bopps wohl immer wieder vorgekommen.

C/1995 O1 stand zum Zeitpunkt seiner Entdeckung im Sternbild Schütze nahe der Milchstraße. Da er in sehr großer Entfernung von der Sonne entdeckt wurde, bewegte er sich in den ersten Monaten kaum, lediglich die Bewegung der Erde um die Sonne spiegelte sich in seiner Schleifenbahn im Jahr 1995. Im November 1995 endete die erste von zahlreichen Sichtbarkeitsperioden des Kometen, bis er in der Abenddämmerung verblasste.

Anfang Januar 1996 zog die Sonne von der Erde aus gesehen in nur 2° Abstand an Hale-Bopp vorbei. Im darauf folgenden Sommer war der Komet wieder im Sternbild Schütze zu beobachten. Im November 1996 endete auch die zweite Sichtbarkeitsphase.

Am 3. Januar 1997 kam es zur zweiten Sonnenpassage, diesmal bei einer Elongation von 27°, da der Komet nördlich der Sonne im Sternbild Adler stand. Nun folgend begann die beste Sichtbarkeit von C/1995 O1. Zunächst am Morgenhimmel im Sternbild Pfeil stehend, wanderte der Komet im März und April 1997 entlang der Herbstmilchstraße vom Pfeil in die Andromeda. Dabei gelangte er auf immer nördlichere Deklinationen und war für Orte mit geographischen Breiten von 45° Nord und nördlicher zirkumpolar, also die ganze Nacht sichtbar. Damit fanden sowohl die Erdnähe am 22. März als auch das Perihel am 1. April zu für Mitteleuropa sehr günstigen Bedingungen statt. Der Mond störte die Beobachtungen nur Ende März und Ende April.

Ende März passierte Hale-Bopp die Andromedagalaxie M 31 in nur 5° Abstand – ein viel fotografiertes Ereignis. Im April wandte sich der Komet wieder Richtung Süden und strebte über die Sternbilder Perseus, Stier und Orion seiner dritten Sonnenkonjunktion zu. Mitte Mai konnte er zuletzt von Europa aus gesehen werden.

Im Juni wechselte Hale-Bopp auf südliche Deklinationen, nach der Sonnenpassage war der Komet somit nur noch am Südhimmel zu sehen. Von August bis Oktober 1997 im Sternbild Hinterdeck stehend, ergab sich eine letzte ungünstige Morgensichtbarkeit für Beobachter auf der Nordhalbkugel, während der Komet weiter südlich gut beobachtet werden konnte. Zum Jahresende hatte er das Sternbild Schwertfisch erreicht, so dass der Blick auf den sich von Sonne und Erde entfernenden Kometen in den Folgejahren Beobachtern am tiefen Südhimmel vorbehalten blieb.

Entdeckung und Beobachtungen

Hale-Bopp ist eines der großartigsten Beispiele dafür, wie Amateurastronomen per Zufall zu Entdeckern werden können. In seinem Fall waren es zwei amerikanische Beobachter, die den Kometen unabhängig voneinander fanden. Beide hatten ihre Teleskope in der Nacht vom 23. auf den 24. Juli 1995 zufällig auf M 70, einen eher unscheinbaren Kugelsternhaufen im Sternbild Schütze gerichtet.

Alan Hale hatte sich bereits ausgiebig mit der Suche nach Kometen beschäftigt. 400 Stunden hatte er den Himmel nach Schweifsternen durchmustert, hatte die Suche aber wieder aufgegeben und sich darauf konzentriert, bereits entdeckte Kometen zu verfolgen. Über 200 Kometen hatte er auf diese Weise bereits beobachtet. Am 23. Juli sollte ein weiterer folgen. Hale hatte seinen 16-Zoll-Dobson in Stellung gebracht. Das Zielobjekt stand jedoch noch zu tief über dem Horizont, so dass sich Hale die Zeit mit M 70 vertreiben wollte.

In derselben Nacht richtete auch Thomas Bopp ein Teleskop auf M 70. Es war noch nicht einmal sein eigenes – Bopp beobachtete mit einer Gruppe von Freunden an einen 17,5-Zoll-Dobson Sternhaufen und Galaxien. Bopp hatte zuvor noch nie einen Kometen gesehen – bis zu dieser Nacht.

Beide Amateure bemerkten unweit von M 70 einen $10{,}^{\mathrm{m}}5$ hellen und 2' großen Nebelfleck, der nicht auf den Sternkarten verzeichnet war. Hale registrierte im Laufe der Nacht eine leichte Ortsverschiebung und war der erste, der den Kometen meldete, er bekam damit den ersten Platz in der Reihenfolge der Entdeckernamen.

Der Komet hätte bereits deutlich früher entdeckt werden können. Eine Aufnahme von Robert McNaught am Siding Spring Observatory zeigte ihn bereits unglaubliche vier Jahre zuvor am 27. April 1993 mit einer Helligkeit von 18^{m} und 20" Ausdehnung.

Bis November 1995 stieg die Helligkeit nur leicht auf 10^{m}, und es hatte sich ein Schweif von 10' Länge herausgebildet. Bei der noch gewaltigen Entfernung des Kometen, der noch weit jenseits der Jupiterbahn stand, war klar, dass es sich um einen sehr großen oder sehr aktiven Kometen handeln musste. Fünf kleinere Helligkeitsausbrüche im Jahr 1995 bestätigten das.

Im Januar 1996 nach dem Wiederauftauchen aus den Strahlen der Sonne wurde C/1995 O1 mit einer Helligkeit von 9^{m} beobachtet. Dieser Wert steigerte sich im Jahresverlauf 1996 auf 8^{m} im April und $6{,}^{\mathrm{m}}5$ im Mai. Im Frühling 1996 konnte Hale-Bopp schon im Fernglas gesehen werden, und ab Mai wurden die ersten Sichtungen mit bloßem Auge gemeldet.

Am 7. Juni passierte Komet 22/P Kopff das Feld von C/1995 O1 und zog in nur 3° Abstand an diesem vorbei. Der periodische Komet stand dabei im Hintergrund und erschien schwächer als der der Sonne zustrebende Hale-Bopp. Beide waren gleichzeitig im Fernglas zu sehen.

Von Juni bis September 1996 stagnierte die Helligkeit von Hale-Bopp. Zieht man die gleichzeitige Annäherung in Betracht, fand tatsächlich ein Abfall um $0{,}^{\mathrm{m}}3$ statt. Offensichtlich durchlebte der Komet eine Schwächephase, und für einige Zeit war fraglich, ob die großen Erwartungen an den Perihel-Zeitraum erfüllt werden konnten. Hale-Bopp beschloss das Jahr mit einer Helligkeit von 4^{m} Anfang Dezember.

Die ersten Beobachtungen nach der zweiten Sonnenpassage erstickten die Zweifel. Hale-Bopp zeigte am 20. Januar 1997 eine Helligkeit von $2{,}^{\mathrm{m}}5$, ein Schweif von 2° war sichtbar. Anfang Februar war die Helligkeit auf 2^{m} gestiegen, Ende Februar waren bereits 1^{m} erreicht und Anfang März wurde 0^{m} Helligkeit berichtet. Die Schweiflänge stieg von 2° auf 10° Länge an. Während der totalen Sonnenfinsternis vom 9. März 1997 strahlte der Komet bereits so hell wie die hellsten Sterne und war mit bloßem Auge sichtbar, während die Sonne verfinstert am Himmel stand.

Von Ende März bis Anfang April zeigte Hale-Bopp für mehrere Wochen eine spektakuläre Erscheinung. Die Helligkeit erreichte zu dieser Zeit $-0{,}^{\mathrm{m}}7$. Mit deutlich getrenntem Gas- und Staubschweif stand er die ganze Nacht am Himmel, am besten abends und morgens beobachtbar. Der Staubschweif war mit seiner großen Flächenhelligkeit auch aus Städten gut zu sehen, seine Länge erreichte 20°. Der deutlich schwächere Gasschweif erforderte dagegen dunklen Himmel, visuell wirkte er weißlich, die auf Fotos auffällige blaue Farbe war kaum zu erkennen.

Spektakulär war in dieser Zeit auch ein Blick auf den Kometenkopf: Eine 15' durchmessende Koma umgab den hellen Kern. Teleskopisch waren bei mittlerer bis hoher Vergrößerung mehrere helle Halbschalen um letzteren zu sehen: Sogenannte Enveloppen, die aus von rotierenden Jets ausgestoßenem Material entstehen. Diese Jets emittieren nur, wenn sie durch die Rotation des Kometenkernes auf der der Sonne zugewandten Seite stehen. Ihre Fontänen erzeugen dann einen Ring pro Umdrehung, so dass sich die Struktur der Enveloppen von Abend zu Abend verändert.

In den Wochen der besten Sichtbarkeit entwickelten sich im Staubschweif durch die fortgesetzte Kernaktivität Striae und Synchronen, die an ähnliche Phänomene beim Kometen West erinnerten. Der Gasschweif wurde währenddessen breiter und schwächer, Ende April erreichte er noch eine Länge von 10°.

Vom April in den Mai verblasste die Helligkeit des Kometen, sie erreichte Ende Mai 1997 nur noch 2^{m}. Die Schweiflänge verkürzte sich auf nur noch 1° im Juni. Nach der Sonnenpassage wurde Hale-Bopp im Juli mit 3^{m} Helligkeit wieder gesehen. Die Schweiflänge betrug 0,5°. Bis Anfang Dezember fiel die Helligkeit des Kometen auf 7^{m}. Letzte Beobachtungen ohne optische Hilfsmittel sind vom 9. Dezember 1997 dokumentiert.

In den folgenden Jahren konnte der Komet bei abnehmender Helligkeit weiter verfolgt werden. Seine Helligkeit lag im Februar 1998 noch bei 8^{m} und blieb bis zum Jahresende in der Reichweite von Ferngläsern. Im Februar 2003 betrug sie nur noch 16^{m}. Bis um etwa 2020 wird es mit heutigen Mitteln der professionellen Astronomie noch möglich sein, Hale-Bopp auf seinem Weg ins äußere Sonnensystem zu verfolgen.

Hintergrund und Öffentlichkeit

Schon die Umstände der Entdeckung deuteten darauf hin, dass Hale-Bopp ein ungewöhnlicher Komet sein würde: Hales und Bopps visuelle Entdeckung gelang zu einem Zeitpunkt, als der Komet noch in gewaltigem Abstand von 7,2 Astronomischen Einheiten entfernt stand. Das entspricht einer Position zwischen den Bahnen von Jupiter und Saturn, es war der größte Abstand, bei dem jemals ein Komet visuell entdeckt wurde. McNaughts Predicovery-Aufnahme hätte den Abstand sogar noch auf unheimliche 13 Astronomische Einheiten ausbauen können, wäre sie rechtzeitig gesichtet worden.

Mit der Entdeckung zwei Jahre vor dem erwarteten Spektakel hatten sowohl Wissenschaft als auch Medien genügend Vorlauf, um sich auf den Kometen vorzubereiten. Die Schwächephase des Kometen im Jahr 1996 wurde trotz mancher Unkenrufe (»Hale-Flop«) von den Medien größtenteils ignoriert, und erst im März begann der eigentliche Hype um den Schweifstern.

Für die Wahrnehmung in der Öffentlichkeit spielte auch eine große Rolle, dass der Komet zwischen Februar und Mai 1997 für vier Monate lang unübersehbar am Nachthimmel stand – viel länger als die meisten Schweifsterne, die nur für wenige Tage oder Wochen gut zu sehen sind. Auch die für die nördlichen bevölkerungsreichen Länder der Erde günstige Kometenposition war entscheidend – noch nie hatten so viele Menschen einen Kometen sehen können. Mit insgesamt 569 Tagen Sichtbarkeitsdauer war Hale-Bopp der am längsten mit bloßem Auge verfolgte Komet der Menschheitsgeschichte.

Schon mit seiner Entdeckung wurden die gewaltigen Ausmaße des Kometen deutlich: Die Koma maß bereits in einer Distanz, in der viele Kometen noch gar nicht nachweisbar ausgasen, drei Millionen Kilometer Durchmesser. Der Durchmesser von Hale-Bopps Kern wurde mit dem Hubble Space Telescope zu 40 Kilometern bestimmt – nahezu das Fünffache des Wertes von Halley. Der Kern rotierte mit einer Periode von 11 Stunden und 20 Minuten.

Zum Höhepunkt seiner Aktivität stieß C/1995 O1 400 Tonnen Staub und 300 Tonnen Wasser pro Sekunde aus – das 100-fache von Komet Halley. Dennoch verlor Hale-Bopp bei seiner Begegnung mit der Sonne nur etwa 0,1% seiner Masse.

Hale-Bopp war ein gasreicher Komet, er emittierte etwa das Zwei- bis Fünffache des Staubausstoßes in Gasform. Vor allem Kohlenmonoxid und Wasserdampf wurden nachgewiesen. Zwischen Gas- und Staubschweif wurde zudem ein dritter Schweif neutralen Natriums von 28 Millionen Kilometern Länge beobachtet. Hale-Bopp zeigte darüber hinaus zahlreiche bisher in Kometen unbekannte chemische Verbindungen, etwa Schwefeldioxid.

Auch der wissenschaftlichen Erforschung kam die lange Vorbereitungszeit zugute. Neben dem Hubble-Weltraumteleskop und zahlreichen Fachsternwarten konnten auch die Raumfahrer an Bord des Space Shuttle Discovery Mitte August den Kometen beobachten.

Ein trauriges und sehr makabres Kapitel zur Geschichte dieses großen Kometen trug eine amerikanische Sekte bei. Marshall Applewhite und Bonnie Nettles gründeten Ende der 1970er Jahre eine UFO-Religion, die von einem kruden esoterischen Weltbild und einem Leben aus Askese, Zwang und Überwachung der gemeinsam lebenden Mitglieder geprägt war. Als der amerikanische Amateurastronom und Verschwörungsfanatiker Chuck Shramek im November 1996 ein digitales Bild des Kometen Hale-Bopp aufnahm, behauptete er, in seinem Schweif ein »saturnähnliches Objekt« aufgenommen zu haben, das nicht in seiner Sternkartensoftware enthalten sei. Schnell stellte sich heraus, dass Shramek sein Sternkartenprogramm falsch konfiguriert hatte, die saturnähnlichen Auswüchse des ganz gewöhnlichen Hintergrundsterns ließen sich durch Beugungseffekte der verwendeten Optik erklären. Dennoch verbreitete Shramek in einer landesweit beliebten Radioshow seine angeblichen Beweise, wo sie von anderen Verschwörungstheoretikern bereitwillig aufgegriffen wurden. Schließlich war das Internet voll von Behauptungen, ein UFO würde im Schweif des Kometen auf die Erde zusteuern, von NASA und Wissenschaft bewusst verschwiegen.

Für die Sektenmitglieder war dies das lange ersehnte Signal, die Erde zu »verlassen«. Im März kündigte Sektengründer Applewhite auf der Internetseite der Sekte den Gruppenselbstmord an. Am 26. März 1997 fand man im Anwesen der Sekte in Kalifornien die 39 Leichen der Sektenmitglieder samt ihres Gründers.

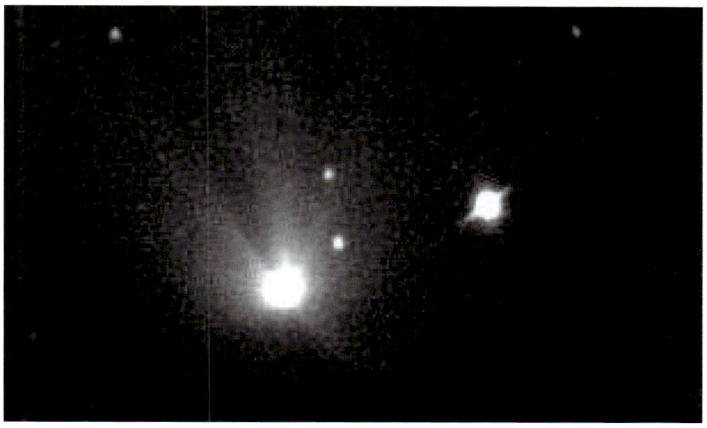

Das Foto von Chuck Shramek (oben) mit dem angeblich darauf abgebildeten »saturnähnlichen« Objekt neben dem Kometen (der Stern mit Beugungsfigur rechts) löste die UFO-Hysterie um Hale-Bopp aus. Sie endete mit dem Massenselbstmord der Heavens-Gate-Sekte.

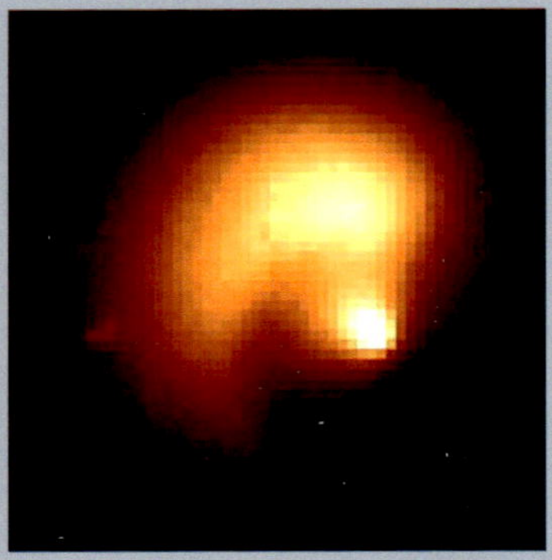

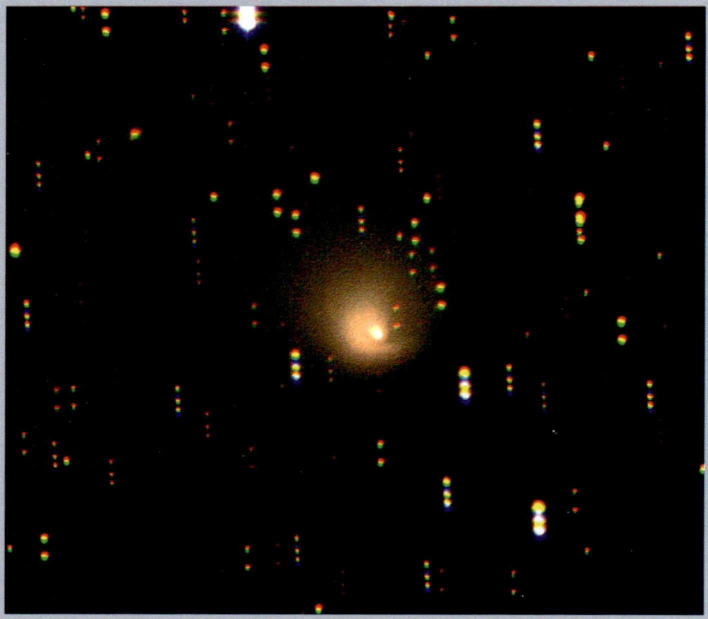
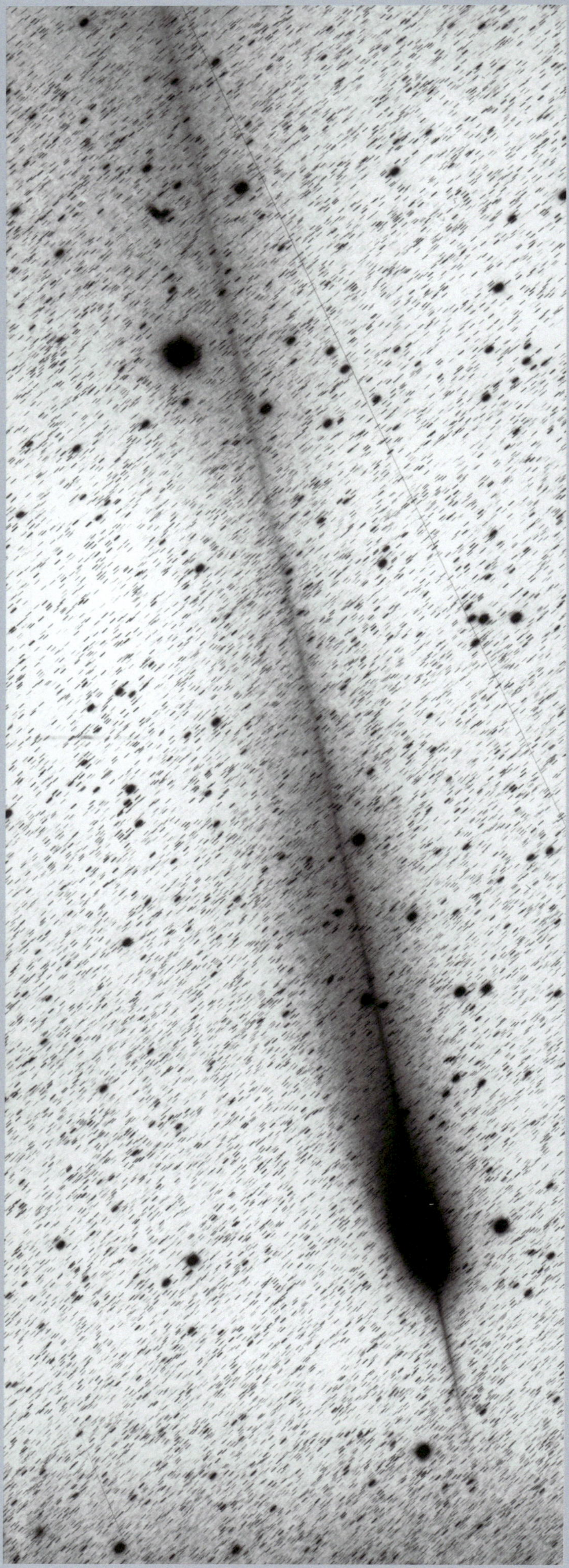

Verschiedene Stadien der Kometenentwicklung: Hale-Bopp am 5.10.1995 (oben) vor und am 18.6.1999 (Mitte), 5.1.1998 (rechts), sowie 6.3.2001 (unten) nach dem Perihel, aufgenommen von professionellen Sternwarten. Das Bild von 1998 zeigt einen deutlichen Gegenschweif.

Komet Hale-Bopp im April 1996, fotografiert an der Sternwarte Tautenburg. Die Schweifstrukturen wurden mittels unscharfer Maske verstärkt.

Zur Zeit der größten Helligkeit konnte der Staubschweif selbst in der Dämmerung oder über Städten deutlich gesehen werden. *Bernd Liebscher (o.), Christoph Ries (u.)*

▲ An dunklen Standorten waren Gas- und Staubschweif gut zu unterscheiden. *Pekka Parviainen*

▼ Am 6.4.1996 passierte der Komet den Doppelsternhaufen h und chi im Sternbild Perseus. *Uwe Wohlrab*

◀ Beeindruckend ist der Farbunterschied von blauem Gas- und weißem Staubschweif am 1.4.1997. *Gerald Rhemann (li.), Norbert Mrozek (re.)*

Hale-Bopp über dem Nordhorizont am 1.4.1997 (oben) und 27.3.1997 (unten). *Stefan Binnewies, Bernd Schröter (o.), Gerald Rhemann (u.)*

Tiefe Aufnahmen der Schweifstrukturen am 7.3.1997 (oben) und 8.4.1997 (unten). *Philipp Keller*

Zeichnungen der Schweifstrukturen am 1.4.1997 (oben) und 8.4.1997 (unten) mit einem 14-Zoll-Teleskop. *Ronald Stoyan*

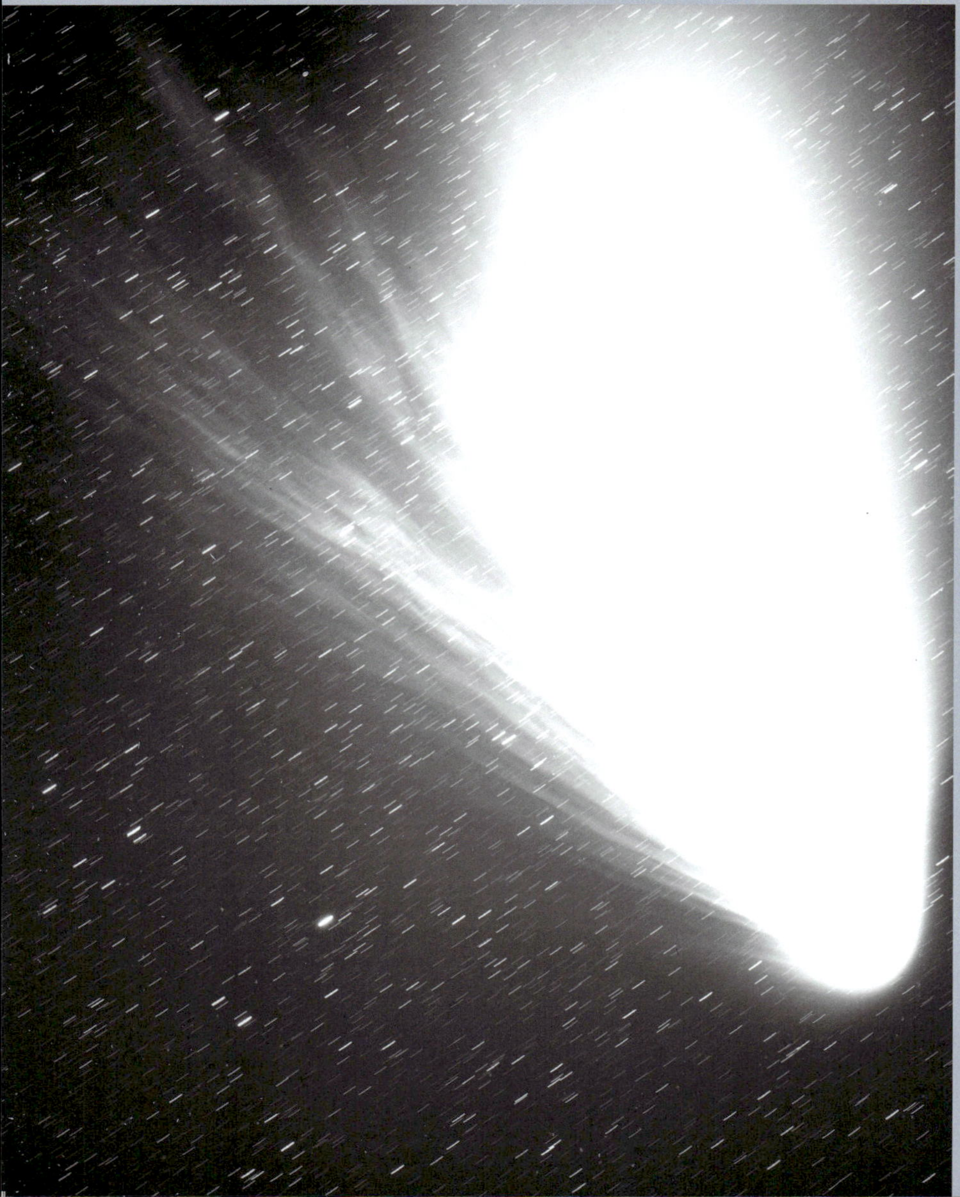

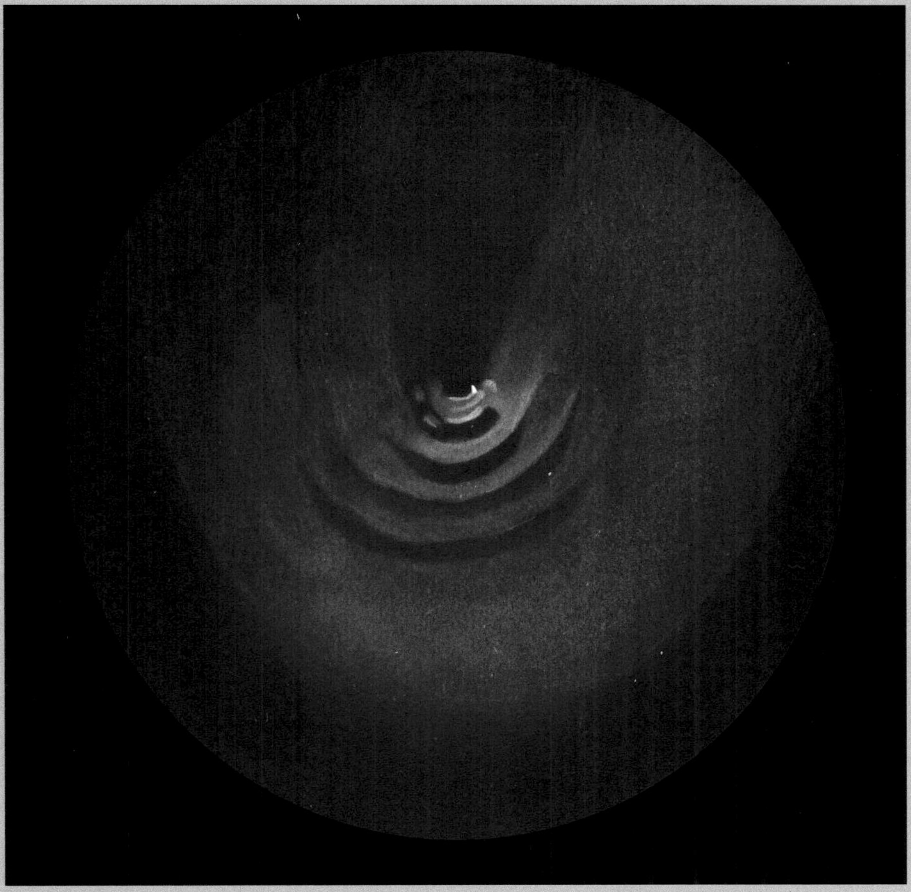

▲ Die asymmetrische Helligkeitsverteilung wird in dieser Aufnahme vom 10.3.1997 deutlich. Der hellste Bereich ist durch die Schalen der sog. Enveloppen gezeichnet. *Bernd Koch*

◀ Zeichnung der Kernregion am 15.4.1997 mit einem 14-Zoll-Teleskop. Die halbrunden Schalen der Enveloppen werden zum fast sternförmig erscheinenden Pseudokern immer heller. *Ronald Stoyan*

Der bis dato letzte große Komet trat im Jahr 2006 auf die Himmelsbühne, wurde aber erst im Januar 2007 zu einem wirklichen Himmelsschauspiel. Für einige Tage sogar am Taghimmel sichtbar, gehört er zu den hellsten jemals beobachteten Kometen. Der beeindruckende Schweif, der mit seinen Strahlen an die Kometen von 1744 oder 1976 erinnerte, entfaltete erst nach dem Perihel und nur für Bewohner der Südhemisphäre seine ganze Pracht. Für Europäer blieb mit dem geisterhaften Glimmen der Schweifspitzen über dem Winterhorizont nur ein Abglanz zu sehen.

Untergang des Kometen McNaught zwei Tage vor dem Perihel am 10.1.2007 über Alpengipfeln. *Rudolf Dobesberger*

Daten	
Nr.:	30
Bezeichnung:	C/2006 P1 McNaught
Entdeckungsdatum:	7.8.2006
Entdecker:	Robert McNaught
Periheldatum:	12.1.2007
Periheldistanz:	0,171AE
Erdnähe:	15.1.2007
Erdentfernung:	0,81AE
Maximalhelligkeit:	$-5\overset{m}{,}5$
Maximale Schweiflänge:	35°
Länge des Perihels:	156,0°
Länge des aufsteigenden Knotens:	267,4°
Bahnneigung:	77,8°
Exzentrizität:	1,0000183

Bahn und Sichtbarkeit

C/2006 P1 wurde entdeckt, als er im Sommer 2006 der Sonne gegenüber im Sternbild Schlangenträger nahe der Sommermilchstraße stand. Erste Bahnberechnungen zeigten eine Periheldistanz vergleichbar mit dem Planeten Mars, doch schnell machten weitere Beobachtungen klar, dass der Komet eine Bahn mit einem Perihel in nur 0,17 Astronomischen Einheiten durchlaufen würde. Bei diesem Perihel deutlich innerhalb der Merkurbahn war eine sehr helle Kometen-Erscheinung zu erwarten.

Im September 2006 bewegte sich McNaughts Komet an der Grenze zum Sternbild Skorpion. Bei dieser südlichen Lage war es für nördlich postierte Beobachter schwer den Kometen zu erhaschen. Im Oktober und November wurden die Sichtbarkeitsbedingungen durch die nahende Sonne auch für Beobachter auf der Südhemisphäre zunehmend schlechter, schließlich endete die erste Phase der Sichtbarkeit um die Mitte des November 2006 in der Abenddämmerung.

Ende Dezember 2006 konnte der Komet bei geringen Abständen zur Sonne wieder am Morgenhimmel gesehen werden. Für europäische Beobachter blieb es aufgrund der südlichen Position des Kometen aber bei ungünstigen Beobachtungsbedingungen nahe des Horizonts. In der zweiten Januarwoche ergab sich ein zweites Sichtbarkeitsfenster tief am westlichen Abendhimmel. Trotz des während der gesamten zweiten Phase der Sichtbarkeit geringen Sonnenabstands von weniger als 15° war der Komet nun aufgrund der stark ansteigenden Helligkeit besser zu sehen.

Ab dem 10. Januar näherte sich der Komet der Sonne an. Nach dem Perihel am 12. Januar kam es am 14. Januar zur Passage der Sonne in 5° Distanz. Durch Vorwärtsstreuung des Sonnenlichts an den Schweifpartikeln erhöhte sich die Kometenhelligkeit deutlich, so dass er am 14. Januar mit einer Helligkeit von ca. $-5\overset{m}{,}5$ sein Maximum erreichte. Am 15. Januar stand der Komet der Erde am nächsten, die Entfernung war mit dem 0,8-fachen der Sonnenentfernung etwas geringer als bei Hale-Bopp zehn Jahre zuvor.

Nach dem 14. Januar strebte der Komet auf den Südhimmel zu, für europäische Beobachter blieb die dritte Phase der Sichtbarkeit unbeobachtbar. Bewohner der Südhemisphäre konnten ihn am südwestlichen Abendhimmel ab dem 15. Januar in der Spanne seiner größten Brillanz bewundern. Der Komet blieb ein Abendhimmel-Objekt am Südhimmel bis zum Juli 2007, als er zum letzten Mal im Sternbild Fliege gesichtet wurde.

Die Umlaufszeit von C/2006 P1 wird mit ca. 92.000 Jahren angegeben, wobei der Komet durch die nahe Sonnenpassage im Januar 2007 deutlich beschleunigt wurde.

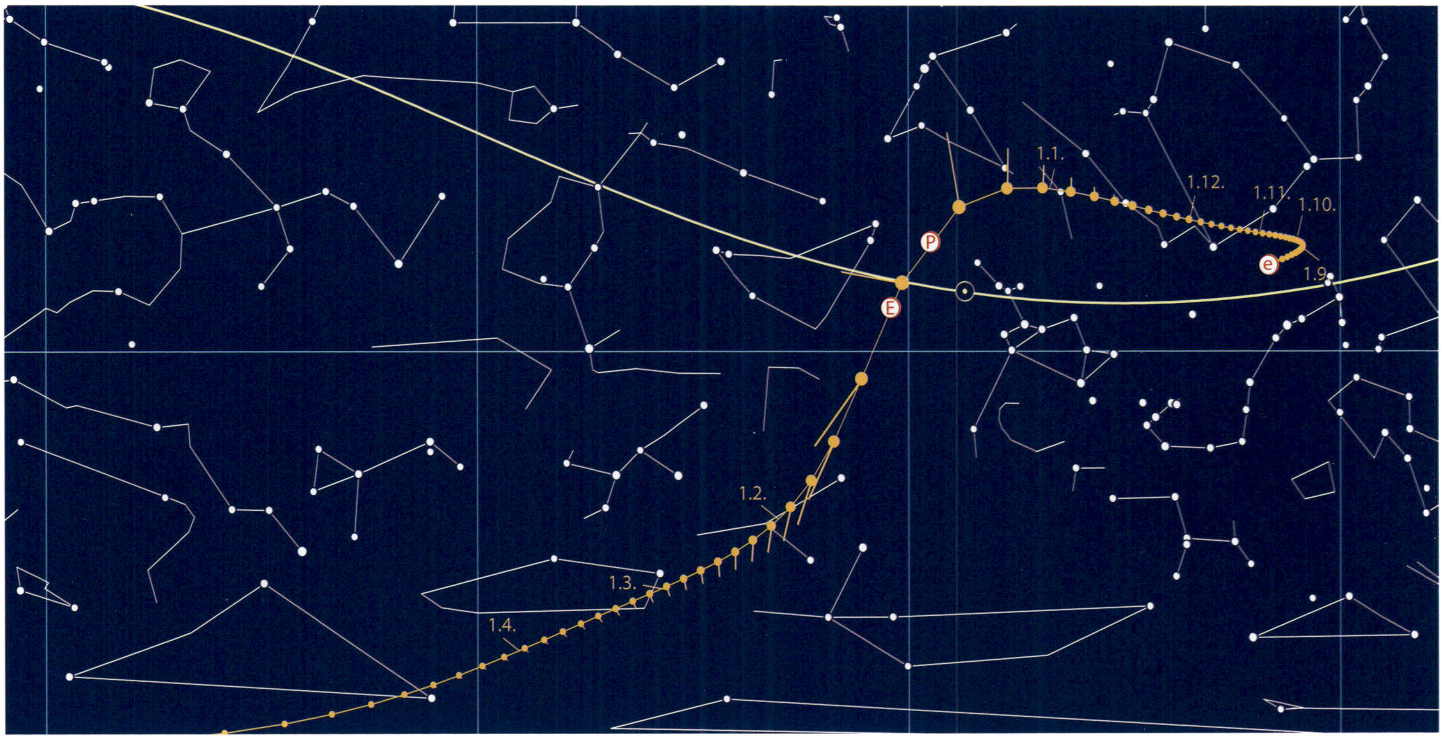

Entdeckung und Beobachtungen

C/2006 P1 war die 35. Kometenentdeckung des australischen Berufsastronomen Robert McNaught und die 31., die seinen Namen trägt. Wie die meisten dieser Kometen wurde C/2006 P1 auf Aufnahmen des Siding Spring Survey, einer automatischen Durchmusterung des Südhimmels nach erdnahen Kleinkörpern, fotografisch gefunden. Durchgeführt wurde sie am gleichnamigen Observatorium ca. 400 Kilometer nordwestlich von Sydney.

Bei seiner Entdeckung war der Komet lediglich $17^{m}{,}3$ schwach und kaum 20" groß. Der Abstand zur Sonne betrug zum Entdeckungsdatum mehr als das 3,5-fache der Erdentfernung.

Zunächst gab es Befürchtungen, McNaughts vielversprechende Entdeckung wäre zu schwach, um sich in Sonnennähe zu einem wirklich großen Kometen zu entwickeln. Zwei Monate nach der ersten Detektion war er immer noch nur 12^{m} hell und nicht größer als 5'. Bis zum Ende der ersten Sichtbarkeitsphase im November 2006 stieg die Helligkeit lediglich auf etwa 9^{m} an.

Zur Rückkehr an den Himmel vor Weihnachten 2006 war die Helligkeit jedoch bereits auf 4^{m} gestiegen, die Ausdehnung betrug 0,5°. Damit war der Komet bei guten Bedingungen im Fernglas zu sehen. Die Helligkeit stieg nun rasch auf etwa $1^{m}{,}5$ am 5. Januar an, insbesondere der Kern wurde deutlich heller und ein Schweif von etwa 1° Länge bildete sich aus. Mit bloßem Auge blieb er aufgrund der schwierigen Beobachtungsbedingungen in Horizont- und Sonnennähe ein schwieriges Objekt und wurde nur vereinzelt wahrgenommen.

In der zweiten Januarwoche steigerte sich die Helligkeitszunahme noch: Um 1^{m} pro Tag wuchs die Helligkeit des Kometen nun. Damit wurde er, entsprechende Horizontsicht vorausgesetzt, ein deutliches Objekt in der hellen Morgen- und Abenddämmerung. Aus dieser Zeit stammen die meisten Beobachtungen aus Europa, den Kometen oft nur niedrig über Bergen oder Städten zeigend.

Am 13. und 14. Januar erreichte C/2006 P1 den Gipfel seiner Helligkeit mit $-5^{m}{,}5$. Dabei stand er dicht neben der Sonne und war für fast alle Teile der Welt nur mit dieser gleichzeitig am Taghimmel zu sehen, lediglich für hohe nördliche Breiten gab es die Möglichkeit, den Kometen kurzzeitig in der sehr hellen Dämmerung wahrzunehmen. Zahlreiche Beobachter berichteten von erfolgreichen Sichtungen des Kometen am Taghimmel. Er war zwischen dem 12. und 14. Januar leicht in einem Fernglas zu sehen und konnte auch mit bloßem Auge erkannt werden, wenn die Sonne abgedeckt wurde. Vielfach wurde er für einen Kondensstreifen gehalten, da sein kurzes kommaförmiges Aussehen stark daran erinnerte.

Bis dahin war der Komet ein Objekt für Spezialisten geblieben, die ihn mit optischen Hilfsmitteln nahe der Sonne finden konnten, und die dabei nötige Vorsicht walten ließen. Die folgende beeindruckende Phase, die McNaught seinen Platz unter den größten Kometen einbringen sollte, war nur mehr Beobachtern auf der Südhalbkugel der Erde vorbehalten.

Mit etwa -3^{m} Helligkeit tauchte der Komet am Südhimmel wieder auf – genug, um sich sofort für das bloße Auge bemerkbar zu machen. Dabei entwickelte er einen von Abend zu Abend spektakuläreren Schweif: am 17. Januar wurden 3° Länge wahrgenommen, einen Tag später bereits 15°, am 20. Januar 20° und am 23. Januar 35°. Der breit aufgefächerte Schweif erinnerte an die Erscheinung von Komet West 31 Jahre zuvor. Auffällig waren die zahlreichen Schweifstrahlen (Striae), die den Eindruck vermittelten, als »seien acht bis zehn Kometen gleichzeitig zu sehen«, wie der amerikanische Beobachter Stephen O'Meara am 20. Januar auf Hawaii notierte.

Einmalig in der Geschichte der großen Kometen-Erscheinungen galt vielen Beobachtern vor allem der 90°-Bogen, den der Schweif beschrieb. Dadurch waren die nördlichsten Schweifteile sogar in Europa über dem Horizont zu sehen, während der Kometenkopf unsichtbar weit südlich unter demselben stand. Ein ähnliches Phänomen hatte zuletzt der Große Komet von 1744 am europäischen Himmel gezeigt.

Doch die opulente Pracht erlosch bald. Ende Januar war die Helligkeit des Kometen bereits auf 2^{m} gesunken, Anfang März gar auf nur noch 6^{m}. Während der Schweif zum gleichen Zeitpunkt noch mit 10° Länge gut sichtbar blieb, konnte der Kometenkopf also bereits nicht mehr mit bloßem Auge gesehen werden. Im Februar bildete C/2006 P1 einen teleskopisch gut sichtbaren Gegenschweif von 12' Länge aus, der auf die Sichtgeometrie und die vielen vom Kometen zurückgelassenen Partikel zwischen ihm und der Sonne zurückzuführen war. Mitte 2007 war die Helligkeit schließlich auf 10^{m} zurückgegangen. Letzte Beobachtungen lieferte das australische Kambah-Observatorium am 11. Juli 2007.

Hintergrund und Öffentlichkeit

Der Große Komet des Jahres 2007 entfaltete seine Erscheinung und damit seine Wirkung auf die Öffentlichkeit nur auf der Südhalbkugel der Erde. In Europa und den USA fand die hellste Phase am Taghimmel oder tief in der Dämmerung statt. Von den Medien wurde er deshalb weitgehend ignoriert. Zahlreiche Beobachter reisten dem nach Süden entschwundenen Kometen nach dessen Perihel Mitte Januar an den Südhimmel hinterher. So entstanden die beeindruckendsten Aufnahmen auch durch amerikanische und europäische Fotografen an Standorten wie Chile und Namibia.

McNaught war der erste große Komet, der hauptsächlich mit CCD-Kameras durch Amateure verfolgt wurde. Die zur Passage von Komet Halley 1986 nur den professionellen Astronomen vorbehaltene Technik hatte sich stark weiterentwickelt und die noch bei Hale-Bopp 1997 vorherrschende fotochemische Fotografie ersetzt. Durch den Austausch der digitalen Bilder über das Internet war es der Amateur-Kometenszene möglich, Positions- und Helligkeitswerte innerhalb kurzer Zeit auszutauschen.

Die professionelle Forschung setzte weitgehend auf raumbasierte Observatorien: Die Sonnenbeobachtungssonde SOHO konnte die Passage des Kometen an der Sonne dokumentieren – live im Internet zu verfolgen. Eher unbeabsichtigt geriet die Sonde Ulysses am 2. Februar in den Schweif des Kometen. Dabei wurde erstmals O_3^+ in einem Kometenschweif nachgewiesen. Zudem erstaunte die Forscher der starke Einfluss des Kometen auf den Sonnenwind, dessen Geschwindigkeit nahezu halbiert war, obwohl sich der Kern des Kometen 100 Millionen Kilometer entfernt befand.

C/2006 P1 besaß einen hohen Staubanteil. Ein Plasmaschweif konnte nicht beobachtet werden, jedoch waren wie bei Hale-Bopp Schweife aus neutralem Eisen und Natrium, das besonders stark im Spektrum vertreten war, nachweisbar. Der Schweif hatte um den 19. Januar zu seiner maximalen Ausdehnung eine Länge von etwa 150 Millionen Kilometern und war 65 Millionen Kilometer breit.

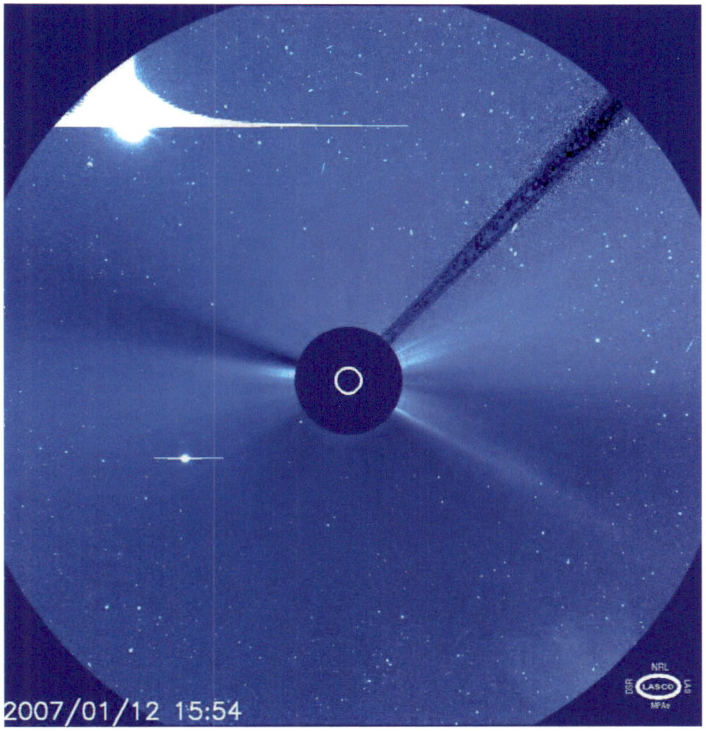

▶ Zum Perihel am 12.1.2007 trat der Komet ins Gesichtsfeld der Sonnensonde SOHO.

▼ Der Komet in der hellen Dämmerung am 10.1.2007 über Graz. *Burkhard Leitner*

Typische Ansichten des Kometen Mitte Januar 2007 zum Perihel. Aufgrund der nahen Sonne war die Beobachtung nur in der Dämmerung oder am Taghimmel möglich. *Unbekannter Autor*

▲ Schon am 17.1.2007 ragten die Schweifspitzen des Kometen an den Himmel über dem Paranal in Chile. *E. Jehin und A. Correa*

▼ Bis zum 22.1.2007 waren sie auch trotz des Mondes von Norddeutschland aus zu sehen. *Stefan Binnewies*

▲ Am Abend des 22.1.2007 erhob sich der Komet über den Bergen Namibias. *D. Ewers*

◀ Ende Januar 2007 entfaltete McNaught seine ganze Pracht am Südhimmel. Die beiden Panoramen entstanden am chilenischen Paranal-Observatorium der Europäischen Südsternwarte. Der Komet stieg Abend für Abend höher über die Abenddämmerung und bildete einen beeindruckenden Bogen aus. Der Mond ist jeweils am rechten Bildrand zu sehen. *S. Deiries*

Anhang

▲ Komet Hyakutake am 16.4.1996. *Jack Finch*

Die Großen Kometen der Neuzeit

Name	Bezeichnung	Periheldatum	Periheldistanz	Erdnähe	Maximale Helligkeit	Maximale Schweiflänge
Großer Komet 1471	C/1471 Y1	1.3.1472	0,49AE	0,07AE	-3^{m}	50°
Halley 1531	1P/Halley	26.8.1531	0,58AE	0,44AE	0^{m}	15°
Großer Komet 1556	C/1556 D1	12.3.1556	0,49AE	0,08AE	-2^{m}	10°
Großer Komet 1577	C/1577 V1	27.10.1577	0,18AE	0,63AE	-7^{m}	30°
Halley 1607	1P/Halley	27.10.1607	0,58AE	0,25AE	-1^{m}	10°
Großer Komet 1618	C/1618 W1	8.11.1618	0,39AE	0,35AE	0^{m}	100°
Großer Komet 1664	C/1664 W1	4.12.1664	1,03AE	0,17AE	-1^{m}	40°
Kirch 1680	C/1680 V1	18.12.1680	0,01AE	0,49AE	-10^{m}	90°
Halley 1682	1P/Halley	15.9.1682	0,58AE	0,42AE	$0^{m}{,}5$	30°
Großer Komet 1744	C/1743 X1	1.3.1744	0,22AE	0,83AE	-5^{m}	90°
Halley 1759	1P/Halley	13.3.1759	0,58AE	0,12AE	0^{m}	47°
Messier 1769	C/1769 P1	8.10.1769	0,12AE	0,32AE	0^{m}	60°
Flaugergues 1811	C/1811 F1	12.9.1811	1,04AE	1,22AE	0^{m}	25°
Halley 1835	1P/Halley	16.11.1835	0,59AE	0,19AE	1^{m}	40°
Großer Märzkomet 1843	C/1843 D1	27.2.1843	0,01AE	0,84AE	-10^{m}	70°
Donati 1858	C/1858 L1	30.9.1858	0,58AE	0,54AE	$-0^{m}{,}5$	40°
Tebbutt 1861	C/1861 J1	12.6.1861	0,82AE	0,13AE	-3^{m}	120°
Großer Septemberkomet 1882	C/1882 R1	17.9.1882	0,01AE	0,98AE	-17^{m}	20°
Großer Januarkomet 1910	C/1910 A1	17.1.1910	0,13AE	0,83AE	-5^{m}	50°
Halley 1910	1P/Halley	20.4.1910	0,59AE	0,15AE	-3^{m}	240°
Arend-Roland 1956	C/1956 R1	8.4.1957	0,32AE	0,57AE	$-0^{m}{,}5$	30°
Ikeya-Seki 1965	C/1965 S1	21.10.1965	0,01AE	0,91AE	-15^{m}	45°
Bennett 1970	C/1969 Y1	20.3.1970	0,54AE	0,69AE	0^{m}	25°
Kohoutek 1973/74	C/1973 E1	28.12.1973	0,14AE	0,81AE	-3^{m}	25°
West 1976	C/1975 V1	25.2.1976	0,20AE	0,79AE	-3^{m}	30°
Halley 1986	1P/Halley	9.2.1986	0,59AE	0,42AE	2^{m}	25°
Shoemaker-Levy 9 1994	D/1993 F2	–	–	–	12^{m}	1'
Hyakutake 1996	C/1996 B2	1.5.1996	0,23AE	0,10AE	$-0^{m}{,}5$	100°
Hale-Bopp 1997	C/1995 O1	1.4.1997	0,91AE	1,31AE	$-0^{m}{,}5$	25°
McNaught 2007	C/2006 P1	12.1.2007	0,17AE	0,81AE	$-5^{m}{,}5$	35°

Glossar

Aphel Bahnpunkt mit der größten Entfernung zur Sonne.

Astronomische Einheit Mittlerer Abstand Sonne–Erde, entspricht 149,6 Millionen Kilometern.

Bogenmaß Winkelmaß für Distanzen am Himmel. 360° entspricht dem gesamten Firmament, 180° dem über dem Horizont stehenden Teil davon. 1° (Grad) entspricht 60' (Bogenminuten) oder 3600" (Bogensekunden). Mond und Sonne messen etwa 30'.

Deklination Astronomische »Breiten«-Koordinate. Ihr Wert ist am Himmelsäquator 0°, am nördlichen Himmelspol +90°, am südlichen Himmelspol −90°.

Ekliptik Auf den Himmelshintergrund projizierte scheinbare Bahn der Sonne am Himmel. Auch Mond und Planeten bewegen sich nahe der Ekliptik.

Elongation Abstand eines Himmelskörpers zur Sonne. Objekte mit geringer Elongation können nur mit der Sonne zusammen am Taghimmel beobachtet werden.

Enveloppen Schalenförmige Strukturen in den Kernregionen heller Kometen. Sie entstehen durch rotierende Jets um den Kometenkern.

Ephemeride Vorausberechnungen von Positionen astronomischer Objekte.

Gegenschweif Schweif eines Kometen in Richtung auf die Sonne entgegen dem eigentlichen Schweif, entsteht durch perspektivischen Effekt.

Ikonographie Erforschung und Interpretation von Inhalt und Symbolik der bildenden Kunst.

Ikonologie Deutung der symbolischen Formen eines Kunstwerks.

Kern Eigentlicher Kometenkörper, ein Gemisch aus Staub und Eis von wenigen Kilometern Größe, von der Erde aus unsichtbar.

Koma Gashülle um den Kometenkern.

Konjunktion Scheinbare Begegnung zweier Gestirne am Himmel aus Sicht der Erde.

^{m} Magnitude. Einheit der scheinbaren Helligkeit. 5^m Differenz entspricht einem Helligkeitsunterschied 1:100. Die schwächsten mit dem bloßen Auge sichtbaren Sterne haben ca. 6^m, der hellste Stern am Himmel (Sirius) $-1{,}^m5$.

Meteoroid Kleinkörper des Sonnensystems, der in die Erdatmosphäre eindringt und dort ein Meteor (»Sternschnuppe«) erzeugt.

Parallaxe Winkeldifferenz, die durch die Beobachtung eines nahen Gegenstands vor (unendlich) weit entferntem Hintergrund aus zwei verschiedenen Blickwinkeln entsteht.

Perihel Bahnpunkt mit der kleinsten Entfernung zur Sonne.

Pseudokern Der von der Erde aus sichtbare Lichtpunkt im Kopf eines Kometen. Es handelt sich nicht um den eigentlichen Kometenkern, sondern den innersten Bereich der Koma.

Quadrant Instrument zur Höhen- und Winkelmessung. Es besteht aus dem Viertel eines Kreisbogens mit Skalenteilung im Bogenmaß sowie einem Lot.

Rektaszension Astronomische »Längen«-Koordinate.

Synchronen Struktur im Staubschweif von Kometen, die durch die Rotation eines aktiven Gebiets auf dem Kometenkern entsteht.

Striae Struktur im Staubschweif von Kometen, die durch wiederholte vermehrte Staubfreisetzung eines aktiven Gebiets auf dem Kometenkern entsteht.

Sublimation Übergang von der gefrorenen in die gasförmige Phase eines Stoffs.

zirkumpolar Gestirne um den Himmelspol, die niemals unter- oder aufgehen. Die Ausdehnung dieser Zone ist gleich der geographischen Breite des Beobachtungsorts. Im deutschen Sprachraum (50° nördliche Breite) reicht sie also 50° um den Himmelspol.

Zenit Punkt des Himmelsgewölbes senkrecht über dem Beobachter.

Zoll Maßeinheit, 1 (englisches) Zoll entspricht 25,4mm.

Quellen

Allgemein

- Asimov, I.: Die Wiederkehr des Halleyschen Kometen, Köln 1985
- Burnham, R.: Great Comets, Cambridge 2000
- Chambers, G. F.: The Story of the Comets, Oxford 1909
- Griesser, M.: Die Kometen im Spiegel der Zeiten, Eine Dokumentation, Bern 1985
- Holetschek, J.: Untersuchungen über die Größe und Helligkeit der Kometen und ihrer Schweife, Teil II, III, IV, V, Wien 1913–1917
- Kronk, G.: Cometography, A catalog of comets, Vol. 1, 2, Cambridge 1999, 2003
- Leitner, B., Pilz, U.: Kometen, Eine Einführung für Hobby-Astronomen, Erlangen 2013
- Reichstein, M.: Kometen – Kosmische Vagabunden, Leipzig 1985
- Seargant, D.: The Greatest Comets in History, Broom Stars and Celestial Scimitars, London 2009
- Schaaf, F.: Comet of the Century, From Halley to Hale-Bopp, New York 1997
- Tamann, G. A., Véron, P.: Halleys Komet, Basel 1985
- Yeomans, D.: A chronological History of Observation, Science, Myth, and Folklore, New York 1991

Internet

- Memorable Comets of the Past: www.cometography.com/past_comets.html
- Great Comets in History: ssd.jpl.nasa.gov/?great_comets
- Historische Kometen: www.kometarium.com
- Kometen über Nürnberg: www.naa.net/ain/personen/kometen.asp
- Drucke des 17. Jahrhunderts: www.vd17.de
- Drucke des 18. Jahrhunderts: www.vd18.de

Speziell

Kometenglaube und Kometenfurcht

- Böhm, F.: Kometen, Phantastereien und Fakten, Hamburg 1973
- Classen, J.: 15 Kometenflugblätter des 17. und 18. Jahrhunderts, Pulsnitz 1977
- Hamacher, D. W., Norris, R. P.: Comets in Australian Aboriginal Astronomy, Journal for Astronomical History & Heritage 14), 31 (2011)
- Hentges, E.: Die Kometen in der astrologischen Systematik, Die Astrologie 4-6/1937
- Koch, C.: Der Komet als Prodigium im Spiegel von Kometenflugblättern des 17. Jahrhunderts, München 2007
- Meinel, C. (Hrsg): Grenzgänger zwischen Himmel und Erde, Kometen in der frühen Neuzeit, Regensburg 2009
- Wittstein, G. C.: Die Naturgeschichte des Cajus Plimus Secundus, Leipzig 1881

Kometen in der bildenden Kunst

- Olson, R. J. M., Pasachoff, J. M.: Fire in the Sky, Comets and Meteors, the Decisive Centuries, in British Art and Science, Cambridge 1998
- Olson, R. J. M.: Fire and Ice, A history of comets in art, New York 1985
- Heitzer, E.: Das Bild des Kometen in der Kunst, Berlin 1995
- Seggewiß, W.: Gestirne der Könige, Sterne und Weltraum 3/1997, 222

Kometen in Belletristik und Lyrik

- Hartmann, T.: Cometen Spiegel, Halle 1606
- Heym, G.: Umbra Vitae, Leipzig 1912
- Iffland, A. W.: Der Komet, Posse in einem Aufzuge, Leipzig 1799
- Kästner, A. G.: Philosophisches Gedichte von den Kometen, Leipzig 1744
- Paul, J.: Der Komet oder Nikolaus Marggraf, Berlin 1822
- Poe, E. A.: The Conversation of Eiros and Charmion, New York 1839
- Stein, H.: Der Komet, Berlin 2013
- Tolstoi, L.: Krieg und Frieden, Übersetzung nach Winkler, M., München 1956
- Verne, J.: Reise durch die Sonnenwelt, Leipzig 1878
- Wells, H. G.: Im Jahre des Kometen, Leipzig 1908

Kometen in der Wissenschaft

- Curtis, H. D., The Comet-Seeker Hoax, Popular Astronomy 46, 71 (1938)
- Kippenhahn, R.: Es begann mit Tycho und Halley, Sterne und Weltraum 3/1997, 199
- Kracht, R.: Der Sonne gefährlich nahe, Per Internet Kometen entdecken mit SOHO. Themenheft Astronomische Entdeckungen, 56 (2011)
- Leitner, B.: Kometen entdecken, Sind die Zeiten für Amateure vorbei? interstellarum Thema 1/2011, 64
- Meyer, W.: Das Weltgebäude, Eine gemeinverständliche Himmelskunde, Leipzig 1897

Kometenwissen heute

- Fischer, D.: Die Ausschweifenden, Große Kometen und ihre Schweife. interstellarum 87, 12 (2013)

Großer Komet 1471

- Jervis, J. L.: Cometary Theory in Fifteenth-Century Europe, Dordrecht 1985
- Schöner, J.: Problemata XVI de cometae (1472) magnitudine longitudineque ac de loco ejus vero, Nürnberg 1531

Halley 1532

- Apian: Practica des auff dz 1532 Jar, Landshut 1532
- Schöner, J.: Conjectur oder ab nehmliche auslegung Johannis Schöners uber den Cometen so im Augstmonat des MCCCCCXXXI. Jars erschienen ist, Nürnberg 1531

Großer Komet 1556

- Heller, J.: Practica, auf das M. D. LVII. Jar, sampt Anzeygung vnnd erclerung, Was die erscheinung, vnnd bewegung, des vergangenen vnnd zuuor angezeygten Cometen Jm sechs und funfftzigsten Jar gewesen, vnd bedeutet habe, Nürnberg 1556
- Gall, H.: Bericht über einen Kometen und zwei Erdbeben in Rossanna und Konstantinopel, Nürnberg 1556

Großer Komet 1577

- Scultetus, B.: Des grossen und wunderbaren Cometen, so nach der Menschlichen Geburth Jhesu Christi im 1577 Jahr von dem 10. tag Novembris durch den gantzen Decembrem biß in den 13. Ianuary des folgenden Jahrs gantzer 65 tag unter des Monden Sphär uber der Wolcken Region gesehen worden, Görlitz 1578
- Mästlin, M.: Ephemeris nova anni 1577, 1576; Observatio et demonstratio cometae aetheri, qui anno 1577 et 1578 … apparuit, Tübingen 1578

Halley 1607

- Kepler. J.: Von dem newlich im Monat Septembri und Octobri diß 1607. Jahrs erschienen Haarstern oder Cometen und seinen Bedeutungen, Halle 1608
- Kepler, J.: De Cometis Libellis Tres, Linz 1619

Großer Komet 1618

- Cysatus, J. B.: Mathematica astronomica de loco, motu, magnitudine et causis cometae«, Ingolstadt 1619
- Kepler, J.: De Cometis Libellis Tres, Linz 1619

Großer Komet 1664

- Hevelius, J.: Podromus Cometicus, quo Historia Cometae anno 1664, Danzig 1665
- Hevelius, J.: Descriptio Cometae Anno Aerae Christ. M.DC.LXV. Exorti Cum genuinis Observationibus, Danzig 1666
- Cassini, G.D.: ohne Titel, Philosophical Transactions 1, 15 (1668)
- Halley, E.: Astronomiae Cometicae Synopsis, Philosophical Transactions 24, 1882 (1704)
- Ray, J.: Observations Made at Rome, by the Late Reverend Mr. John Ray, of the Comet Which Appeared Anno 1664, Philosophical Transactions 25, 2350 (1706)

Großer Komet 1680

- Bauer, K.: Regensburg, Kunst-, Kultur- und Alltagsgeschichte, Regensburg 1997
- Kirch, G.: Observationes Quaedam Accurate Insignis Cometae Sub Finem Anni 1680 visi, Coburgi Saxoniae a Domino Gottfried Kirch Habitae; Decimo Tertio die Antequam a Quoquam Alio Observatus Sit, Philosophical Transactions 29, 170 (1714)
- Kirch, G.: Neue Himmels-Zeitung, Darinnen sonderlich und ausführlich von den zweyen neuen grossen im 1680 Jahr erschienenen Cometen, deren Gestalt, Grösse, Stand und Bewegung… Nürnberg 1681
- Halley, E.: Astronomiae Cometicae Synopsis, Philosophical Transactions 24, 1882 (1704)
- Dörffel, G. S.: Neuer Comet-Stern, welcher im November des 1680 sten Jahres erschienen, und zu Plauen im Voigtlande dergestalt observiret worden, sampt dessen kurtzer Beschreibung, und darüber habenden Gedancken, Plauen 1681
- Dörffel, G. S.: Astronomische Betrachtung des Grossen Cometen, Plauen 1681

Halley 1682

- Hevelius, J.: Extract of a Letter from Mr. Hevelius; being Observations by Him Made at Dantzick, of the Comet which Began There to Appear, Aug.16.1682, Philosophical Transactions 13, 16 (1683)
- Halley, E.: Astronomiae Cometicae Synopsis, Philosophical Transactions 24, 1882 (1704)

Großer Komet 1744

- de Chéseaux, P. L.: Traité de la comète qui a paru en Décembre 1743 & en Janvier, Fevrier & Mars 1744, Lausanne 1744
- Heinsius, G.: Beschreibung des im Anfang 1744 erschienenen Cometen, nebst einigen darüber angestellten Beobachtungen, St. Petersburg 1744

Halley 1759

- Heinsius, G.: Anzeige daß der im Jahre 1682. erschienene und von Halley nach der Newtonianischen Theorie auf gegenwärtige Zeit Vorherverkündigte Comet wirklich sichtbar sey : und was derselbe in der Folge der Zeit für Erscheinungen haben werde, Leipzig 1759
- Stoyan, R.: Atlas der Messier-Objekte, Erlangen 2007
- Rüdiger, G.: Ein sächsicher Komet, www.aip.de/~rue/pahlitzsch_new.doc

Messier 1769

- Messier, C.: Mémoire contenant les observations de la dixième comète observée depius le mois d'aout jusqu'au 1er décembre 1769, Memoirs de l'Academie Royale 392-444 (1775)

- Messier, C.: Grande Comète qui a paru a la naissance de Napoléon-le-Grand, découverte et observée pendant quatre mois par M. Messier, Paris 1808
- Meyer, M.: Charles Messier, Napoleon, and Comet C/1769 P1, International Comet Quarterly, 1/2007, 3
- Cook, J., Green, C.: Observations Made, by Appointment of the Royal Society, at King George's Island in the South Sea; by Mr. Charles Green, Formerly Assistant at the Royal Observatory at Greenwich, and Lieut. James Cook, of His Majesty's Ship the Endeavour, Philosophical Transactions 61, 397 (1771)

Flaugergues 1811

- Herschel, W.: Observations of a Comet, with Remarks on the Construction of Its Different Parts, Philosophical Transactions 102, 115 (1812)
- Schröter, J. H.: Beobachtungen und Bemerkungen über den grossen Cometen von 1811, Göttingen 1815

Halley 1835

- Herschel, J.: Observations of Halley's comet, at the Cape, Monthly Notices of the Royal Astronomical Society 4, 25 (1837)
- Schwabe, H. S.: Der Halleysche Comet, Astronomische Nachrichten 13, 145 (1836)
- Smyth, W. H.: Observations of Halley's Comet, Memoirs of the Royal Astronomical Society 9, 229 (1836)

Großer Komet 1843

- Smyth, C. P.: Letter accompanying drawings of great comet of 1843, Monthly Notices of the Royal Astronomical Society 7, 42 (1846)

Donati 1858

- Donati, G. B., Bruhns, C.: Osservazioni delle Comete di Donati e di Bruhns, fatte nell' J. R. Osservatorio di Padova, Astronomische Nachrichten 48, 357 (1858)
- Bond, G. P.: On the Figure of the Head of the Comet of Donati, by G. P. Bond Director of the Observatory Harvard College, Astronomische Nachrichten 56, 299 (1861)
- Pasachoff, J. M., Olson, R. J. M.: The Earliest Comet Photographs: Usherwood and Bond for Donati 1858, Bulletin of the American Astronomical Society 27, 1331 (1995)
- Gasperini, A., Galli, D., Nenzi, L.: The worldwide impact of Donati's comet on art and society in the mid-19th century, Proceedings of the International Astronomical Union 260, 340 (2011)

Tebbutt 1861

- Schmidt, J. F.: Beobachtungen des grossen Cometen auf der Sternwarte zu Athen, Astronomische Nachrichten 55, 369 (1861)
- Weiß, E.: Bilderatlas der Sternenwelt, Esslingen 1882

Großer Septemberkomet 1882

- Tebbutt, J.: The great comet of 1882, The Observatory 33, 252 (1910)

Halley 1910

- Achenhold, F. S.: Der Halleysche Komet im Jahre 1910, Leipzig 1985
- Hartmann, J.: Beobachtungen des Halleyschen Kometen zur Zeit seiner Erdnähe, Astronomische Nachrichten 184, 371 (1910)
- Bobrovnikoff, N.: Halley's Comet in 1910, Publications of the Astronomical Society of the Pacific 250, 309 (1931)

Arend-Roland 1957

- Beyer, M.: Physische Beobachtungen von Kometen. XI. Astronomische Nachrichten 284, 241 (1959)

Bennett 1970

- Schmidt-Kaler, T.: Visuelle Beobachtungen des Kometen Bennett 1969i, Sterne und Weltraum 9/1970, 200

Kohoutek 1973

- Whipple, F.: Comet Kohoutek in retrospect, Proceedings of the American Philosophical Society 120, 1 (1976)
- Regas, D.: Remebering Comet Kohoutek, Sky & Telescope 4/2013, 32
- Kohoutek, L.: Die Kohoutek-Kometen, Meine fünf Hamburger Entdeckungen, interstellarum Thema 1/2011, 36

Shoemaker-Levy 1994

- Stoyan, R.: Der Tod des Kometen. Amateure dokumentieren den Einsturz von Shoemaker-Levy 9 auf Jupiter und seine Folgen, Sterne Weltraum 4/1995, 312
- Fischer, D., Heuseler, H.: Der Jupiter-Crash, Basel 1994

Hyakutake 1996

- Kinoshita, D. et al.: Ion Tail Disturbance of Comet C/Hyakutake 1996B2 Observed around the Closest Approach to the Earth, Publications of the Astronomical Society of Japan 48, L83 (1996)
- Harmon, J. K. et al.: Radar Detection of the Nucleus and Coma of Comet Hyakutake (C/1996 B2), Science 278, 192 (1997)

Hale-Bopp 1997

- Stoyan, R.: Vom saturnähnlichen Objekt bis zum Massenselbstmord: Die Gerüchteküche um den Kometen Hale-Bopp im Internet, Skeptiker 2/1998

McNaught 2007

- Hönig, S. F.: Striae, Synchronen und Syndynen, Phänomene im Schweif des Kometen C/2006 P1 (McNaught), interstellarum 54, 34 (2007)
- Leitner, B.: McNaught, Der Große Komet 2007, interstellarum 51, 42 (2007)

Bildnachweis

Alle Abbildungen aus dem Archiv des Autors/des Verlags mit Ausnahme von:

- Stefan Binnewies: 9, 192 oben, 196, 205 oben, 213 unten
- bpk Bildagentur: 62 oben, 114 unten, 136
- Karl Brandl: 164 rechts beide, 173 unten
- Bridgeman Art: 11, 20 unten, 69, 142
- Rudolf Dobesberger: 208
- ESA: 34 rechts, 180 alle
- ESO: 170, 170 oben beide, 174 unten, 176/7, 182 alle, 187 rechts unten, 200 links Mitte, links unten, rechts, 212 beide, 213 oben, 214 beide
- Dirk Ewers: 215 rechts
- Focus Bildagentur: 119 links oben, 132, 134, 139 rechts, 145, 150 oben links, 155, 159, 162, 191, 203 oben, 216
- Philipp Keller: 206 links beide
- Michael Kobusch: 193
- Bernd Koch: 181 alle, 207 oben
- Lubos Kohoutek: 168
- Burkhard Leitner: 211 unten
- Bernd Liebscher: 194 rechts oben, 202 oben
- Archiv Rainer Mannoff: 10 beide, 15 unten, 49, 70, 76
- Norbert Mrozek: 194 links oben, 204 rechts
- NASA: 38 links, 149 unten, 160 beide, 169 oben beide, 183 beide, 184, 185 alle, 186, 187 links, 187 rechts oben, 190, 200 links oben, 211 oben
- Okapia Bildagentur: 4, 56 unten links, 174 oben, 194 rechts unten,
- Gerald Rhemann: Titel, 39, 188, 192 unten rechts, 194 links Mitte und unten, 195 beide, 204 links, 205 unten
- Christoph Ries: 202 unten
- Rijksmuseum Amsterdam: 66, 72, 78, 81, 88 oben, 107 oben, 129 rechts
- Jim Shuder: 164 links oben
- Archiv Wolfgang Sorgenfrey: 32 beide, 114, 164 links unten
- Archiv Sterne und Weltraum: 150 unten beide, 158 oben, 161 unten, 165
- Landessternwarte Heidelberg: 149 oben beide
- Landessternwarte Tautenburg: 38 rechts, 169 unten links, 175 alle, 201
- David Thomas: 156
- UIG/images.de: 14 beide, 53 unten, 96, 110, 114, 119 rechts beide, 119 links unten
- Wikimedia Commons: 18, 20 oben, 23 oben, 58, 113 oben links, 128 oben
- Uwe Wohlrab: 192 unten links, 203 unten beide
- Yale Center for British Art: 22 oben

Polarlichter

Feuerwerk am Himmel

Andreas Pfoser, Tom Eklund
176 Seiten, Hardcover, 30x21cm.
2. aktualisierte Auflage, Juli 2013, 39,90€.
ISBN: 978-3-938469-67-5

Polarlichter sind faszinierende Erscheinungen. Als Aurora Borealis und Aurora Australis in den Polarregionen beider Erdhemisphären vorkommend, versetzen ihre unaufhörlichen Farben- und Formenspiele die Menschen in Staunen. Dieser eindrucksvolle großformatige Bildband fängt diese Faszination ein und zeigt anschaulich, wie es zu den Lichterscheinungen kommt.

Der Meteorologe Andreas Pfoser erklärt die physikalischen Zusammenhänge, die zur Entstehung dieses Naturphänomens führen. Die Verknüpfung mit der Aktivität der Sonne und die Wechselwirkungen in der Erdatmosphäre werden detailliert und verständlich erläutert. Kulturhistorische Betrachtungen und Tipps zur eigenen Beobachtung und Fotografie runden den Text ab.

Die fantastischen Aufnahmen, präsentiert im großzügigen Querformat, hat der finnische Polarlichtfotograf Tom Eklund zusammengetragen. Von Standorten in Finnland, Norwegen und Island offenbarte sich seiner Kamera die ganze Pracht der Polarlichter. Dabei gelang es, auch einige Ereignisse zu dokumentieren, deren Auslöser auf unserem Tagesgestirn durch Sonnensatelliten erfasst wurden, so dass sich der Ablauf der Ereignisse von der Sonneneruption bis zum Polarlicht-Schauspiel nachvollziehen lässt.

Die 2. Auflage wurde erweitert, aktualisiert und enthält neue wissenschaftliche Erkenntnisse sowie neue Polarlichtbilder.

Perlen des Südhimmels

Eine Reise zu exotischen Sternhaufen, Nebeln und Galaxien

Dieter Willasch, Auke Slotegraaf
176 Seiten, Hardcover, 30x21cm.
1. Auflage, Oktober 2012, 39,90€.
ISBN: 978-3-938469-55-2

Die Himmelsobjekte des südlichen Sternhimmels üben eine besondere Faszination aus. Omega Centauri, Kohlensack, Tarantel-Nebel: Ihre exotischen Namen und ungewohnten Formen und Farben wecken die Sehnsucht nach sternklaren Nächten über südlichen Gefilden. Diese Sternhaufen, Nebel und Galaxien sind größtenteils nicht von Europa aus zu sehen. Wer sie einmal unter dem dunklen Himmel Chiles, Namibias oder Südafrikas selbst gesehen hat, wird ihrem Zauber nicht widerstehen können.

Der großformatige Bildband im Querformat fängt die Magie des Südhimmels ein. Insgesamt 71 Deep-Sky-Objekte von der Perlenketten-Galaxie bis zum Helix-Nebel werden auf je einer Doppelseite in Bild und Text vorgestellt. Die faszinierenden Bilder des deutschen Astrofotografen Dieter Willasch werden begleitet von informativen Texten des südafrikanischen Autors Auke Slotegraaf. Das Resultat ist ein unvergleichlich schöner und informativer Bildband, der die Abenteuerlust nach einer eigenen Südhimmelexkursion weckt.